Telegram 行動行銷

推薦序

這是一本讓你不用害怕並且能快速上手新工具的好書！

滄碩是我第一本著作「商戰聯盟系列」的另一本書《CRM 大商機》的作者，在書籍宣傳活動中交流後，我更發現他是一位不限制自己專長領域的行銷人兼老闆！他的著作涉獵範圍還包含了簡報與 LINE 官方帳號的教學。這次他卻出了一本教品牌和店家如何運用 Telegram 的書，當我看到時，覺得太好了！這跟我在倡議「商業化數位轉型」一直跟品牌在溝通的觀念不謀而合：數位轉型不會有停止的一天，每個階段都是為了下一次的轉型做準備，我們要了解當下的階段適合使用什麼工具，而不是囿於當紅的工具。

工具的選擇，是為了替組織的數位轉型做效率加速的輔助，並不是配合工具去設計我們該如何做。現在品牌與店家都在思考如何更直接、有效的接觸客戶，並且能與客戶有互動做後續聯繫。台灣雖然有很多人使用 LINE，但每個品牌店家的規模大小不同、運用目的不同、負責使用工具的人也不同，我最常講的「以終為始」，應該要以企業想達到的目標情境去發想，來決定執行上的細節。品牌人和行銷人的價值之一，在於怎麼選擇並發揮工具的最大效率。這是一本讓你不用害怕並且能快速上手新工具的好書！

陳顯立

凱絡媒體服務

Telegram 是一個專家才知道的秘密武器

Andy 老師是國內首屈一指的網路行銷專家，在 Line 行銷上深耕多年，如今看到他再次超越自己，出版這本 Telegram 行銷書籍，我看了以後驚呼連連，原來 Telegram 不僅是 Line 的免費替代品，原來還有更多更棒的功能，用來招募新客、維繫會員、提升客戶忠誠度都非常方便。如果你想尋找新的行銷方式，Telegram 是一個專家才知道的秘密武器，而這本保證是市面上最完整的 Telegram 全攻略，趁還沒有多少人知道這個秘密，我真心建議買來熟讀後實作，超越競爭對手，讓業績突飛猛進。

于為暢

個人品牌事業教練

跟著本書的指導，就能創造更大的商機

每個時期都有屬於它的成長紅利。抓住成長紅利的企業，投入十分的努力，可以換得五十分，甚至一百分的回報。如果能掌握到不只一波紅利，公司更有機會扶搖直上。

早期 FB 廣告非常便宜，只要有下廣告，就能得到不錯的投資報酬率，因此敢大力投資 FB 廣告的品牌商營收都快速成長。不過，到 2017 ～ 2018 年，效益卻快速下滑，在 2018 年付出和 2016 年相同的廣告費，觸及人數直接少了一個零，也就是 10 倍的差距。

要流量還是客戶？

傳統的行銷漏斗概念，第一層放大客戶流量，合理情況下經過逐步篩選，最後會有足夠的客戶轉單成交；而現今要放大流量的獲取成本增加，此時不轉換想法的話，將會繼續加碼投入更多金錢換取流量，明知山有虎為何偏向虎山行？

結果來看，我們要的是流量還是客戶？兩件事情相較下，新客跟老客對你的信任度誰比較高？是做廣告帶新客容易，還是留著老客戶維繫關係更簡單一些？

再者，我們需要思考現有的客戶獲取來源，是否需要透過其他平台或媒介管道？還是我們可以直接跟客戶聯繫溝通？只有把客戶掌握在自己手中的人，而且懂得運作熟客回購經濟的品牌才能立於不敗之地。請大家一起記得：只有回購兩次以上的客戶、或能管理回購行為的客戶，才真的是你的客戶！

客戶連繫新工具 Telegram

跟老客戶聯絡的方法不外乎：透過手機號碼打電話、傳簡訊，發電子報，以及開始收費調整的「LINE 官方帳號 2.0」，這些行銷工具都需要成本，然而有一個在國際市場早就盛行許久，台灣最近才興起的新通訊社群軟體：Telegram。

本書作者帶你如何從申請 Telegram，到 Telegram 各種功能（頻道、群組、聊天機器人）究竟要如何搭配運用，以及如何搭配聊天機器人，打造專屬品牌的社群頻道。相信跟著本書的指導，按圖索驥，按部就班，就能創造更大的商機。

謝銘元

ECFIT CRM 創辦人

作者序

成立天長互動創意以來，我一直秉持著「強調人與人之間的互動性，用愛賦予網路行銷全新生命力！」的信念。從過往 Blog、Facebook、Instagram 到 LINE 官方帳號 2.0（原 LINE@），滄碩都致力於站在中小企業的角度，提供最正確、最省行銷預算但卻能帶來最大效益的行銷方式。隨著資訊科技的進步，越來越多的社群平台與通訊軟體誕生，究竟何種行銷工具最適合台灣中小企業、店家，最能夠為企業、店家老闆省下預算、創造良好的營收呢？相信是許多人的疑問。而隨著 Facebook 廣告機制、LINE 官方帳號收費機制調整，加上 COVID-19 疫情影響，2020 年最具話題性的行銷工具非 Telegram 莫屬！但因為大家對於 Telegram 不熟悉，總是會有所疑慮是不是該「超前部署」運用 Telegram 當作行銷工具呢？Telegram 又有哪些功能以及可以怎麼應用呢？這些問題都將在這本書中一一為各位解答。

本書內容分成五個章節，由淺入深的說明，不僅僅只是從 Telegram 功能操作著手，更針對目前已經有在運用 Telegram 的各個行業進行探討與分析！第一章將告訴你「為何而用」？不要只因為好像大家都在討論 Telegram，所以我就用用看，而是清楚地為你分析 Telegram 的優、缺點，究竟適不適合轉戰 Telegram，以及 Telegram 的行銷流程優化注意事項，從基礎開始穩紮穩打。第二章就要開始鞏固地基，所謂好的開始就是成功的一半，申請 Telegram 帳號後，別急著開始招募好友、行銷活動，將店家基礎工夫做好，掌握這些經驗法則就可以讓你省去許多摸索以及降低行銷失敗的機會！第三章則進入最重要的環節，將和你分享 Telegram 各種功能（頻道、群組、聊天機器人）究竟要如何搭配運用，相關的優、缺點分析，並且手把手帶你一步一步建立專屬的頻道、群組，並且善用 Telegram 各項訊息格式，與你的消費者建立良善互動。進入第四章則是進階運用，Telegram 官方提供許多聊天機器人功能，也有許多第三方開發好用的聊天機器人功能。該怎麼善用以創造社群擴散效益，值得投入時間研究。最後第五章將帶你了解如何免費打造自己的品牌貼圖，透過貼圖和消費者拉近關係與信任度。

書中內容結合滄碩多年行銷、授課經驗，不敢說字字珠璣，但絕對是衷心之作，每個章節、環節都是針對中小企業、店家角度出發、思考，提供完善、正確的 Telegram 運用操作教學、心法分享！也期待未來在本書專屬的 Telegram 群組中和你交流、教學相長，一起共創經營佳績！

劉滄碩

目錄

1 chapter 即刻上手 Telegram

2 chapter Telegram 基礎必做完全攻略

3 chapter Telegram 運營三種型態全面解析

4 chapter 善用 Telegram 聊天機器人增進互動性

5 chapter 打造品牌親和力 - 貼圖運用與擴散

即刻上手 Telegram

許多人第一次聽到 Telegram，應該都是因為 LINE 官方帳號 2.0 調整收費機制後，為了尋找新的社群經營模式、管道時，而聽聞 Telegram 可以「免費吃到飽」。同時間慈濟基金會宣布因應 LINE 官方帳號改版將停止通知服務，相關訊息發布功能轉換到 Telegram 上面，再加上媒體推波助瀾，讓 Telegram 在台灣市場開啟了能見度。許多公眾人物、新聞媒體、電商品牌、部落客、網紅、Youtuber、KOL、團爸團媽陸續跟風，也讓 Telegram 網路聲量、下載量爆增，常出現在 App Store 的排行榜上。

這一波浪潮該不該跟風呢？Telegram 究竟好不好用呢？Telegram 到底有哪些功能可以運用在中小企業、店家的客戶經營管理上呢？讓我們繼續看下去！

1.1 愛上 Telegram

1.1.1 Telegram 創辦緣起與理念

圖片截自：https://www.instagram.com/p/Bhr1Ca9lcT0/

「They can take our IPs, but they will never take our freedom」

他們可以奪走我們的 IP，但他們永遠奪不走我們的自由！短短的一句話正代表著 Telegram 創辦人的精神理念：「絕對保障用戶的隱私」且「永遠選擇自由和質量，而不是限制和平庸」。

保羅．杜洛夫（Pavel Durov）在大學期間完美複製了 Facebook 創辦人祖克柏的成功模式，2006 年與他的哥哥在俄羅斯創建了 VKontakte（亦稱作 VK）社交網站，2007 年 7 月就超過了 100 萬用戶，2008 年 4 月則暴增至 1000 萬用戶，很快就擊敗他的競爭對手 Odnoklassniki，成為俄羅斯最受歡迎的社交網站，他被稱為俄羅斯的馬克．祖克柏。

2011 年俄羅斯政府要求 VK 關閉反對普京者的相關頁面，Durov 拒絕了政府的要求，因此被俄羅斯政府找麻煩，最終即便他拒絕販售股份，普京親信及 Mail.ru 還是成功收購了 VK 其他股東的股份。

2012 年，Durov 發現局勢無法挽回的時候，他與一位副總裁將當時每張價值約 170 美元的紙鈔折成二十張紙飛機，讓這些紙飛機破窗而出，Durov 認為這麼做絕非對金錢的揮霍，而是他對「自由的嚮往」，Durov 在被查水表期間，與他哥哥 Nikolai 通話時，發覺通訊軟體可能正被監聽，於是身為數學和計算機天才的哥哥開始主導了 Telegram 加密協議、應用架構的設計。

2013 年，**安全**且**保障隱私**的 Telegram 問世了。

從影片看得到紙鈔飛機破窗而出後 Durov 的笑容，圖片截自於 Youtube 影片 https://www.youtube.com/watch?v=2pxTpFqX6rI

這也是目前 Telegram 被稱作是世界上最安全、最好用的通訊軟體之一的原因！

Telegram 的 Logo 使用「藍色天空色」加上「向上起飛的紙飛機」的設計，讓人感受到 Telegram 是不畏強權且自由的平台，是一個保障用戶隱私且強大的的社交平台。

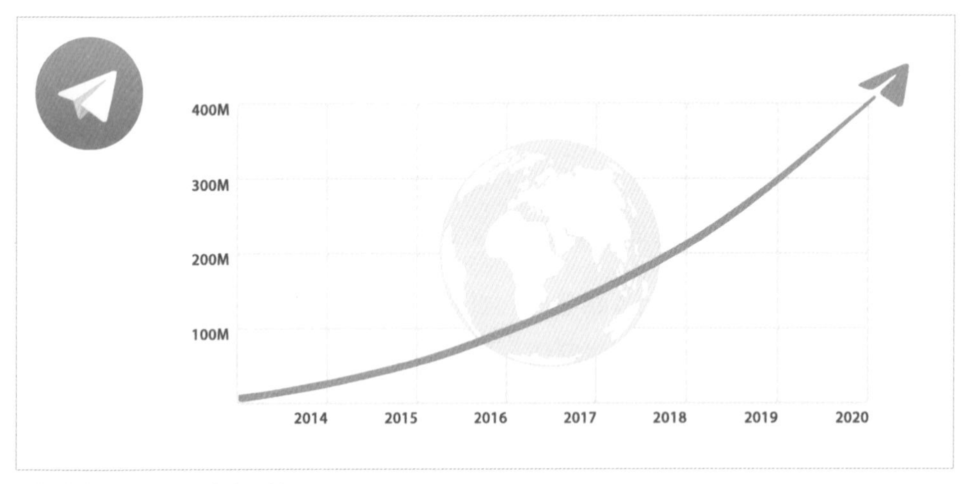

圖片截自：Telegram 官方網站

2018 年 4 月俄羅斯監管機構宣布禁止 Telegram 在俄羅斯使用並進行封鎖，這波封鎖造成了 Microsoft Windows、Playstation Network、battle.net 和 Xbox Live 遊戲網路異常，因封鎖影響的受災戶也包括 Viber 通訊軟體，但 Telegram 用戶卻依然可以正常使用！

當時 Durov 在 Instergram 發了貼文表示：「這兩天，俄羅斯政府封鎖了超過 1500 萬個 IP，試圖在俄羅斯領土封鎖 Telegram。但 Telegram 仍可被俄羅斯大部分的居民使用，我們將繼續捍衛俄羅斯同胞的隱私和言論自由。」即便在政府介入的情況下也能夠不改原則，強大的意志加上強大的程式語法，讓 Telegram 用戶快速成長。

2020 年 4 月 24 日，Telegram 官方的訊息宣稱，2019 年擁有 3 億用戶的 Telegram，在 2020 年已經正式突破了 4 億，而且每天至少有 150 萬新用戶註冊 Telegrgam。同時宣告用戶安全的視訊通話也將會在 2020 問世，並添加了更多功能性。

Telegram 持續的更新、擴充功能，主打安全數據、加密訊息，加上現今網路使用者對於隱私、安全性的重視，其被重視的程度越來越高！Telegram 也是跨平台的即時通訊軟體，除了 Android 與 iOS 兩個主要手機平台都能使用之外，其他像是 Windows Phone、Windows PC、macOS、Linux 甚至於網頁瀏覽器，都可登入 Telegram，並同步取得所有聊天資料和檔案，方便使用者可以隨時隨地在任何介面中交換加密與銷毀訊息，也可傳送相片、影片等所有類型檔案。更重要的是對於中小企業、店家而言，經營 Telegram 完全「免費」、使用者也不會受到「廣告」干擾。

1.1.2 Telegram 三大特點

一 嚴格安全的隱私性政策

Telegram 設計之初，創辦者理念就是以安全、隱私為主軸，軟體實踐端到端加密，並擁有自己的網路傳輸協定 MTProto，任何通訊紀錄幾乎不可能遭外力破解。

此外，Telegram 官方對用戶隱私保密的態度也非常堅定。俄羅斯政府曾要求 Telegram 交出加密金鑰，以便監控國內恐怖分子的言論，結果遭到拒絕，同時也因為 Telegram 複雜的加密機制，使它成為全世界社會運動，例如香港反送中、伊朗示威等抗議活動中偏好使用之通訊軟體，避免訊息遭到竊聽、攔截、追蹤！

二 廣泛多元的跨平台支援

Telegram 擁有廣泛多元的跨平台版本，除了 Android 與 iOS 能無礙使用外，Windows Phone、Windows PC、macOS、Linux 甚至於網頁瀏覽器，也都可以登入使用 Telegram，並可同步取得所有聊天資料和檔案。

Telegram 的跨平台同步機制非常棒，無論群組或個別聊天室，只要使用者不主動刪除，聊天室的文件就不會被刪除或消失，訊息、檔案也就不會有保存期限的問題。

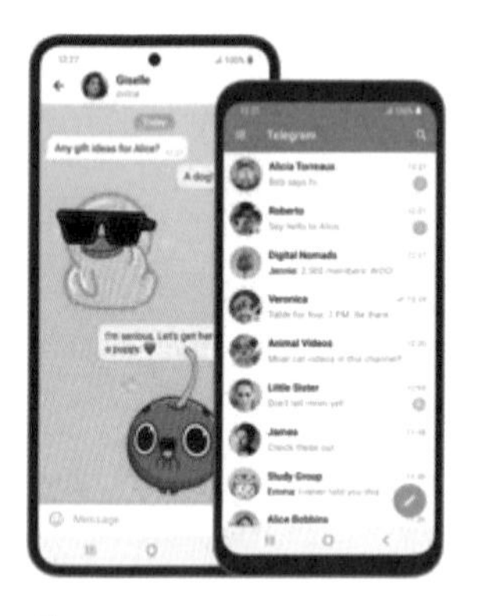

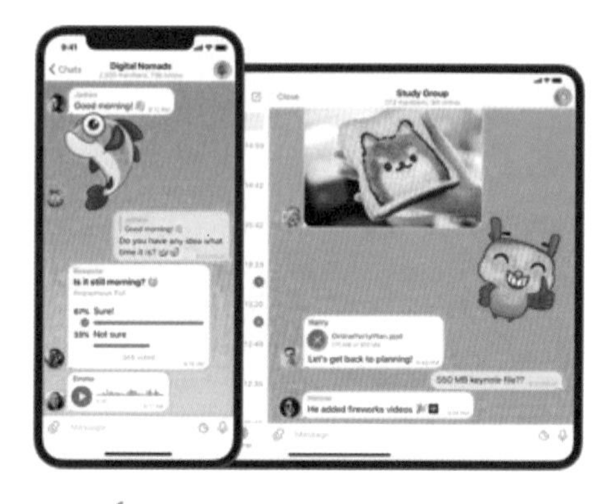

Telegram for **iPhone** / **iPad**

Telegram for **PC/Mac/Linux**　　Telegram for **macOS**

圖片來源：Telegram 官方網站

三 強大彈性的程式開發支援

比起前面兩點，我覺得中小企業、店家更應該注意這項特點！

Telegram 擁有極大的開發彈性，用戶端本體除了是 GPL v3 協議的自由軟體，也有大量豐富且不斷新增的應用程式介面（API，Application Programming Interface），提供開發者串接程式，同時也誕生許多不同功能的「機器人」，例如之前在台灣就有「Pokemon Go」最強雷達[1]，鎖定台北、台南甚至精細到台北內湖區間，主動通知稀有寶可夢出現資訊；另外疫情期間也有「防疫機器人」[2]，可以查詢各地藥局以及口罩存量，方便民眾預購！

不僅可以自行開發各式各樣的聊天機器人功能，甚至可以打造屬於自己的 Telegram。例如過去就有第三方開發的 TelegramX，由於輕量流暢等特性，最後在良性競爭下，甚至打敗了官方原始版本，成為新的官方維護版本，而 iOS 系統的 TelegramX，更是完全透過 Swift 語言編寫而成，擁有更高的執行效率。這些例子都可以幫助店家發揮創意、開發適合自身使用的聊天機器人或是客製化軟體，Telegram 絕對是中小企業、店家可以運用作為投入經營客戶關係的良好工具。

1.2 Telegram 與其他通訊軟體比較

如同前一節提到許多人對於 Telegram 最直覺的印象就是「免費」、「吃到飽」，相對於其他商業化通訊軟體 Facebook Messenger 或是 LINE 官方帳號，不僅免費、限制少、功能又強大，對於中小企業、店家而言，群發訊息完全不用額外的費用，也可以免費上架貼圖，提供消費者直接下載使用，更不用 API 程式串接額外的授權費用！

---

1 經營客戶關係的 https://t.me/pokemonalert_taipei

2 https://t.me/OpenTalkEpidemicBot

今年初（2020 年），當 LINE 關閉一扇門後（LINE@ 吃到飽方案），上帝則為中小企業、店家開始了另一道門：Telegram，尤其當慈濟宣布將官方帳號遷移到 Telegram 經營，同時加上媒體的大肆報導，讓 Telegram 在台灣市場開啟了能見度，短短不到兩週的時間即迅速竄紅，也讓許多原先正在思考是否使用其他社群平台、電子報經營的行銷人有了新靈感與契機。許多公眾人物、新聞媒體、部落客、網紅、Youtuber、KOL（Key Opinion Leader，關鍵意見領袖）、團爸團媽陸續跟風，紛紛在 Telegram 開設頻道、帳號經營。許多媒體甚至寫下「聳動」標題，強化 Telegram 殺手級應用，即將取代 LINE 官方帳號！

下圖可以看到網路溫度計的統計聲量比較，Telegram 聲量從年初到三月一路追趕 LINE，甚至最後大幅超越、領先，甚至在台灣新型冠狀病毒病（COVID-19）疫情期間，APP 下載量還一舉衝到排名第三（僅次於健保局和外送 APP）。

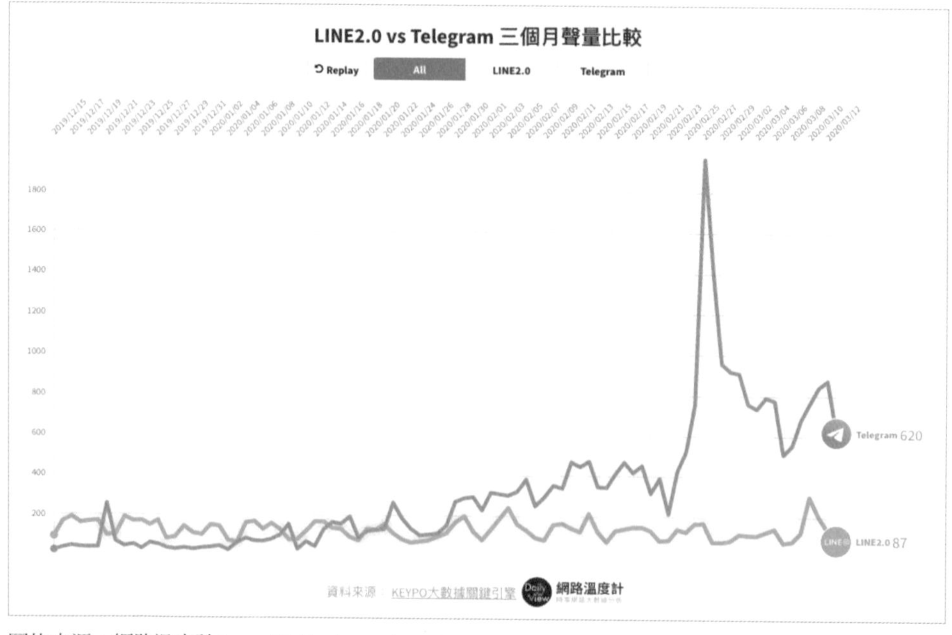

圖片來源：網路溫度計 https://dailyview.tw/popular/detail/8157

Telegram 究竟有什麼樣的魅力及殺手級應用呢？

以下將 Telegram 和 Facebook Messenger、LINE 官方帳號做一些簡單的分析比較。

1.2.1 Telegram 功能比較表

功能比較	Telegram	Facebook Messenger	LINE 官方帳號 2.0
跨平台支援系統	手機、平板、電腦、網頁，支援跨平台裝置。	手機、網頁	手機、網頁
群發功能	×	×	○
群發費用	免費	不能群發	以量計價 人數越多費用越貴
預約發送	○	×	○
訊息是否自動被刪除	×	×	○
貼圖	全都免費使用	僅能用官方限定的貼圖	僅能用官方限定的貼圖
發送訊息後是否可編輯	可以刪除 可以修改 （小編福音）	沒有群發功能	不可刪除 不可修改 不可收回
訊息置頂功能	永久存在 新加入者也看得到	×	×
封鎖機制	可設定封鎖名單	可設定封鎖名單	無法封鎖任何好友 但是好友 可以封鎖你
好友人數	無上限	5000 人	無上限
專屬 ID	有，完全免費	有，完全免費	有，需要付費
傳送檔案格式	任何均可	任何均可	任何均可
訊息格式	圖文均可	圖文均可	圖文均可

功能比較	Telegram	Facebook Messenger	LINE 官方帳號 2.0
多頁訊息格式	×	○	○
回覆按鈕格式	○	○	○
圖文訊息	×	×	○
圖文選單	×	×	○

從上表不難看出 Telegram 有許多地方都優於其他通訊軟體與社群平台，但部分像圖文訊息、圖文選單則是 LINE 官方帳號特有的功能；Facebook Messenger 雖然比較偏向「單純通訊軟體」，但是因為背後有 Facebook 撐腰，店家可以透過粉絲專頁、廣告，達到訊息曝光度，這也是目前 Telegram 較為缺乏之處。衡量權宜得失各有利弊，整體來說，我個人倒是覺得如果站在社群經營的角度而言，中小企業、店家，投入經營 Telegram 的成本效益有較好的利基點，主要有三個原因如下：

一 非營利軟體、組織與理念

別的不說，光是 Telegram 是屬於非營利軟體組織，這點就勝出許多！如同 Telegram 官網中寫的：「Telegram is free forever. No ads. No subscription fees.」。賺錢盈利並不會是 Telegram 的目標，這意味著 Telegram 不會像 Facebook、LINE 隨時會調整遊戲規則、廣告機制甚至訊息收費標準，店家就被吃得死死的！當然有人會擔心 Telegram 這樣的免費機制能夠撐多久呢？根據富比士（Forbes）[3] 網頁公布資訊，Durov 個人身價至少 3.4 億美元，以目前 Telegram 的營運成本，每月至少 100 萬美元的前提下還可以「燒」滿長一段時間，並不是一個需要「立即」擔心的問題，如果要擔心這個問題，其實 Facebook、LINE 改變機制、規則的「時間點」甚至都可能快過 Telegram 燒完錢啊！

---

3 https://www.forbes.com/profile/pavel-durov/

店家辛辛苦苦投入經營，好不容易聚集許多的粉絲、好友，但機制常常說換就換！像是許多部落客、網紅，透過 LINE 官方帳號群發訊息，原先只要 798 元的訊息發送費用，如果以 10000 個好友帳號而言，如果不超過月費範圍，發一次訊息至少需要 4200 元（高用量），如果超過月費範圍，每次發送成本就需要 1500 元，這也是許多部落客、網紅、媒體紛紛轉換至 Telegram 的原因之一。使用 Telegram 費用直接降至 0 元！

不過還是要提醒中小企業、店家老闆，我在講授社群經營課程、輔導客戶時，常常還是會強調雞蛋不能都擺在同一個籃子，一定要適當的經營官網、部落格，收集自己的客戶名單，不能因為 Facebook、LINE 初期經營具有流量紅利，就覺得只要買買廣告、狂發群發訊息，就會有好的效果，而忘記「未雨綢繆」；同樣地 Telegram 雖然現在具有許多利基點，但還是要預先準備與規劃，例如許多中大型企業就會開發自己企業、品牌的 APP，當然中小企業、店家老闆若要開發自己的 APP，開發成本還是太高，不一定負擔的起，建議還是先從形象官網、部落格著手！

二 訊息無須備份、隨時同步又能跨平台

LINE 官方帳號的登入帳號、密碼，一般就是和個人 LINE 帳號、密碼相同，每次上課時，都會遇到學員在帳號、密碼卡住許久，而且還有 iOS、Android 手機登入機制的差異，如果移機設定沒有處理好，可能會遺失帳號以致無法登入。此外管理員還需要額外下載 LINE 官方帳號 APP 才能管理訊息以及回覆，相對來說 Telegram 則沒這些問題，同一個 APP 中就可以管理，不同平台 iOS、Android 甚至 PC、Mac、Linux 均不用額外設定移機，訊息無須備份，只要連接網路，所有訊息皆可同步，同時還不會有訊息過期、遺失的問題。這一點對於店家格外重要，如果每次傳送的訊息，過一段時間就要重新傳送，不僅客人覺得很麻煩，也是徒增店家管理上需要耗費的時間！

三 群發訊息無上限、節省行銷成本

如同前述許多人認識 Telegram 都是因為群發訊息「免費」、「吃到飽」，如果跟 Facebook Messenger 比較，Messenger 本身沒有群發訊息的功能，必須透過串接聊天機器人，自行開發程式才能夠達到類似「群發訊息」的功能，而訊息費用部分雖然跟 Telegram 一樣不會額外收取費用，但是 Messenger 卻有「24 政策[4]」，不論 24+1 或是 24 政策，都是 Facebook 推出來牽制 Messenger「無限量推播」的機制。目的是減少氾濫的『促銷訊息』，增加有意義的訊息互動。因此「24 政策」就是規範店家不能濫發訊息，當粉絲主動在 Messenger 發送最後一則訊息的時間開始計算「24 小時」，在這黃金 24 小時內，店家可以主動傳送訊息給粉絲，若超過這段時間，粉絲都未再傳送訊息或是互動，店家則不能再「主動推播」訊息給粉絲。當然若粉絲在「24 小時」期間有重新傳訊息到 Messenger，則計算時間就會重新歸零計算。所以雖然 Messenger 發送訊息不用額外收費，但是礙於「24 政策」反而常常會造成店家訊息無法真正的推播給粉絲。

反觀 LINE 官方帳號則沒有這樣的限制，因為有收費機制，因此當然會希望你發送越多訊息越多，因此不會有特別的限制。而 Telegram 則是綜合兩者優點，既不用費用又沒有限制發送訊息的特殊規則。不過雖然 Telegram 群發訊息不用費用也沒有任何限制，但這不代表店家就可以「濫發」，如果沒有節制或是沒有針對粉絲、好友需求，濫發訊息，只會造成反效果，最後使得許多好友、粉絲紛紛封鎖、退出，就得不償失。

---

4 「24+1 政策」已經於 2020/3/4 起更新為「24 政策」

1.2.2 Telegram 功能十大特點

除了上述優點，Telegram 還有以下特點：

1. 單一 APP 即可聊天與管理，不需額外下載（LINE 和 LINE 官方帳號，使用者必須分別下載 APP）。
2. Telegram 頻道沒有人數上限。
3. Telegram 群組上限 20 萬人（LINE 群組上限 500 人）。
4. 安全性高且可以設定兩階段認證。
5. 所有服務均免費（包括訊息推播、貼圖上架、下載）。
6. 無上限的檔案儲存空間，且單一檔案大小最大可達 5GB ！
7. 頻道、群組均有管理員權限，不用擔心被惡意使用！（LINE 群組無法設定權限）
8. 任何對話訊息、傳送檔案均可在任何裝置同步且沒有保存期限，新加入好友也可以閱讀頻道、群組過往訊息！
9. 可以建立秘密對話，時間一到對話通通清乾淨，安全性高！
10. 高度彈性的 API，可自由開發客製功能！

關於如何經營 Telegram，正確掌握發訊息時機，在後面第三章節會再詳細介紹！

1.3 我適合轉戰到 Telegram 嗎？

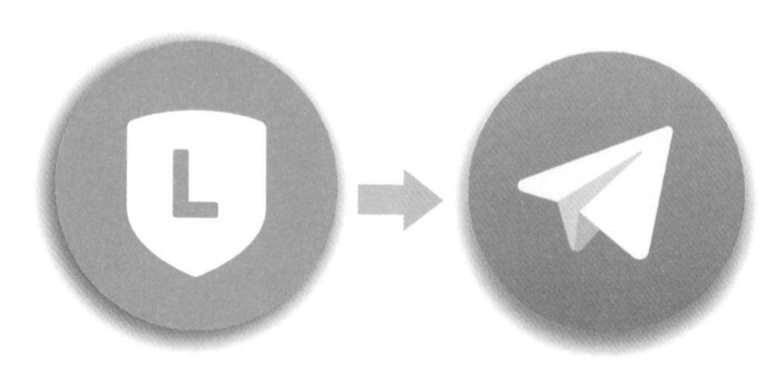

LINE Office Account ＋ Telegram

1.3.1 Telegram 使用現況分析

前述談到許多 Telegram 的優點與好處，許多人會開始思考運用 Telegram，當然也還有更多數的人們抱持著「觀望」的角度，再思考究竟要不要轉戰到 Telegram 呢？許多人思考的原因不外幾個原因：第一、聽說現在 Telegram 很少人使用，這樣會有效嗎？第二、Telegram 容易使用嗎？學習門檻會不會太高，很難學會呢？第三、現在是免費，以後會不會收費？或是就收掉了，這樣投入心血經營，不就白費？等等！

的確這些問題都非常值得討論與思考，畢竟要投入行銷資源，不應該草率、人云亦云，但我們先來看看目前已經有哪些產業、店家、公眾人物等已經開始在運用 Telegram：

1. 媒體新聞類型

2. 健康相關媒體

3. 銀行證券業

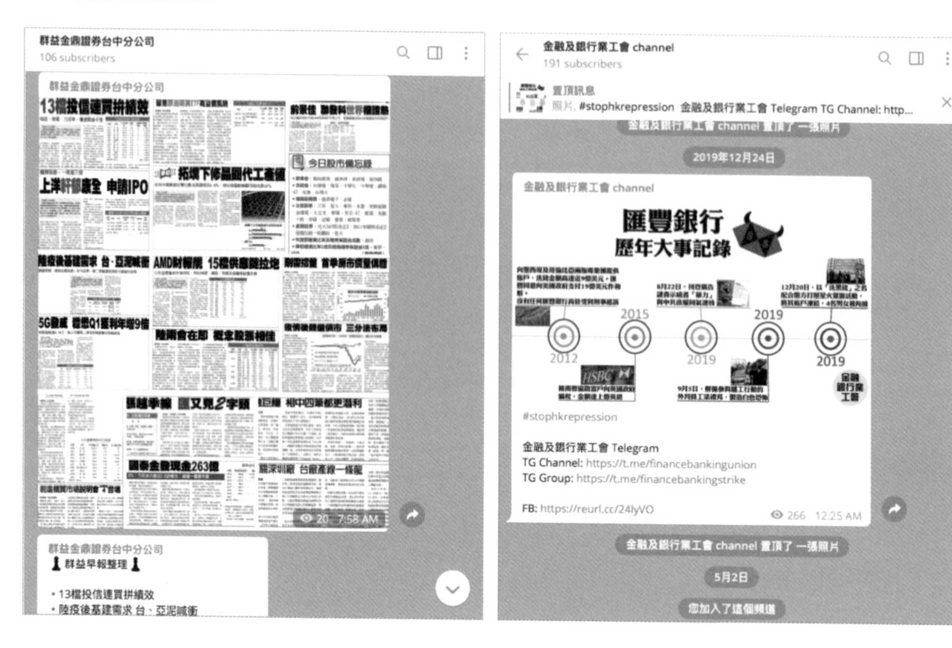

4. 電商、零售業者

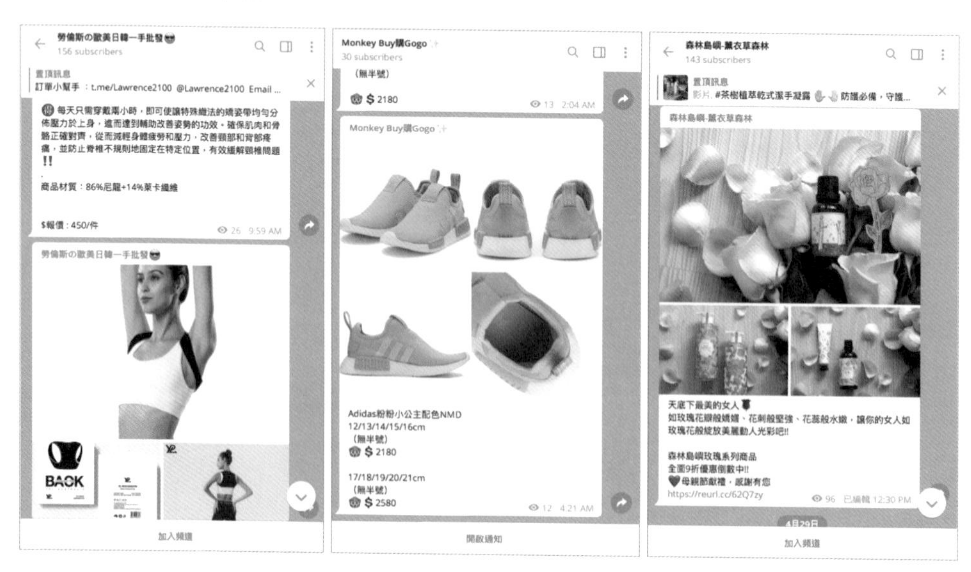

5. 股票、財經、房地產老師

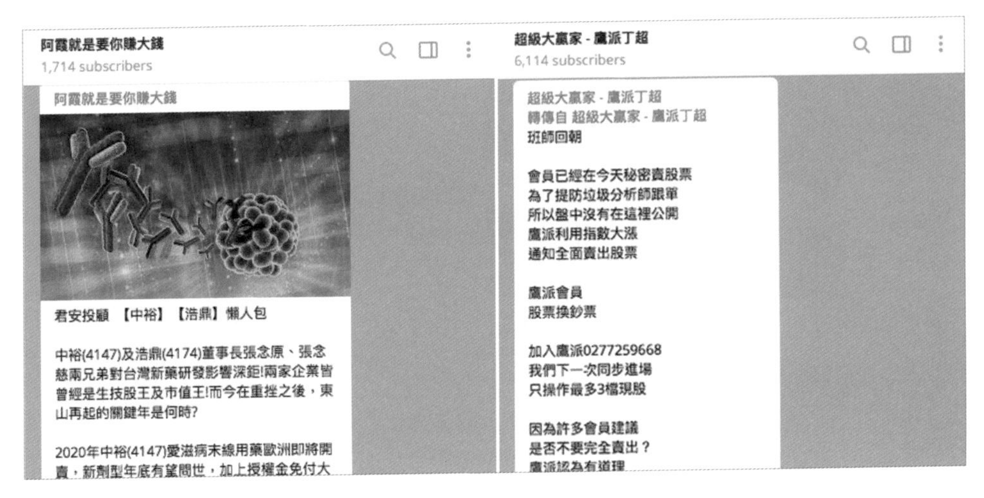

6. 部落客、網紅

7. 團爸團媽、直播購物主

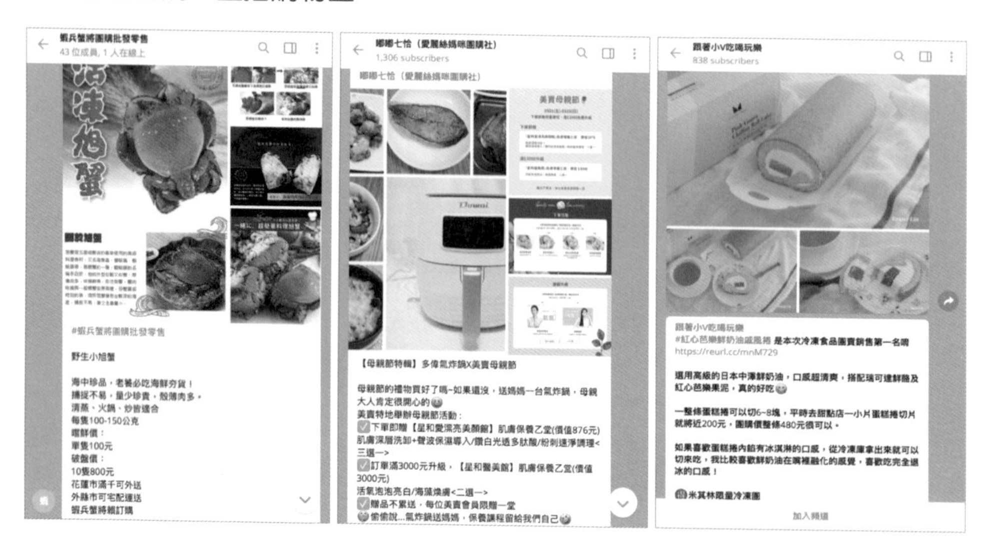

8. 公眾人物

目前已經有許多產業投入 Telegram 經營、運用，所以你的產業究竟適不適合轉戰 Telegram 呢？簡單的說，如果原先有在使用 LINE 官方帳號，那麼就一定適合轉戰到 Telegram，但是問題的關鍵並不在於適不適合使用 Telegram，而是怎麼去經營和運用 Telegram。就像是 LINE 官方帳號，同樣上過我的課程的學生有許多經營得很有成效，但不可諱言的也有些覺得經營成效不彰，覺得不好用而選擇放棄。同樣地，Facebook 粉絲專頁也有許多經營成功案例，以及經營失敗、無效的案例。其實每種社群平台、工具都各有利弊，關鍵還是在於怎麼經營，以及投入的心態為何？

因此在回答「適合轉戰 Telegram 嗎？」這個問題之前，須先思考一個問題，為何想要經營 Telegram 呢？只是因為「免費」、「吃到飽」嗎？如果只是因為這個原因，那就容易落入過往 Facebook 和 LINE 官方帳號的經營問題，只是一味的發送訊息給消費者而已，卻沒有思考過消費者喜歡的是什麼？

有句話說：「換了位置就換了腦袋！」上課時我都會問學生一個問題，如果你加入一個 Facebook 粉絲專頁或是 LINE 官方帳號後，一直收到對方的「促銷」訊息，你會怎麼做呢？絕大多數的人都會回答「封鎖、退出」，少部分人則會回答：「如果是喜歡的品牌或商品的話，就會看一下！」這時候我就會反問，那如果是你的消費者，你每天發訊息，他們會如何呢？所以適不適合轉戰到 Telegram 這個問題，關鍵在於店家的心態，而非工具本身！

當然有些問題還是會影響大家考慮是否要投入經營使用的關鍵，在此也一一跟各位探討。

1.3.2 Telegram 入門常見問題

Ⓐ 聽說現在 Telegram 很少人使用，這樣會有效嗎？

這是不論在網路社群平台或是實體店面都會遇到的問題，一般來說，開店一定會開在人潮多的地方，人潮就是錢潮，網路社群平台也是這個道理，越多人使用，就越容易獲得流量，就像現在台灣幾乎人人手機當中都有 LINE 帳號，因此不需要特別教育消費者，消費者本身就有帳號，簡單的就可以加入 LINE 官方帳號，但是 Telegram 則不一樣，在台灣還屬於少數人使用的通訊軟體，光是加入好友的第一步就困難重重，要先請消費者創立一個 Telegram 的帳號，很多消費者就不願意囉！所以許多店家雖然有意願使用 Telegram，但好友募集的成效不彰之下，很快的就打退堂鼓了！

其實 Telegram 在世界各地都相當多人使用（4 億），使用人數遠遠超過 LINE（2 億多，LINE 僅有日本、台灣、泰國為主要使用國家）！目前在 Telegram 上運作的新聞媒體、公眾人物、部落客、網紅、團爸團媽，已經不在少數，他們本身都「自帶流量」，吸引一群鐵粉跟著轉換到 Telegram，這樣的情況只會越來越多，因為這類型的發文頻率、好友人數，若使用 LINE 官方帳號，群發訊息的成本是非常沉重且昂貴的，勢必須要找到一個新的管道與通路，而 Telegram 正是一個最好的工具，不但簡易使用且群發訊息免費，因此已經有許多人轉換至 Telegram 經營，相對地就會帶動 Telegram 的使用人數，而且許多 Telegram 頻道動輒都是上萬人的訂閱戶，長期而言，Telegram 用戶數一定會越來越多。或許有人會想：「那我就等人更多的時候，再開始經營，不是比較簡單嗎？」這個說法並不完全正確、也不完全不對！相信很多人都有聽過「邊際效應」，過往 Facebook、LINE 官方帳號一推出時，經營的人不多反而很容易就可以取得成功，當越來越多人使用時，雖然消費者可能都已經有帳號，但是競爭者也多，這時候消費者不見得一定要選擇你！

此外我常說一個概念：「初期導入者的媒體紅利！」所有社群平台以及新聞媒體，都喜歡報導新的事物，如果你經營得還不錯，就很容易會成為「案例」被報導，如同「慈濟」一樣，因為在年前就宣佈停用 LINE 官方帳號，全面轉換到 Telegram，媒體就正好搭上這一股浪潮，大肆報導，因此越能夠掌握著新的媒體、社群浪潮者，反而在初期是更容易成功的！

至於好友募集的問題與祕技，後續章節會有詳細說明與探討！

B Telegram 容易使用嗎？學習門檻會不會太高，很難學會呢？

不同的媒體工具，必然要重新學習，但是若你平常就已經有在使用 LINE 個人帳號（不是 LINE 官方帳號喔），基本上很容易就可以學會 Telegram，Telegram 功能與 LINE 非常相似但又不完全相同，簡單來說，LINE 的所有缺點（移機設定、訊息過期、備份問題）Telegram 都沒有；LINE 的優點（群組等）Telegram 不但有而且更強大（群組上限 20 萬人，單一檔案大小上限 5G），若以 Telegram 和 LINE 官方帳號比較，Telegram 不像 LINE 官方帳號需要下載獨立的 APP，直接在 Telegram 中就可以設定群發訊息、預約訊息甚至舉辦投票，非常方便！

C Telegram 以後會收費嗎？投入心血會不會白費？

Telegram 現在是免費，以後會不會收費？或是就收掉了？現在投入的心血是不是就白費了？

Telegram 官網中寫著：「Telegram is free forever. No ads. No subscription fees.」賺錢、盈利並不是 Telegram 的目標，所以完全不用擔心收費的問題，至於會不會因為免費，最終無法負擔開銷而「倒掉」呢？依照目前 Durov 身價 3 億美金，相信也不會是在短期內（3~5 年）會發生的事情，相對於 Facebook、LINE 近來每年都在調整發文規則、收費標準而言，這個問題我覺得反而是個「假議題」，不需特別擔心。

因此究竟適不適合轉戰 Telegram 呢？答案應該是肯定的！已經有許多不同類型的產業都已經開始佈局 Telegram，你應該要擔心的是起步會不會太慢，而失去先機！

如果真的還不確定，可以試問自己下列幾個問題，以確認你的產業適不適合轉戰 Telegram ！

1.3.3 店家自我評量表：你適合轉戰 Telegram 嗎？

	適合轉戰 Telegram 嗎？	勾選「✓」
01	是否有商品銷售？	
02	是否有文章要和消費者分享？	
03	你的行業屬於 1.3.1 節中的八種行業型態之一嗎？	
04	你是否想要節省群發訊息費用？	
05	你是否想要更安全、更隱私的通訊軟體？	
06	你是否希望傳送訊息可以同步，不用移機設定？	
07	你是否希望傳送檔案、圖片，不再過期失效？	
08	你是否希望免費上架貼圖，讓使用者免費下載？	
09	你是否希望可以開發聊天機器人？	
10	你是否希望不再被社群平台綁架？	

若以上有超過三個項目是打「✓」就不用再遲疑，趕緊投入 Telegram 懷抱吧！

1.4 如何使用 Telegram 行銷？秒懂三種型態！

在投入 Telegram 懷抱前，還是要先了解 Telegram 的經營運用型態，Telegram 分成 A：頻道（Channel）；B：群組（Group）；C：聊天機器人（Chatbot），三種各有不同運用情境。

Ⓐ Telegram 頻道特色與簡介

首先介紹最常見的第一種型態：頻道（Channel），頻道完全沒有人數上限，店家通常都會申請頻道作為主要的運用型態，開設頻道有三大好處：

1. 群發訊息、圖片、影片都不需要額外費用，完全免費沒有上限。
2. 擁有專屬的網址和 ID 名稱，可以自訂，也一樣不需要額外付費。
3. 加入好友人數沒有上限。

頻道又可以分成公開、私人兩種權限，公開頻道就像 LINE 官方帳號或是粉絲專頁，一旦成立後，沒有辦法限制他人加入，只要對方有加入連結或是 QR code，就可以加入你的帳號，而私人頻道則是有專屬的連結（名稱則無法自訂，由電腦隨機產生），此專屬連結隨時都可以「撤換連結」，防止他人加入。例如今天有活動時，就可以產生一組連結，提供現場夥伴加入，當活動結束後就可以「撤換連結」，改成一組新的連結，拿到舊網址者，即便外傳、外流，其他人就無法再加入！

此外，頻道若超過 1000 人好友（訂閱數）後，Telegram 更提供相關好友成長、互動的數據分析報表，這對於經營者而言是非常棒的工具，可以隨時根據數據調整經營模式與策略。

Telegram 頻道還有以下四項特殊功能：

1. **置頂訊息**

   如果有重要的訊息想要「公告」，或是讓新加入好友也能知道的「優惠」、「版規」，都可透過「置頂訊息」功能，將訊息顯示在聊天視窗最上端，新加入的朋友就可以輕鬆獲得！

2. **修改已發送訊息**

   目前 Facebook Messenger 和 LINE 都支援「訊息收回」的功能，LINE 官方帳號的群發訊息功能則不能收回，一旦發送後，就不能收回和修改。而 Telegram 的訊息推播功能，在推播後發現錯誤，不僅能夠直接收回，還可以修改訊息內容，不用重新發送一次。

3. **訊息同步功能**

   拜 Telegram 支援多元平台功能所賜，當你在電腦設定群發訊息時，如果有事情臨時要外出，可以直接關閉 Telegram，訊息會暫存於「草稿」，「草稿」的訊息內容會同步至所有平台，當你在外面時，就可以直接在手機上繼續作業。

4. **可直接加入好友至頻道**

   跟 LINE 官方帳號最不一樣的一點，就是可以直接將聯絡人拉進頻道當中，不用苦苦等待好友加入你。LINE 官方帳號則是需要透過連結、QR code 邀請好友加入，對方如果不加入，就不能強制、勉強對方！不過話雖如此，建議還是要「適可而止」，如果不是熟識的朋友，硬是將對方加入頻道，也不過是換來對方直接「封鎖」，這樣就失去意義囉！

B Telegram 群組特色與簡介

有使用 LINE 經驗者，應該對於群組（Group）的功能、概念不陌生，Telegram 相較 LINE 群組功能更強，主要有五大不同：

1. 群組人數上限 20 萬人（LINE 只有 500 人，新改版會開放至 5000 人）。
2. 可以設定管理員權限（LINE 則無法，人人都是管理員權限）。
3. 聊天記錄、傳送檔案永久保存，不會過期失效。
4. 新加入成員可以看到過往群組中的訊息！
5. 訊息可以預約、排程發送！

因此如果本來就仰賴 LINE 群組進行互動、團購的店家，使用 Telegram 反而更方便。

- Telegram 可以讓 20 萬人加入你的群組，且你的訊息永遠可以永久保存、並且可以設定公開或私人群組。

- **管理員及成員的分權管理：**除了管理員可以分權外，群組的組員也可以做到分權管理，擁有八種權限管理，完全不用擔心翻群的憂慮，你也可以替單一成員變更權限。

權限

這個群組的成員可以做什麼？

- 傳送訊息
- 傳送媒體
- 傳送貼圖與 GIF
- 嵌入連結
- 發布投票
- 加入成員
- 置頂訊息
- 變更群組資訊

- **聊天限速：**群組人多的情況下，一堆人搶著發言，畫面很快就被洗版，聊天限速可以設定每一個人間隔多久發言一次，讓每個想發言的人保留思考的時間。

- **頻道與群組連結：**更棒的是你可以將頻道與群組結合，當作一個社群討論區，你的貼文可以同步到你連結的社團中，不需要發送兩次貼文。

- **可串接機器人協助你：**你可以設定歡迎訊息，當你的好友加入的時候，會有歡迎訊息來歡迎好友加入。

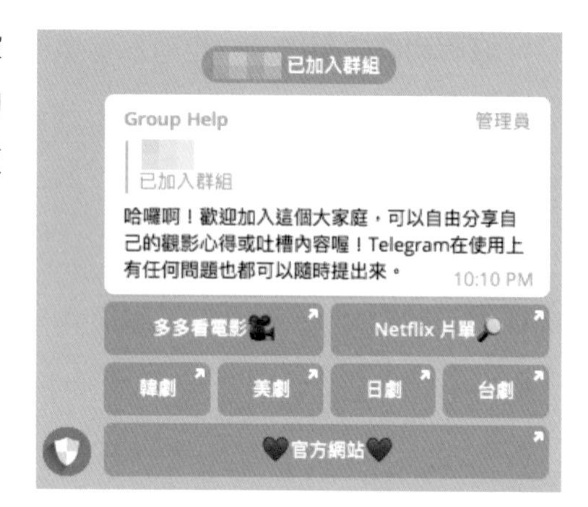

Ⓒ Telegram 聊天機器人特色與簡介

聊天機器人（Chatbot）的擴充性最大，企業、店家可以針對自己想要的功能，依據 Telegram 開放的 API 規則開發功能。例如防疫聊天機器人、寶可夢查詢機器人，都是應用 Telegram API 開發之聊天機器人，但相對而言，企業、店家也必須具備程式開發的能力，才可能運用此模式。

Telegram 相較於開發 APP，或使用其他社群平台之聊天機器人，可以更有效降低開發成本。以 Telegram 開發聊天機器人成本，遠低於一般手機 APP 開發成本的 1/5，相較使用 Facebook、LINE 平台開發聊天機器人少於 2/3！

功能比較	Telegram	Facebook Messenger	LINE 官方帳號
月租費	免費	免費	限額，超過需付費
訊息費用	免費	免費	每則費用最高 0.2
設定難易度	最簡單	權限設定較為複雜	中等
功能彈性	最自由彈性	中等	中等
隱私安全性	最高	較低	中等
訊息發送限制	無（一秒 30 則）	24 政策	無（一秒 1700 則）

其中訊息發送限制部分，Facebook Messenger 受限於「24 政策」，店家無法「正常」群發，而 Telegram 和 LINE 官方帳號聊天機器人雖然有限制每秒傳送上限，但是一般都可正常運用，比較不容易觸發限制！

除此之外，以上介紹的三種型態還可以交互使用，例如頻道之中可以創建一個「群組」作為討論之用，也可以在頻道和群組當中加入聊天機器人功能，讓消費者直接在頻道、群組中跟品牌、企業、店家互動。這三種型態沒有絕對的好壞，還是要看產業類型以及商家考慮如何與消費者建立關係、互動而定，這一點在第三章會有詳細說明。

1.5 Telegram 行銷三大流程優化！

了解 Telegram 三種型態之後，接著說明如何運用 Telegram 行銷的三大流程以及該如何進行優化的心法概念。

大部分社群平台經營主要可以分成三大流程：一、招募好友；二、訊息互動；三、客戶經營，Telegram 也不例外：

1. **招募好友：**透過行銷活動、廣告招攬好友加入店家的 Telegram 帳號。
2. **訊息互動：**群發受眾有興趣的貼文，並與好友進行良好的互動關係。
3. **客戶經營：**客戶消費完成後，才是真正經營客戶的關鍵時刻，怎麼做好消費後體驗，比做好消費時體驗更重要！

1.5.1 招募好友，該做與不該做的重要小事！

許多店家在經營社群平台時，一開始都只想要「增粉」，這當然無可厚非，畢竟成立一個社群帳號，如果沒有任何粉絲、好友，那做任何活動與發送訊息都不會有效果。就像開一家店，如果沒有任何客人，那就只有老闆和員工乾瞪眼而已。但是在一開始招募好友時，一定要先記得，從「舊客」著手，一般來說經營一個「舊客」和開發一個「新客」的成本，差異將近 9 倍之多（更甚者還有達到 25 倍），所以對於中小企業、店家而言，如果沒有太多的廣告預算，應該是先思考如何讓現有的客戶願意加入 Telegram！現有的客戶至少已經有過互動，也有些許的忠誠度，因此邀請他們加入是最快也是最省成本的方式。

很多人最常遇到的問題：「客戶目前都還沒有使用 Telegram，沒有帳號，要邀請他們加入很不容易，很多人都不想加入耶！」

如果你也有這樣的想法或遇到同樣的問題，那麼先思考一下：上述許多前期投入者，例如：財經專家、健康頻道、新聞媒體、部落客、網紅以及公眾人物，為何他們的粉絲、追隨者願意轉換至 Telegram 呢？

我知道，第一時間你一定會覺得那個是他們啊，他們是知名人士啊，有名當然人家就會願意加入啊！話是這麼說沒有錯，但是請靜下來思考一件事，雖然他們是知名人物，但粉絲願意追隨的原因是什麼呢？

以財經專家來說，相信追隨者是希望了解更多有關投資的訊息；健康頻道的追隨者，則是希望了解更多有關健康方面的資訊；新聞媒體的追隨者，則是希望掌握新聞、新知、八卦；部落客、網紅的追隨者，則是針對他們有興趣的議題、覺得部落客、網紅有趣，而加入他們的頻道。

此外像是團購群組，則是由一群擁有共同喜好（團購、優惠）的人組合而成；政治、明星、偶像人物則是因為他們的魅力，讓喜愛他們的粉絲們，為了更了解其生活動態而加入！

從這些例子可以歸納出讓消費者願意加入帳號的三個特點：1. 有興趣的主題；2. 對商品、優惠有興趣；3. 品牌魅力或經營者魅力。

所以請先思考你所經營的品牌或商品，是否符合上述其中一項呢？我相信應該不難！只是現在需要「換句話說」，以往大多數的中小企業、店家在投入社群經營時，往往都是先「本位思考」，在社群中一直強調商品有多好、多厲害，像我自己在上課時，最常遇到學生會告訴我說：「老師我們家的產品經過多少年的研發，有獲得○○專利，市面上沒有商品可以做到。」、「老師我們家的產品非常實在、用料很好，光是成本就不惜代價，一定要給消費者最好的！」、「老師我們家的產品很好，幾乎任何年齡都可以用、可以吃！」諸如此類的對話，我已經聽過不下千遍。「產品力」看似都沒有問題，但是「行銷力」卻只有零分！

「獲得專利，是市面上其他商品做不到的！」這樣的商品的確很有競爭力，但是有專利對我的幫助是什麼？還是只是保障你的商品而已。這就讓我想到之前網路上有流傳「日本十大最無用的發明」（後來甚至有人整理到 100 種發明），看似創新、創舉，也都很有機會申請發明專利，問題是「無用」啊！市面上其他商品做不到，這一點看似不錯，但某個程度也意味著你需要更多的時間去教育消費者，因為消費者可能連聽都沒有聽過。記得很久以前，有個客戶希望我幫他們行銷「波動能量」的按摩儀，我自己體驗過也覺得蠻厲害的，客戶跟我介紹一大堆他們擁有的專利，以及「波動能量」的原理，可以克服現有 SPA 按摩、經絡理療等現有問題，前景無可限量！但問題是誰知道「波動能量」，這是什麼呢？會不會是騙人的，搞個噱頭而已？

「產品用料實在、不惜成本！」是啊！相信這是對於消費者的一大利多，但為何商品在市場推不動？消費者不買單？這種例子屢見不鮮！並非是所有消費者都「識貨」或者「有消費能力」，先前有個客戶給我一組人蔘保健食品，說是其中包含百分之多少的濃縮液，比市面上的其他同質商品高出多少，用料實在，但是光一組要價就三萬多，如果真要買來保健飲用，等於一個月就要花費三萬多，這已經是大多數人一個月的薪水，並不是說這樣的商品賣不動，而是要重新思考目標客群，鎖定較有能力消費的族群，同時相關的商品包裝、定位、甚至商品上架的通路都需要調整。有時候用料實在、不惜成本，雖然對於消費者是好事，但同樣地也會拉抬商品價格，面臨市場挑戰，這需要好好地拿捏斟酌！

「產品很好，任何年齡都可以用、可以吃！」這樣看似厲害的商品，放到社群平台中銷售，通常成績都不好！記得以前有款電腦遊戲大富翁，其中有個紅利關卡，會從天上掉下許多的元寶，遊戲者需要左右移動滑鼠，去接掉下來的元寶，有時候你正在右邊接元寶時，左邊突然掉下一個大元寶，想要趕緊去接，結果移到左邊時，已經來不及，這時候右邊又快速地掉下一個大元寶，又想移到右邊去接時，又來不及囉！反而不如待在原地不動，還能接到比較多的元寶。當然這個例子不是鼓勵大家都不要做出改變，待在原地就好，而是要告訴大家，很多時候如果我們什麼都想要、反而什麼都做不好，應該適當的有所取捨，這一點在現今資訊量爆炸的社群平台中更為重要。

現今社群平台中充斥各種訊息，每個人的專注力非常有限，如果一款商品的廣告、曝光，不能在第一時間就吸引觀眾，效果就非常有限。而不同年齡層在意的重點差異非常大，例如 40~50 歲間的消費者，會開始注意健康、保養，如果同樣地訴求放在年輕人，幾乎不會有效，他們在意的是年輕、時尚、潮流。不同年齡層要訴求的重點並不相同，所以店家應該思考的是怎麼鎖定「小眾而主要」的消費群體，很多店家都喜歡「大眾」，不喜歡「小眾」，小眾感覺就「沒有什麼生意」，量體不大，這樣「賺錢太慢」！的確是這樣沒錯，但是前提是你需要有足夠的行銷廣告預算，可以「大撒廣告」增進曝光量，否則如果只是小預算投放廣告，等同是將一小搓飼料廣撒在大海之中，一下子就化為烏有，與其如此，還不如將有限的資訊、一小搓飼料投入小魚池當中，餵飽所有的小魚，使得小魚們都歡欣鼓舞！同樣道理，當你越滿足小眾市場的需求時，這些「小眾」消費者，就會轉為你的第一群鐵粉，進而幫你宣傳、擴散分享。反而不需要投入太多的廣告成本！

回到前面提到「本位思考」的問題！許多中小企業、店家都一味地思考自身的商品有多好，卻忽略了「消費者在意的是什麼？想要的是什麼？」當你開始思考這個問題時，就是可以開始招募好友的時候。因此切記在招募好友時：

該做的是：

先思考消費者為何要加入你的 Telegram？只是為了優惠嗎？還是加入對於消費者而言有什麼好處？或是你可以提供怎樣的服務？

訴求有沒有打中客戶想要的重點才是真正的關鍵！就像財經專家、健康頻道、新聞媒體、部落客、網紅以及公眾人物，當他們轉換到 Telegram 時，粉絲一樣會跟著轉換，如果你的消費者不想轉換，就代表你還沒有打中客戶真正想要的關鍵。如果真的都沒有頭緒，建議可以挑選幾個客戶「訪問」，他們真正的想法，不要閉門造車，只是自己「假想」客戶在意的是什麼、客戶喜歡的是什麼，直接去接觸是最實際、實在的！就像我自己上課一樣，接觸的學生越多，越知道學生在意的問題、困擾的問題是什麼，然後不斷地修改課程設計以及授課手法。不用一次做到位，持續且快速的修正，才是更重要的！而且這樣還可以讓客戶感受到你的用心，你有將客戶的建議、心聲聽進去，進一步的改進！

不該做的是：

至於不該做的，切記不要先從「大眾」、「新客」著手，而是先從「小眾」、「舊客」著手，在一開始先服務好「小眾」、「舊客」，自然就會獲得口碑行銷的效益！我上課最常舉的一個例子，是我自己很愛買小米的產品，買著買著，有次寄來的包裹當中，還附上一張手寫的卡片，內容並沒有特別的文情並茂，簡單的說明與感謝我支持小米產品。一個小小的舉動、小小的卡片，就讓我常常舉這個例子分享，所以絕對不要忽略「舊客」，因為他所帶來的效應可能遠遠超乎你的預期想像！

1.5.2 訊息互動：不僅僅是發送訊息，更要發送到心坎裡！

Telegram 頻道（Channel）除了群發訊息完全免費之外，每一則推播訊息還可以加上如同 Facebook 按讚、愛心、討論的按鈕，增進互動，另外還可以加上其他社群平台的分享按鈕，例如 Facebook、Twitter 等，方便讓好友將訊息分享擴散至不同的社群平台。

很多已經在使用 Telegram 的頻道都忽略「按讚」、「討論」這樣的「小小」互動功能，當你發佈一則貼文之後，如果有人「按讚」或「討論」，就更容易「刺激」他人參與討論，網路有一個現象，當沒有任何人發言時，大部分的人就會持「觀望」的狀態，而越熱絡的討論串，就越容易吸引更多人討論，因此記得發文一定要附上「按讚」、「討論」的按鈕！當然有人會覺得一開始都沒有什麼好友，如果放這樣的功能，沒有人互動會不會反而效果更差呢？這種情況是有可能的，所以記得要「主動」邀約幾個好友當「樁腳」，一發文就幫你先「按讚」。這就像是團購群組中，團購主都會要求「+1」和「刷一排愛心」的道理一樣！

Telegram 頻道（Channel）按讚、愛心、討論按鈕

再次提醒，雖然 Telegram 頻道或群組提供許多強大的功能（尤其是免費吃到飽），方便我們傳訊息給消費者，但關鍵還是在於「消費者」，店家不要因為免費就一直狂發訊息，要了解消費者究竟想要的訊息內容是什麼？有別於 LINE 官方帳號發送每則訊息都要費用，在沒有「成本」的考量下，經營者更應該思考除了商品、優惠折扣之外，還可以提供哪些「有用的訊息」給消費者呢？

舉例來說，如果是女裝服飾業者，除了最新商品資訊、優惠折扣外，還可以適時地提供穿搭建議、服裝洗滌保養的知識性文章，這些都是可以增進和消費者互動，拉近消費者與品牌忠誠度、信任度的關鍵因素喔！

有句話說：「已所不欲、勿施於人！」，但很多店家往往都是採取「己所不欲，強加於人！」試想，如果我們加入一個頻道，每天都一直收到商品資訊，久了你會有何想法呢？是不是也很容易忽略該頻道，甚至將之封鎖呢？如果是，那又怎麼會用這樣的方式經營呢？常常「換位思考」，站在消費者的角度著眼，而非「本位思考」，這樣在頻道經營上，才更能夠貼近消費者的心，也才能有更深的互動與拉近關係！

如果你是使用群組的型態經營，要注意群組通常是「一群人」互動，不是消費者與經營者「單向」的互動，更要特別小心。所謂「人多嘴雜」，有時候討論方向不見得都有利於品牌，對於負面評價、負面討論，一定要「持平、客觀」的看待，充分「溝通」，溝通是雙向，而不是單向地「說教」，因此建議採取的原則是：「先傾聽、後說明」，先傾聽消費者的問題與在意的地方，再說明處理或是實際的情況，一定不要急著「先說明」，一旦「先說明」就是站在「本位思考」的角度，這樣不僅不能拉近消費者的心，反而還會將消費者推得更遠，甚至更進一步的激怒對方！

如果希望討論方向是有利於你的品牌、商品，這絕非一朝一夕可成，是需要長期累積培養、一點一滴營造而成。如同蘋果公司、小米，都是長期經營客群、品牌，累積口碑。因此在每一次的群發訊息、私訊聊天，都是接觸消費者的重要時刻，每一次發訊前，花一點思考「消費者想要什麼？」便是開始累積口碑的第一步！

1.5.3 客戶經營：在客戶意想之外的情境著手

客戶關係管理的重要性以及牽涉的層面之廣自然不在話下，也絕對不是一個章節、一個篇幅就可以說明完畢，坊間有許多討論客戶關係管理的專書以及相關應用軟體，因此在此並不多加探討與贅述！

在此我想要分享兩個重要的概念與心法：

1. 銷售完成，才是真正的考驗！

銷售前的手機版網站設計與符合消費體驗，銷售中的客服疑難問題解答與服務，都是影響客戶對於品牌、商品印象的關鍵因素，但是許多店家往往忽略銷售結束後的互動與服務。其實銷售結束後，如果能有貼心的問候與關心，更能加深消費者對於品牌的好感度。

舉個例子：我有個學生在台南銷售法式甜點，因為品質、服務都不錯，蠻多外地的消費者會專程去店裡購買，店家不僅會告訴消費者最佳品味方式以及保存方式之外，更會額外做一個貼心小提醒。例如你是從台北到台南購買，他就會評估你會到台北需要的車程以及可能中間休息的時間，當你回到台北時，就會收到店家傳來的貼心訊息，告知甜點的最佳品味以及如何保鮮，當然最重要的是祝福行車平安、安全到家，雖然只是一個小小的簡訊，但是卻能傳達店家的溫暖心意，創造很好的效果！

2. 在客戶意想之外的情境著手

什麼是客戶意想之外的情境呢？舉個例子，像是有些飯店針對舊客的貼心舉動是，當你到達飯店時，接待人員就可以叫出你的名字，甚至連你住的房間內的桌椅擺設都調整成你習慣的擺設，而不是制式的擺設方式。這個就是飯店在從客人意想之外的情境著手，提供不一樣的服務就會讓客人印象深刻。例如前面所舉小米的例子也是同樣的道理，購買後並沒有想到會有手寫的卡片，就會讓客人印象深刻，因此店家可以思考，從網站、店面、消費、購物、結帳等情境中，有哪些環節還可以多做點什麼，就有機會拉近與顧客的距離。

在尚未正式進入申請 Telegram 帳號以及操作教學之前，針對 Telegram 經營的三個步驟，一、招募好友；二、訊息互動；三、客戶經營，大家可以先有個基礎概念，最重要的是要思考清楚，為何消費者要加入你的 Telegram 帳號？

我通常會建議店家可以做一個簡單的練習，寫下消費者為何要加入你的 Telegram 帳號的 10 個理由！為何是設定 10 個呢？因為如果太少，大家想到的都大同小異，不是提供優惠、就是最新資訊之類的答案，當你認真的思考 10 個理由時，便更能釐清為何要經營 Telegram 的原因以及你的經營主軸、要提供給客戶怎樣的服務與資訊，慢慢地從中整理出經營 Telegram 的概念、方向，就像是蓋房子前要先打好地基的準備功課。

在進入下一章之前，不妨先停下腳步，放下書籍，拿張空白紙張，寫下：

	消費者為何要加入的 10 個理由：
01	
02	
03	
04	
05	
06	
07	
08	
09	
10	

Telegram 基礎必做完全攻略

2.1 Telegram 申請帳號與中文化

Telegram 可支援熱門的 iOS、Android 手機平台版本、以及 PC、Mac、Linux 電腦平台版本之外，甚至連一般較少人使用的 Windows Phone，均有提供 APP 可下載。Telegram 完全支援多元跨平台系統，這也是目前 Telegram 非常方便使用的原因，不用侷限任何裝置，均可以下載使用，更令人喜愛的是不同裝置間，均可以同步聊天訊息和影音檔案，非常方便店家使用與管理訊息。

或許你已經迫不及待想要立即開始使用，創建屬於自己品牌、企業的 Telegram 頻道或群組，不過別著急，在創建頻道與群組之間，你必須先申請一個 Telegram 帳號，才能開始使用各項 Telegram 便利的功能。

雖然 Telegram 還沒有「官方版」的中文語言介面，不過已經有許多熱心人士協助翻譯開發中文化介面語言，設定上非常簡單，只要輸入設定網址並且點一下同意，即可以轉化為中文！因此在安裝過程中，看到是英文介面也不用擔心，只要跟著下列步驟進行，即可快速、簡易完成 Telegram 下載安裝以及申請帳號、中文化（相信隨著台灣、香港越來越多的使用者，不久的將來就會有內建的「官方版」中文介面，無須再額外轉化）！

2.1.1 Telegram 下載與安裝

請到 Telegram 官方網站：https://telegram.org/ 下載對應你的裝置（手機或電腦）的軟體版本。

或者直接在你使用的裝置，輸入網址下載對應平台的 Telegram。

Ⓐ 手機 / 平板下載點

安卓系統 （Telegramfor Android）	蘋果系統 （Telegram for iPhone/iPad）
Telegram for Android	Telegram for iPhone / iPad
https://telegram.org/dl/android	https://telegram.org/dl/ios

Ⓑ 電腦版下載點

Telegram for PC/Mac/Linux　　Telegram for macOS

Windows 系統下載	macOS 下載
https://telegram.org/dl/desktop/win	https://telegram.org/dl/desktop/mac
Linux 64 bit 下載點	Linux 32 bit 下載點
https://telegram.org/dl/desktop/linux	https://telegram.org/dl/desktop/linux32

Ⓒ 網頁版連結點

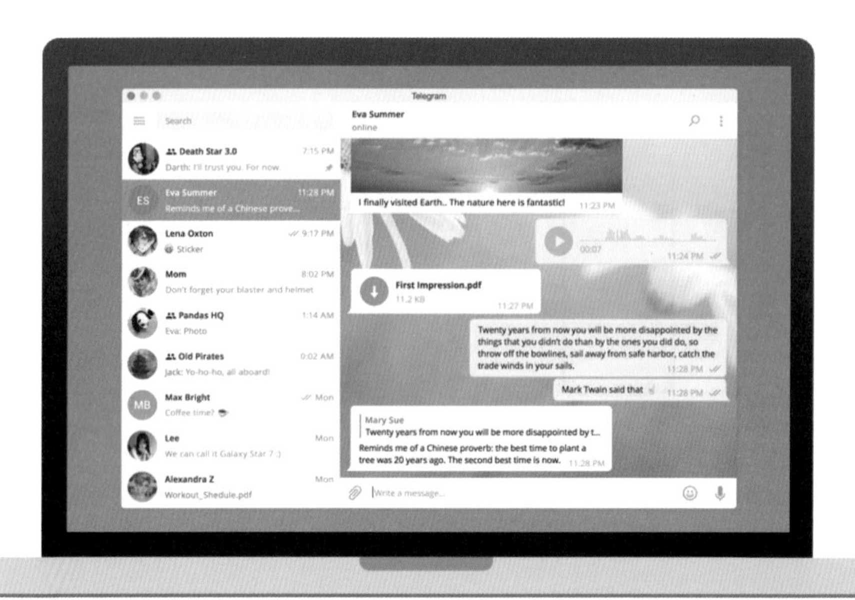

TelegramReact（官方版）		
推薦星級：★★★★ https://evgeny-nadymov.github.io/telegram-react/	優點： ▪ 官方出品，安全有保障 ▪ 免安裝，方便臨時使用	缺點： ▪ 無法翻譯為中文 ▪ 缺乏許多功能
TelegramWeb（官方版）		
推薦星級：★★★ https://web.telegram.org/	優點： ▪ 官方出品，安全有保障 ▪ 不需安裝，方便臨時使用	缺點： ▪ 無法翻譯為中文 ▪ 缺乏許多功能
TelegramWeb		
推薦星級：★★★★ https://web.telegre.at/	優點： ▪ 內建中文翻譯 ▪ 不需安裝，方便臨時使用	缺點： ▪ 使用時有點慢

2.1.2 Telegram 個人帳號申請與中文化

第一次申請 Telegram 帳號時，需要綁定「手機號碼」，因此先以手機申請帳號畫面為示範。

Ⓐ 申請 Telegram 個人帳號

❶ 在 Android / iOS 下載 Telegram APP，安裝完成後打開 Telegram APP 會看到如下畫面，請點擊「Start Messaging」，即可開始申請帳號！

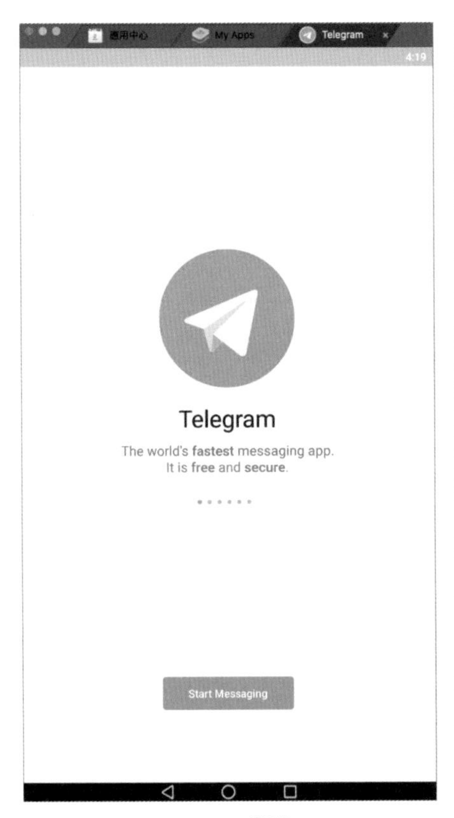

Android 畫面

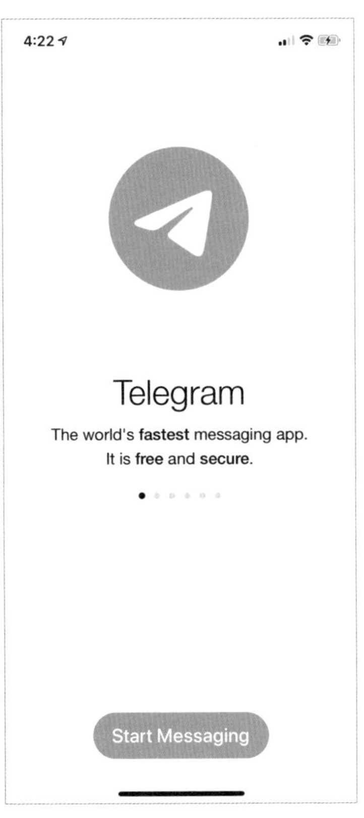

iOS 畫面

Telegram 一開始介面為英文不用擔心，後面步驟會告訴你如何切換為中文介面。

❷ 輸入你所在地區的手機號碼！（手機號碼第一碼 0 不用輸入）

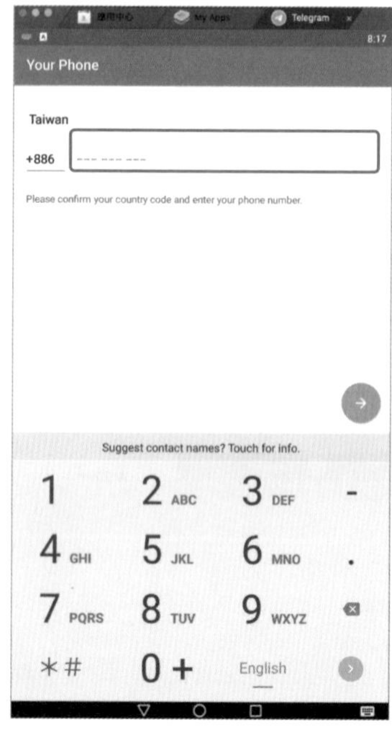

Android 畫面

iOS 畫面

❸ 輸入手機號碼後，手機會收到簡訊通知，簡訊中有 5 碼數字驗證碼，請於「Enter Code」驗證畫面中，輸入你收到的簡訊驗證碼。

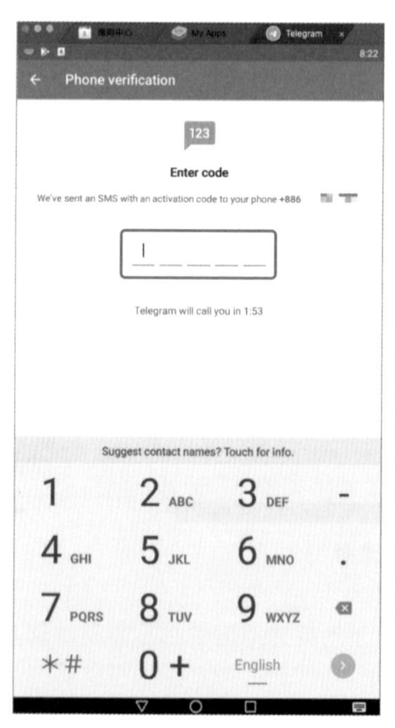

Android 畫面

iOS 畫面

❹ 點擊「相機」圖示，可從相簿中選擇照片或拍攝照片，當作是你個人帳號的頭像！接著輸入你的姓名：1. First name（名字必填）、2. Last name（姓氏選填）

姓名和照片之後都還可以修正，不用擔心設定好之後就不能修改！

Android 畫面　　　　iOS 畫面

❺ 姓名與頭像設定完成後，會跳出詢問是否允許取用你手機的聯絡人資料，點選「好」即可。

❻ Android 和 iOS 申請好帳號之後的「歡迎畫面」，有些許不一樣！當你看到以下畫面時，就代表你已經申請 Telegram 帳號成功！

Android 畫面

iOS 畫面

到此步驟，Telegram 帳號就申請完成囉！應該不會太困難吧！不過截至目前為止，看到的都是英文介面，接著我們來看一下怎麼設定為中文版本。

Ⓑ Telegram 中文化

最簡單的方式就是在瀏覽器中輸入下列網址：

https://t.me/setlanguage/taiwan

❶ 輸入網址後，瀏覽器會跳出如右畫面，詢問是否在 Telegram 中打開，選擇「打開」即可。接著會自動跳回 Telegram 當中。

Android 畫面

iOS 畫面

❷ 在 Telegram 畫面中會詢問你是否要變更語言（Change Language），請點選「Change」（變更）後，Telegram 介面便會變成中文囉！

如果點擊「Change」後，沒有變更為中文畫面，可以嘗試將 Telegram 關閉，再重新開啟一次即可。

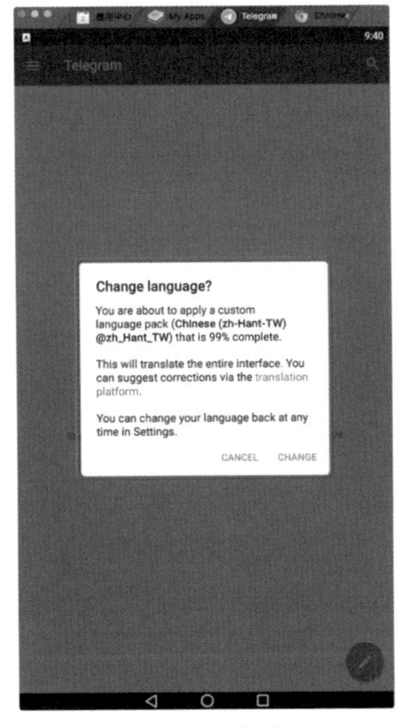

Android 畫面

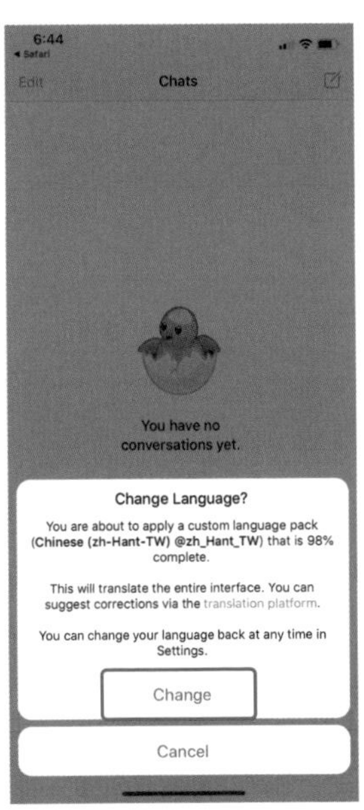

iOS 畫面

到此我們便完成 Telegram 帳號申請以及中文化了！

當你完成申請 Telegram 的帳號後，便可開始使用 Telegram 作為經營你和客戶間的溝通管道，就像過往許多店家是使用 LINE 個人帳號，讓客戶加入好友，客人有任何問題就可以直接傳訊息，一對一聊天溝通，店家不一定需要開設 Telegram 頻道或群組。而且 Telegram 好友人數完全沒有上限，Facebook 和 LINE 好友上限為 5000，因此使用 Telegram 和客人互動絕對沒有問題。我們許多醫美客戶，在還沒有 LINE 官方帳號時都是使用 LINE 帳號作為客服之用，但往往受限於 5000 好友上限，人數一超過就必須申請一組新的門號，現在使用 Telegram 則完全不用擔心此問題。如果只是單純想要利用 Telegram 作為客服回覆訊息、溝通之用，便不一定要開設 Telegram 頻道或是群組。

當然我還是會建議店家開設專屬的 Telegram 頻道作為經營之用，會更為適合，原因以及如何建立頻道和群組，第三章中將會有詳細的說明。現在先繼續介紹有關 Telegram 帳號設定、隱私安全性設定等相關操作流程與功能。

2.2 店家必做 1：讓客戶輕鬆搜尋找到你

2.2.1 設定使用者名稱和好友連結

設定好 Telegram 帳號或頻道、群組之後（頻道和群組設定會在第三章說明），最重要的就是希望可以讓更多人知道以及加入為好友，那要如何做到讓好友、聯絡人或其他人知道我們成立的帳號呢？最重要的關鍵就在於「使用者名稱」的設定！如果有使用過 LINE 應該都不陌生，當要加入別人為好友時，除了互相掃描 QR code 之外，還可以給對方 LINE ID，方便別人搜尋加入。而 Telegram 中的「使用者名稱」便如同 LINE ID，設定好後就可以分享給他人，方便加入你為好友，同時也可以直接在 Telegram 中搜尋「使用者名稱」（ID）而找到你，還會提供一個「好友連結」（一組網址），只要將網址提供給別人，不用輸入 ID，點擊連結就可以輕鬆加入你為好友喔！

更棒的是 Telegram 設定「使用者名稱」（ID）是不需要費用的喔！咦！？我們設定 LINE ID 的時候也不用費用啊！沒錯，設定 LINE ID 不需付費，但是如果你是使用 LINE 官方帳號的經營者，要設定 LINE 官方帳號專屬的 ID 便需要費用，而且此費用不是一次性，而是年費喔！而且如果你想要變更 ID 名稱時，則要重新收取費用。LINE 個人帳號的 ID 設定雖然不用錢，但是一旦設定後就不能夠再修改。如果要修改，只能重新申請一個新的帳號！而 Telegram 則不一樣，無論是個人帳號或是頻道、群組，設定「使用者名稱」（ID）都完全免費喔！而且設定之後，如果覺得不好、不喜歡，或是不小心設定錯誤，隨時都可以變更，也沒有變更次數的限制！

因此設定好個人帳號、頻道或群組後，第一件事情就是要先設定好「使用者帳號」，才能方便他人加入或搜尋到你。那「使用者帳號」要在哪邊設定呢？

如果需要設定「使用者名稱」，可以進入到 Telegram「設定」中修改！ iOS（iPhone、iPad）和 Android 操作畫面上大同小異，不過「設定」的位置還是略有不同。

動手做做看

Android	打開 Telegram →點擊左上「三條橫線」圖示 →在下拉選單中找到「設定」選項
iOS ｜ iPhone ｜ iPad	打開 Telegram →點擊畫面下方的「設定」選項

iOS（iPhone、iPad）版本，在 Telegram 首頁畫面右下方處，就可以看到「設定」選項，而 Android 版本則需要先點選 Telegram 首頁畫面，左上角的「三條橫線」圖示，接著在出現的下拉選單中，可以看到「設定」的選項！

❶ 先點選 Telegram 首頁畫面，左上角的「三條橫線」圖示。

❷ 接著在出現的下拉選單中，可以看到「設定」的選項，點擊「設定」選項後，可以看到步驟❸的畫面。

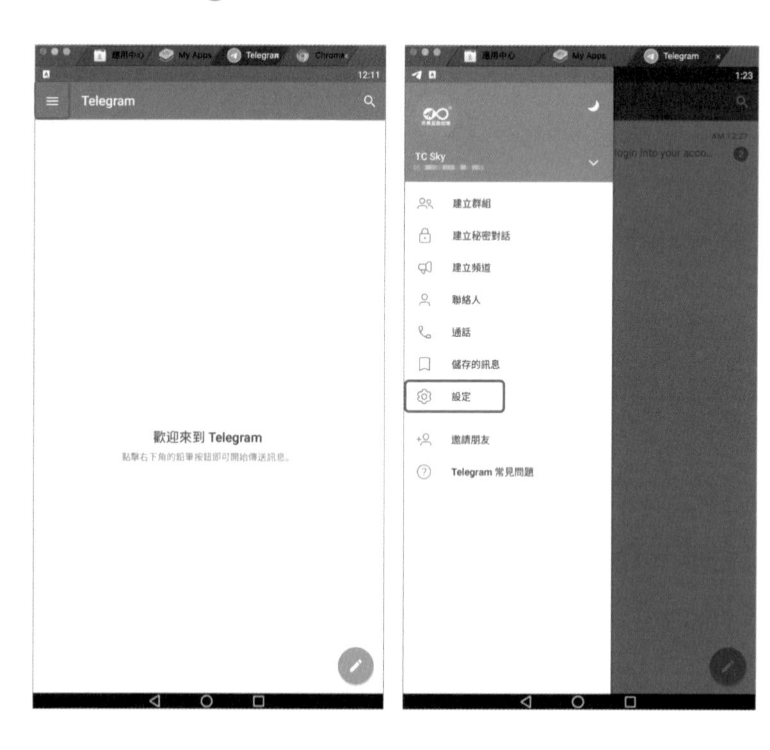

❸ 在跳出畫面中便可看到「使用者名稱」，點擊「使用者名稱」後，可以看到步驟❹的畫面。

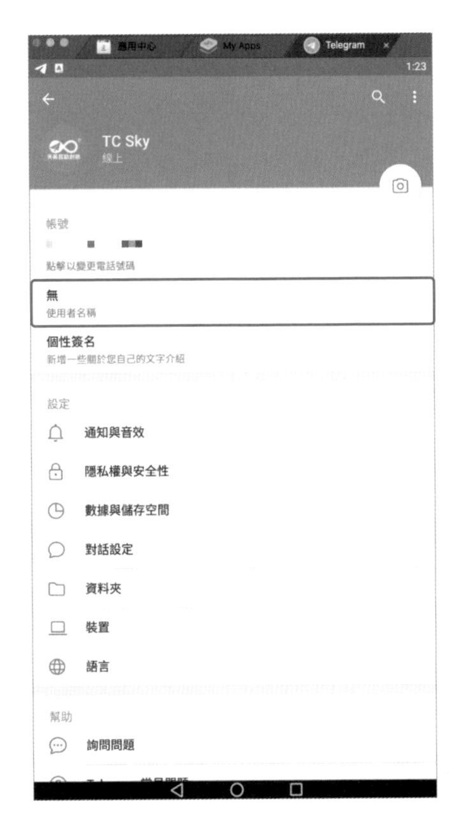

❹ 此時便可以輸入你的「使用者名稱」，在畫面中可以看到：

此連結開啟與你的對話：

https://t.me/ 使用者名稱

如使用者名稱為 TCsky，則連結便是 https://t.me/TCsky。

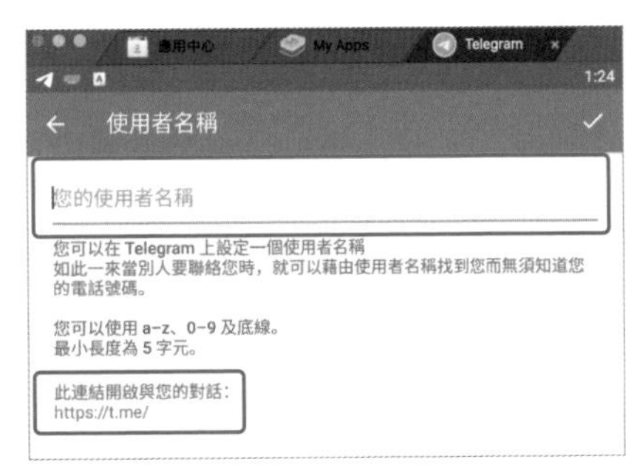

這個連結便是「好友連結」，當你傳送此網址給好友後，好友點擊此連結就可以直接加入你的 Telegram 帳號。同時其他人也可以在 Telegram 中透過搜尋「使用者名稱」的方式直接找到你並加入帳號！

Telegram for iOS / iPhone / iPad

❶ 在 Telegram 首頁畫面右下方處，就可以看到「設定」選項。
在「設定」畫面中，點擊上方「頭像」或「帳號名稱」，也可以直接點選「設定使用者名稱」(當已設定「使用者名稱」，則不會顯示)。

❷ 進入畫面後，可以看到「使用者名稱」選項，點擊「使用者名稱」後，可看到步驟❸的畫面。

❸ 此時便可以輸入設定你的「使用者名稱」，在畫面中可以看到：

此連結開啟與你的對話：
https://t.me/ 使用者名稱

如使用者名稱為 TCsky，則連結便是 https://t.me/TCsky。

這個連結便是「好友連結」，當你傳送此網址給好友後，好友點擊此連結，就可以直接加入你的 Telegram 帳號。同時其他人也可以在 Telegram 中透過搜尋「使用者名稱」的方式直接找到你並加入帳號！

- 「使用者名稱」只能使用英文、數字命名，不能使用中文。
  命名規則：a-z、0～9 以及底線組合，最小長度必須為 5 字元！
- 「使用者名稱」為先搶先贏。別人已使用的名字就不能再使用了。因此，如果你是品牌商家，建議越早經營 Telegram 越好，趕緊先搶下你的「使用者」。

2.2.2 修改個人帳號基本資訊

設定好「使用者帳號」後，你會發現在「設定」畫面中，還有些其他設定，例如個人帳號的「頭像」、「姓名」（帳號名稱）以及「個性簽名」等基本資訊，接著我們來看看這些項目主要的用途與設定方式。

前面提到可以透過「好友連結」邀請好友、他人加入你的帳號，當我們傳送「好友連結」給他人時，在 Telegram 的聊天畫面當中會出現「好友連結」的「連結預覽」效果，什麼是「連結預覽」效果呢？下圖為 Telegram 聊天畫面：

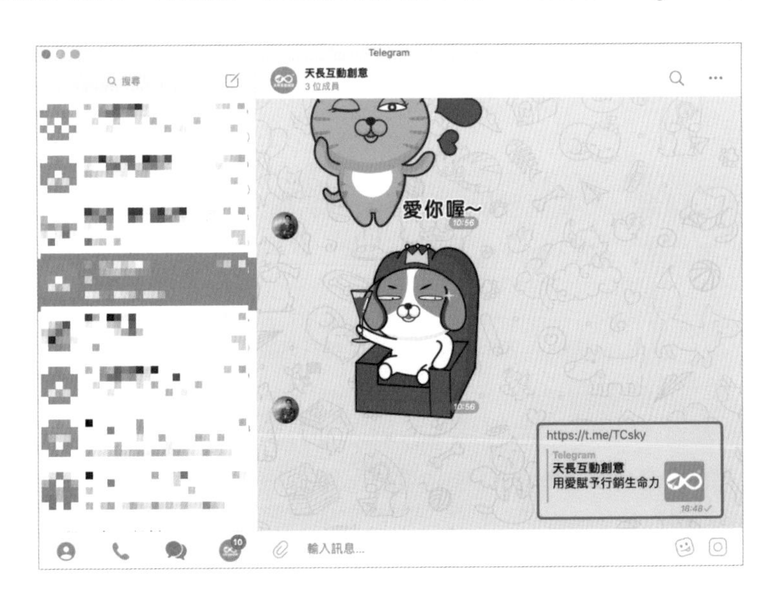

當我們傳送「好友連結」時：https://t.me/TCsky

明明輸入的訊息只有「網址」，為何傳送到聊天畫面後，會出現下面的「天長互動創意」、「用愛賦予行銷生命力」的文字和圖片呢？

這個就是所謂的「連結預覽」效果。現在大多數的通訊軟體或是社群平台都有「連結預覽」的功能，最主要的原因是因為有太多的「詐騙連結」，許多人不小心點擊後，帳號、密碼就被盜用，因此現在通訊軟體、社群平台，都會先幫你做連結的測試，並顯示測試結果和連結的畫面、文字，如此就可以降低點擊到詐騙連結的風險。

Telegram 的「好友連結」預設會以「帳號頭像」、「帳號名稱」及「個性簽名」作為顯示項目，如果你都沒有設定，當別人收到你的「好友連結」時，就會「空空如也」，造成有些人誤以為是詐騙連結而不敢點選。因此，建議帳號建立之後，先設定好你的帳號基本資料，再開始分享你的「好友連結」，會是比較好的做法喔！

若是要修改「頭像」、「電話號碼」、「使用者名稱」、「個性簽名」，直接在畫面中點擊相對應位置，即可進行修改！

Android 畫面　　iOS 畫面

- **使用者名稱：**加好友的利器！如同 LINE 官方帳號的專屬 ID，在 Telegram 裡面不需要付費即可享有，輸入使用者名稱後，其他人就算沒有你的電話號碼，也可以透過搜尋「使用者名稱」來找到你喔！所以，一定要記得設定使用者名稱，才能讓其他人搜尋到你。設定好「使用者名稱」後，Telegram 就會提供一個「好友連結」（網址）：https://t.me/使用者名稱，讓好友可以透過點擊網址直接加入。

  例如：https://t.me/TCsky

  使用者名稱命名規則：只能英文和數字組合！可以使用 a-z、0～9 及底線，最少需要 5 個字元。

很多人會將「帳號名稱」和「使用者名稱」搞混，簡單的說，「帳號名稱」可以想成是「中文名稱」、「使用者名稱」是「英文名稱」，雖然這個說法不完全精準，但是至少比較容易記得！

	命名規則	顯示位置
帳號名稱	中、英文皆可，可自行命名沒有限制	聊天視窗，第一眼就會看到
使用者名稱	只能英文 + 數字組合	不會特別顯示，需點選帳號中的「資訊」才會看到

例如：

「帳號名稱」就是「天長互動創意」，而「使用者名稱」則是「TCsky」。

- **變更號碼：**Telegram 帳號是綁定「手機號碼」，有些人會擔心如果變更手機或號碼，要怎麼處理呢？會不會像 LINE 這麼麻煩，還需要移機設定；另外訊息要怎麼備份，會不會不見呢？其實完全不用擔心，Telegram 的訊息通通儲存在雲端，可以多裝置同步訊息，因此，就算電話號碼改了，只要在「設定」中變更電話即可，什麼動作都不用額外處理，如果是換手機，也只需在登入後變更號碼即可，輕鬆又簡單！所有的聊天訊息、媒體、聯絡人等，都會自動轉移到新號碼，完全不用擔心備份的問題，更不用擔心朋友找不到你，你的共同聯絡人（雙方都將號碼加到電話簿）也會自動更新號碼資訊，然後一如以往，就像什麼事都沒有發生。

- **個性簽名：**可以設定 70 字以內的文字，好友將可以在自己帳號中看到你留下的文字，建議可以加上你的服務項目，強化印象，讓別人更容易認識並記得你！

如果要修改「帳號名稱」（姓、名），iOS（iPhone、iPad）操作上只要直接點擊名稱的部分即可修改。

在設定畫面中，點擊「姓名」就可以直接修改，修改完成後，點擊右上方「完成」，就可以儲存變更，完成設定！

Android 手機則稍微麻煩一些，操作如下示範。

❶ 點擊右上角的「三個點點」(直式)。

❷ 選擇「編輯名稱」。

❸ 輸入想要更改的「姓」、「名」後，點擊右上方「✓」，儲存完成修改。

2.3 店家必做 2：隱私設定保護店家私密資料

Telegram 是目前全世界最安全、最隱私的通訊軟體，在訊息加密、身份隱私保護部分尤甚，因此世界上許多區域有抗爭活動時，都會使用 Telegram 作為主要的通訊軟體，避免政府追蹤訊息。同樣地，許多公司因為保密因素，避免機密資料洩漏，也都會使用 Telegram 作為傳輸檔案的工具。

2.3.1 帳號隱私權限設定

當申請好 Telegram 帳號後，別急著新增聯絡人、招募好友，建議先跟著此節介紹，做好隱私設定，對於帳號會更有保障喔！

A 隱藏電話號碼能見度

Telegram 預設所有人都可以看到你的電話號碼，如果你不想要公開電話號碼，請依照下列操作設定。

動手做做看

Android	打開 Telegram → 點擊左上「三條橫線」圖示 →「設定」 →「隱私權與安全全設定」 →「電話號碼」
iOS ｜ iPhone ｜ iPad	打開 Telegram → 點擊畫面下方的「設定」選項 →「隱私權與安全全設定」 →「電話號碼」

首先請點選「設定」→「隱私權與安全性」，將會看到除了「電話號碼」設定為「我的聯絡人」外，其他「上線狀態」、「個人圖片」、「通話」等選項，預設都是允許「所有人」看到。

❶ 點擊「隱私權與安全性」。

❷ 點選「電話號碼」。

❸ 誰能看到我的電話號碼？預設值會是「我的聯絡人」。

❹ 誰能看到我的電話號碼？
將選項設定為「沒有人」：將沒有人可以看到你的電話號碼；設定為「我的聯絡人」，則是手機通訊錄中以及 Telegram 好友可以看到。

誰可以透過我的電話號碼找到我？
設定為「我的聯絡人」。

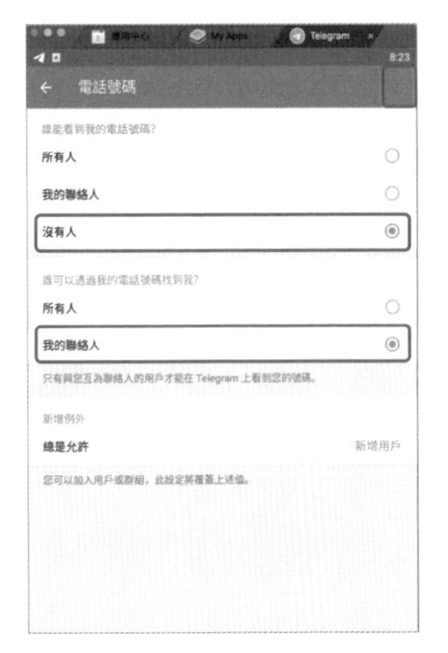

Telegram for **iOS / iPhone / iPad**

❶ 點擊「隱私權與安全性」。

❷ 點選「電話號碼」。

❸ 誰能看到我的電話號碼？
將選項設定為「沒有人」：將沒有人可以看到你的電話號碼；設定為「我的聯絡人」，則是手機通訊錄中以及 Telegram 好友可以看到。

誰可以透過我的電話號碼找到我？
設定為「我的聯絡人」。

點擊「返回」，即可完成設定。

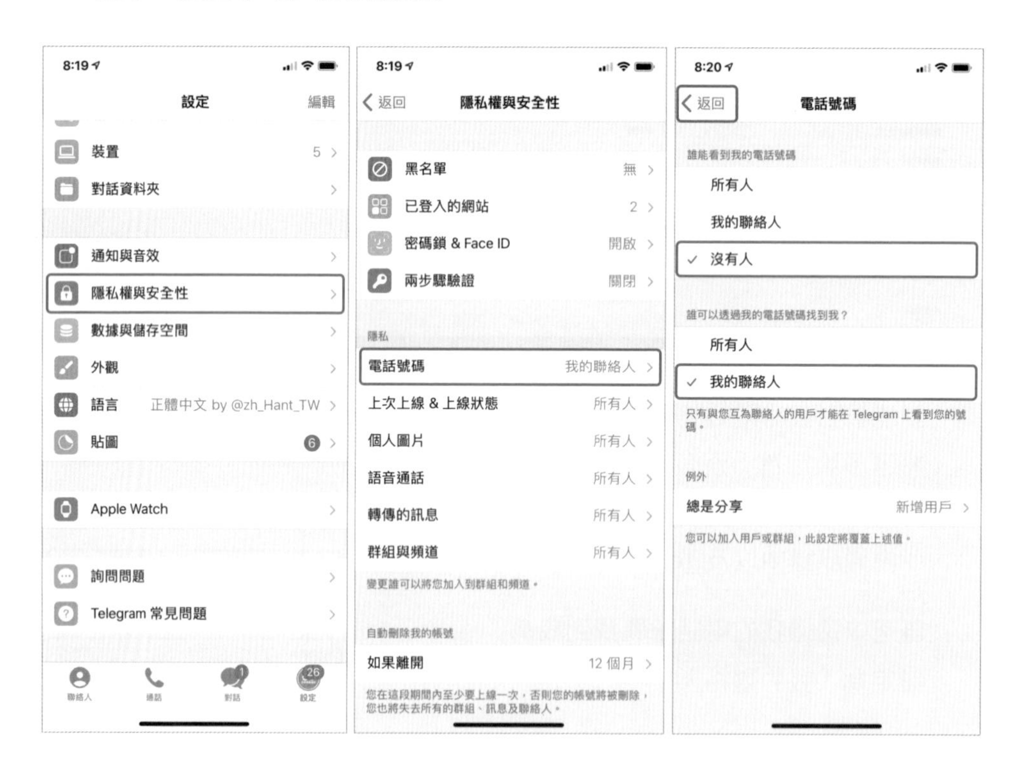

❹ 返回「隱私權與安全性」畫面。

和 Android 版本不同，不用特別點「✓」或是任何選項「儲存」。iOS 手機點選「任何選項」後，便會自動儲存和變更，不用額外儲存動作。

Ⓑ 隱藏上線時間與狀態

動手做做看

Android	打開 Telegram → 點擊左上「三條橫線」圖示 →「設定」 →「隱私權與安全設定」 →「上次上線 & 上線狀態」
iOS ｜ iPhone ｜ iPad	打開 Telegram → 點擊畫面下方的「設定」選項 →「隱私權與安全設定」 →「上次上線 & 上線狀態」

Telegram for **Android**

❶ 點擊「隱私權與安全性」。

❷ 點選「上次上線 & 上線狀態」。

❸ 將「所有人」改為「沒有人」，設定完成後，請點選「✓」，儲存變更。

Telegram for **iOS / iPhone / iPad**

❶ 點擊「隱私權與安全性」。

❷ 點選「上次上線 & 上線狀態」。

❸ 將「所有人」改為「沒有人」，點選後即完成設定，無須額外儲存。

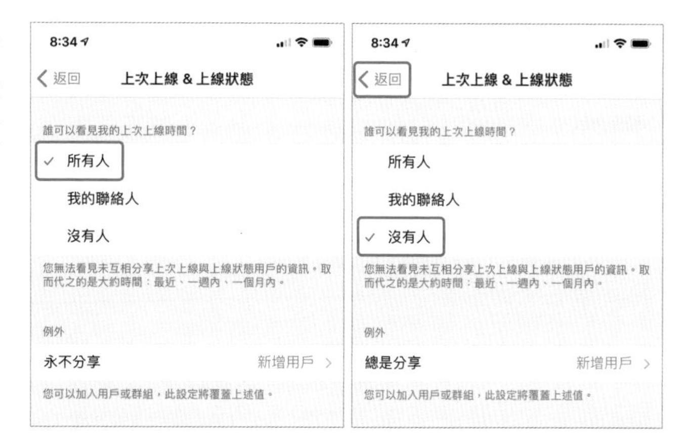

任何設定過程中：
Andriod 手機用戶，記得按下右上方的「✓」，才算儲存完成設定。
iOS（iPhone、iPad）用戶則無須此步驟！

Ⓒ 群組與頻道隱私限制

動手做做看

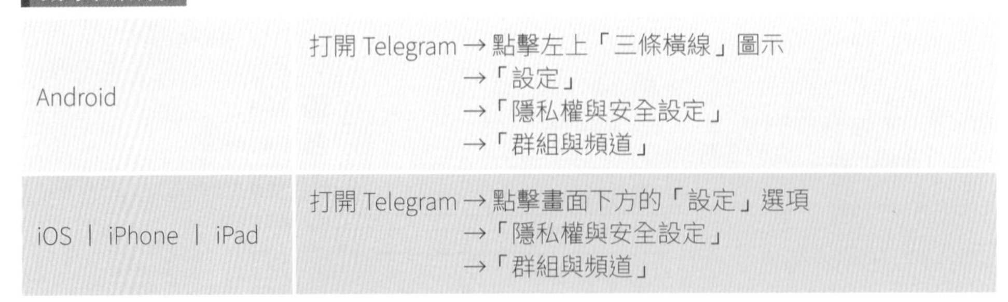

Android	打開 Telegram → 點擊左上「三條橫線」圖示 →「設定」 →「隱私權與安全設定」 →「群組與頻道」
iOS ｜ iPhone ｜ iPad	打開 Telegram → 點擊畫面下方的「設定」選項 →「隱私權與安全設定」 →「群組與頻道」

這項功能最重要的目的是限制他人可否主動地將你加入頻道或群組當中。

Android 畫面　　　　iOS 畫面

建議設定為「我的聯絡人」，有些人喜歡設定成「永不允許」，我則比較不建議，到時候朋友間有些好康的群組要拉你進入，就都不能主動加入，還要另外邀請你、告知你，最後很容易沒有朋友喔！哈！

2.3.2 通訊加密權限設定

Ⓐ 訊息轉傳限制功能

個人覺得這是非常實用、有趣的功能，就是你可以自行設定訊息轉傳的權限。相信大家每天都會在 LINE 收到一堆人的轉傳訊息，不過轉來轉去，都已經不知道是從誰那邊傳過來的訊息。前面提到過，在經營 Telegram 時，不要只是發送商品訊息，要適當的發送一些消費者感興趣的知識、新知或是教學文章，如果我們今天用心寫了一篇文章後，雖然獲得很多人轉傳，卻沒有人知道出處，甚至被盜用，相信不會是大家所樂見的。

而 Telegram 中，你可以設定當別人轉傳你發送的訊息時，是否要附上「帳號連結」，當其他用戶收到轉傳的訊息時，該訊息上面會顯示從何處轉傳，對於文章主題有興趣者，便能夠進一步透過連結，連到你的帳號、頻道或群組而加入好友。反之，如果你傳送的訊息比較具有私密性，不想被別人知道是由你傳送，也可以設定隱藏。

動手做做看

Android	打開 Telegram → 點擊左上「三條橫線」圖示 →「設定」 →「隱私權與安全設定」 →「轉傳的訊息」
iOS ｜ iPhone ｜ iPad	打開 Telegram → 點擊畫面下方的「設定」選項 →「隱私權與安全設定」 →「轉傳的訊息」

Android 畫面

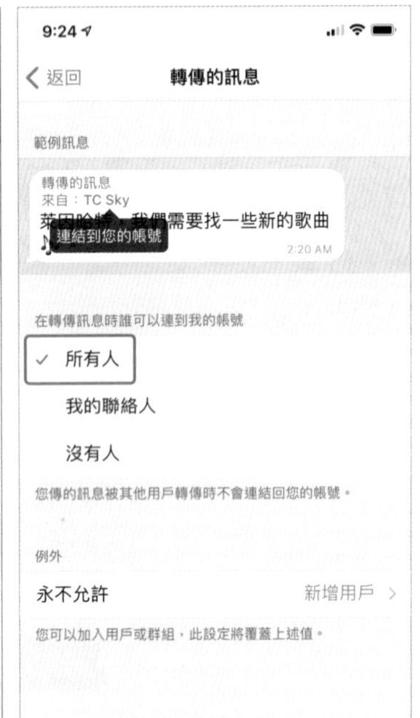

iOS 畫面

Ⓑ 通話點對點加密設定

Telegram 中有一項名為「點對點」(peer-to-peer) 通話的特別功能，傳統通訊軟體通話時，需連接到中央伺服器，透過中央伺服器將雙方語言訊息對接，而進行對話。而「點對點」傳輸這項功能，則無須連接到中央伺服器，直接對接雙方即可進行語音傳輸，同時能將對話內容透過點對點加密處理，不會被第三者「截聽」。

什麼是「點對點」通話？

「點對點」固然隱私、保密，但也不是完全沒有缺點。「點對點」傳輸，資料不會經過中央伺服器，因此伺服器中就不會有資料，這樣一來，也就不會有「雲端訊息同步」功能。不過，會選擇「隱私、保密」，自然也不會在意同步的問題，訊息不能被保留反而更為安全。

另外，Telegram 官方也有聲明：使用「點對點」傳輸，會有讓你自身 IP 位址暴露的風險，畢竟在廣大的網路世界中，要做到能夠「點對點」傳輸，一定要提供彼此的 IP 位址才能做到，透過 Telegram 伺服器，就比較容易避免自己的 IP 位址曝光。

依據 Telegram 官方的說法：

「雖然所有的 Telegram 訊息都經過安全性的加密，但是在「私密聊天」模式下，採用的是「點對點」的加密模式；而一般聊天模式下，則是採用裝置對伺服器 / 伺服器對裝置的加密 / 資料傳輸模式。這樣一來，你平常可透過 Telegram 一般模式的聊天訊息，得到安全且從任何裝置都可登入存取的方便性，也可以在伺服器端進行聊天紀錄搜尋，這對很多人來說也是很需要的。

Telegram 的宗旨是為廣大的使用者帶來更安全的即時通訊服務，特別是那些對於資訊安全一竅不通且不知道該怎樣保護自己的使用者。但，光只有安全還不足以滿足－你還得讓 APP ／服務的品質達到所謂的快速，功能強大且兼具易用性。這些特性讓 Telegram 被各界廣泛採用，不僅止於那些熱衷或者反對當權者，所以不用擔心使用 Telegram 會讓你在某些國家成為被監控的目標。」

動手做做看

Android	打開 Telegram → 點擊左上「三條橫線」圖示 →「設定」→「隱私權與安全設定」→「通話」
iOS ｜ iPhone ｜ iPad	打開 Telegram → 點擊畫面下方的「設定」選項 →「隱私權與安全設定」→「通話設定」

Android 畫面　　　　iOS 畫面

除了「點對點」對話外，文字訊息、檔案，Telegram 也提供了「點對點」傳輸的功能，若要將文字訊息、檔案透過「點對點」傳輸的方式，則必須建立「秘密對話」。

C 秘密對話功能設定

使用「秘密對話」功能，可以設定訊息的保留時間，對方閱讀後，便會開始倒數計時，時間一到，訊息就會自動刪除，所有內容都不會留下任何痕跡。不僅文字訊息，包含檔案、照片、影片、位置等訊息格式，都能加入限時傳訊的秘密對話中，且對話訊息內容皆不能轉傳，如果有人使用螢幕截圖功能，畫面便會出現訊息與紀錄，非常適合傳送需要高度保密對話內容與檔案，是相當完善的金鑰加密聊天室。

秘密對話：
使用端到端加密
不會在我們的伺服器留下痕跡
有「閱後即焚計時器」
不允許轉傳

你邀請 ○○○ 加入秘密對話。
秘密對話：
- 使用端到端加密
- 不會在我們的伺服器留下痕跡
- 有「閱後即焚計時器」
- 不允許轉傳

秘密對話中有兩個針對「保密」所設計的功能：

- **閱後即焚：**當訊息或檔案送出後，對方若讀取後，便會開始倒數，時間到就會將訊息和檔案刪除。
- 當有人「擷取螢幕」，在聊天畫面當中都會紀錄「動作」。

秘密對話功能無法在「網頁版」中使用，目前僅支援手機、電腦版。

接著來看如何建立「秘密對話」以及相關操作功能。

動手做做看

Android	打開 Telegram → 點擊左上「三條橫線」圖示 →「建立秘密對話」
iOS ｜ iPhone ｜ iPad	打開 Telegram → 點擊畫面下方的「對話」選項 → 在點擊右上角「鉛筆」圖示 →「建立秘密對話」

 Telegram for **Android**

❶ 點擊左上「三條橫線」圖示。

❷ 點選「建立秘密對話」。

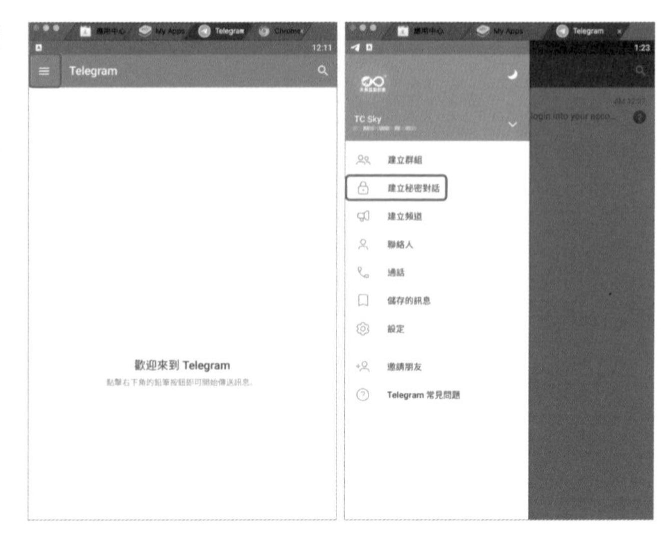

 Telegram for **iOS / iPhone / iPad**

❶ 在 Telegram 畫面中點擊下方「對話」選項，然後再點擊右上方「鉛筆」圖示。

❷ 點選「建立秘密對話」。

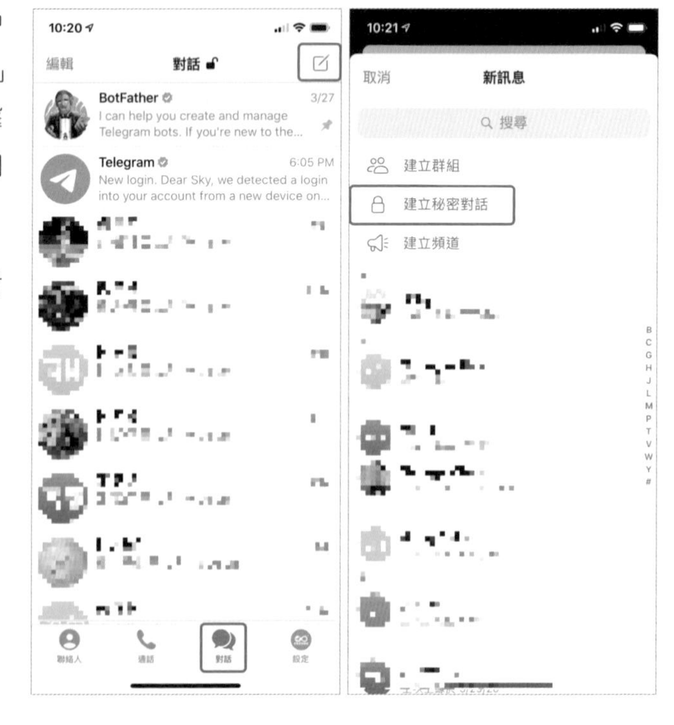

點擊「建立秘密對話」後，會先要求你選擇要加入對話的好友，選擇後，便可以開始對話（秘密對話畫面如下），接著來看如何設定「閱後即焚計時器」。

Telegram for **Android**

❶ 在「秘密對話」畫面，點擊右上方的「三個點點」圖示。

❷ 點選「設定閱後即焚計時器」，即可設定每則訊息閱讀後，於多久時間後自動刪除訊息。

❸ 接著會出現「時間」設定畫面，選定秒數後，點選「完成」。

❹ 設定完成後，秘密對話聊天畫面中，便會顯示目前「閱後即焚」的時間。

同時「頭像」上也會出現小小的秒數時間。

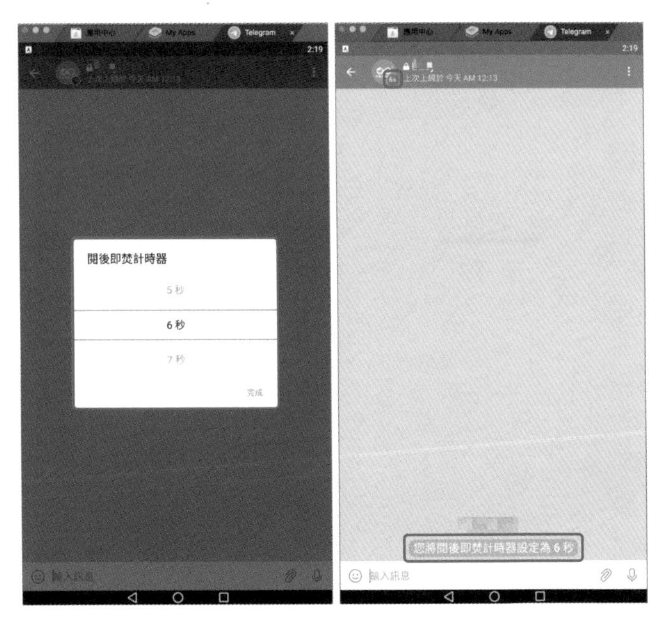

❶ 在「秘密對話」畫面，點選聊天對話框中的「計時」圖示。

❷ 便可以設定「閱後即焚」的秒數。設定完成後，點選「完成」。

❸ 設定完成後，在聊天對話框中，會顯示目前「閱後即焚」設定的秒數。如果想要變更秒數時間，則點選「秒數位置」(此圖範例為 7 秒處)。此外聊天畫面中也會顯示目前設定秒數的文字訊息。

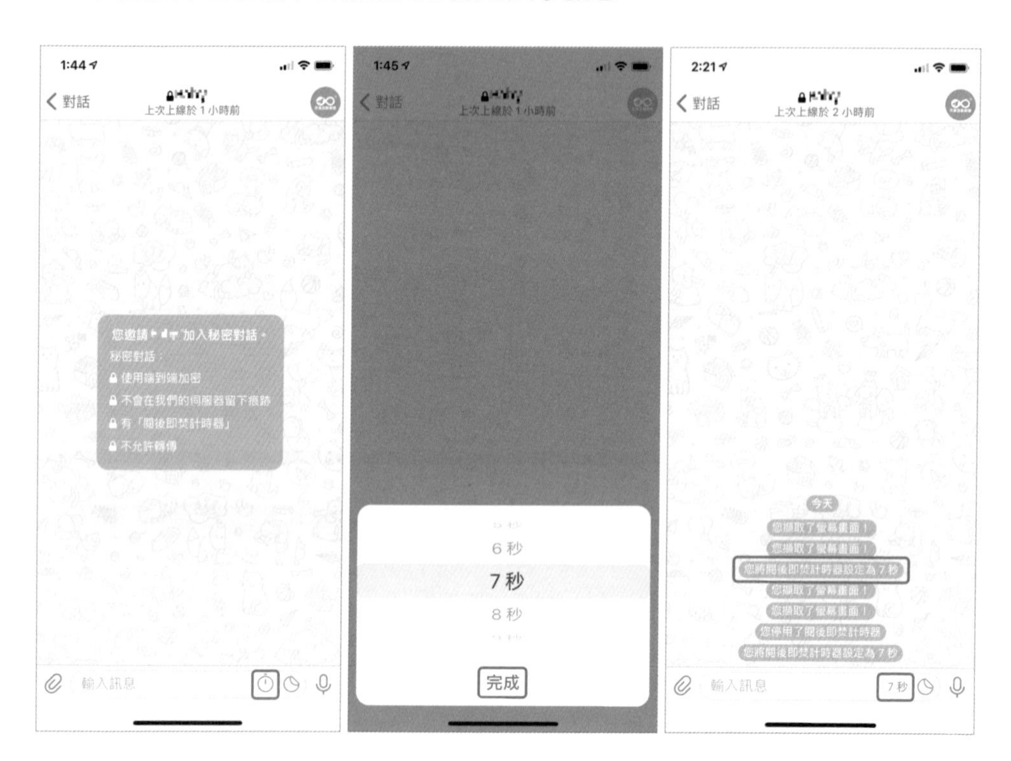

2.4 店家必做 3：雙重認證防止帳戶被盜

有時你的手機或平板電腦，可能會暫時借給他人，或是沒有隨身攜帶，為了有更好的安全防護，你可以使用 Telegram 內建的安全機制，作為防止 Telegram 訊息外洩、盜用的情況。

Telegram 提供三種防護機制：

A. 密碼鎖

B. 兩步驟驗證

C. 裝置 / 作用中的工作階段

Ⓐ 設定密碼鎖：簡單又有效的防護機制

其中最常見、最簡單使用的就是「密碼鎖」，Telegram 本身設有「密碼鎖」功能，相信許多人手機也都有設定「密碼」，要使用手機時，一定要輸入密碼或是臉部、指紋辨識，Telegram 密碼鎖功能便是同樣的概念，當有人要點擊 Telegram App 進入使用時，便會要求先輸入密碼。當手機或平板電腦需要借人使用時，例如借他人打電話時，就不用擔心別人借著打電話的機會，點開你的 Telegram，偷看訊息或盜用。

建議 Telegram 密碼和手機解鎖密碼設定不同，這樣更能夠多一層保障喔！

動手做做看

Android	打開 Telegram → 點擊左上「三條橫線」圖示 →「設定」→「隱私權與安全設定」→「密碼鎖」
iOS ｜ iPhone ｜ iPad	打開 Telegram → 點擊畫面下方的「設定」選項 →「隱私權與安全設定」→「密碼鎖」

Telegram for **Android**

❶ 點選「隱私權與安全設定」。

❷ 點選「密碼鎖」。

❸ 點選「密碼鎖」(灰色為關閉、藍色為開啟)

❹ 進入後則可設定「PIN 碼」(數字密碼)。點選「PIN 碼」可切換密碼設定模式。

⑤ PIN 碼：密碼只能使用數字。

密碼：可以設定數字和英文字母混合的密碼。

⑥ 再次輸入同一組數字密碼，然後按下右上角的「✓」，儲存設定。

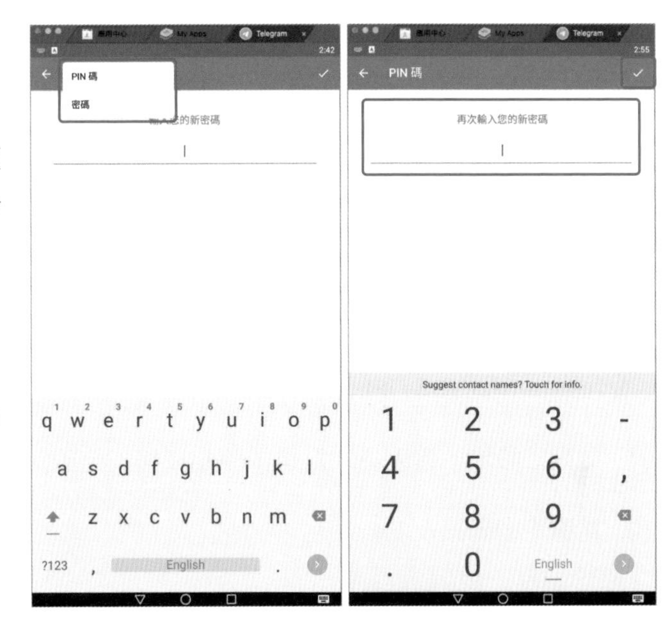

⑦ Android 版本設定完成畫面。

- **確認時間**：設定完成後，你會發現自動鎖定從「停用」，變成你所設定的時間。
- **允許擷取螢幕**：如果你希望 Telegram 具有高度機密性，不允許擷圖，可將「允許擷取螢幕」功能關閉。

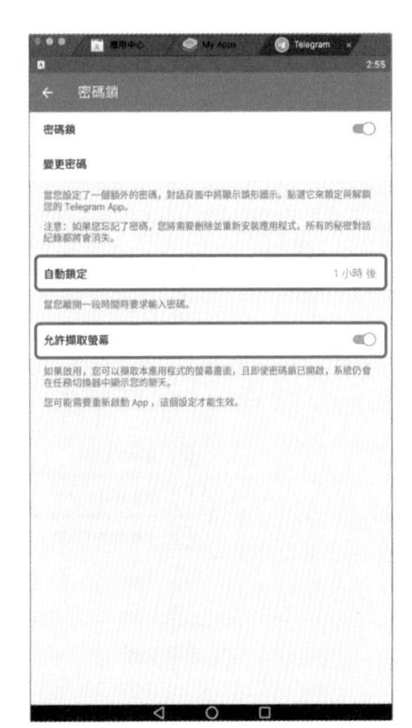

Telegram 在密碼鎖功能中還提供了一個「自動鎖定」的設定選項，可以設定多久沒有使用 Telegram 時，就會「自動鎖定」。例如，有時候我們跟別人聊到一半，突然有其他雜事要處理，手機可能會先放在桌上，暫時離開，這時候如果你已經解鎖，進入 Telegram 聊天畫面，就容易被其他人看到對話訊息或是被盜用，當設定「自動鎖定」後，Telegram 就會在指定的時間後鎖定，如果要再使用 Telegram 則需要再次輸入密碼。

❶ 進入「設定」畫面後，點選「隱私權與安全設定」。

❷ 點選「密碼鎖 & Face ID」。

❸ 點選「開啟密碼鎖」。

❹ 進入後請輸入「數字」密碼。
若要變更密碼格式，可點選「密碼選項」。

❺ 預設為 6 位數字密碼。亦可改為「自定英數密碼」，則可以使用「英文字母」和「數字」混合的密碼組合，比起純數字密碼會更為安全。

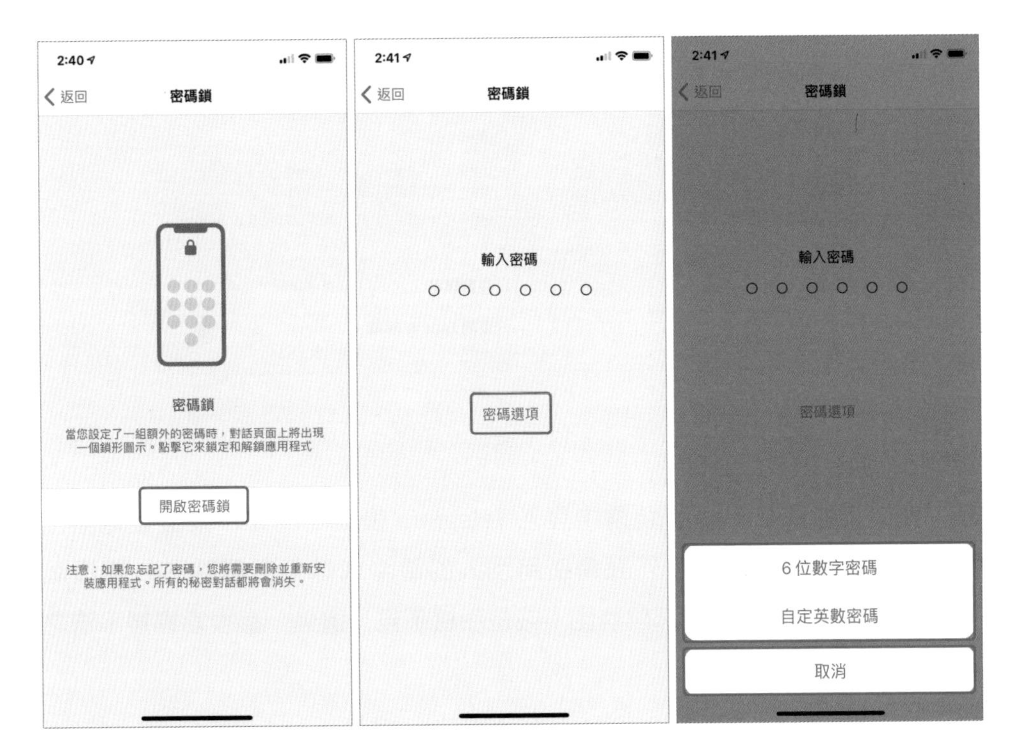

❻ 再次輸入同一組數字密碼，即完成密碼設定。

使用指紋、臉部解鎖：如果你的手機系統有支援指紋、臉部辨識解鎖，就能透過指紋、臉部辨識代替輸入密碼，快速進入 Telegram。不過請特別注意：你還是必須先設定「密碼鎖」並牢記密碼，因為未來若要變更密碼或是設定時，仍會要求先輸入「舊密碼」確認驗證後，才能進行變更和設定。

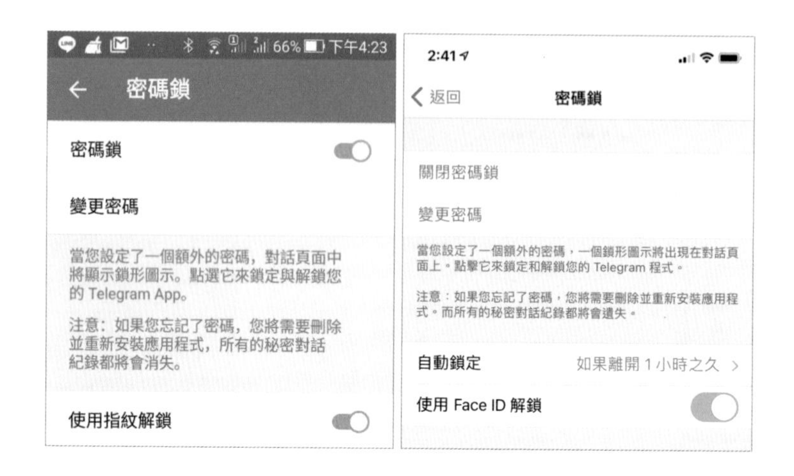

B 設定兩步驟驗證：防止他人入侵並登入你的帳號

有時我們可能會在不同的裝置中登入 Telegram 帳號，例如，桌上型電腦、平板電腦，甚至有時候在外面會使用別人的電腦或是公用電腦登入網頁版 Telegram，使用結束可能忘記登出；或是手機不見、遺失，都很容易被不法之徒盜用帳號。

還有一種常見情況是，在社群平台中可能會收到好友傳來的訊息連結，因為是自己認識的好友就失去防備心，直接就點擊連結，結果連結到釣魚網站就可能被盜用帳號、密碼。對方登入你的帳號後，濫用、盜用就算了，如果直接更改你的密碼，那辛辛苦苦經營的 Telegram 帳號、頻道、群組，一夕之間就化為烏有，就像前陣子吵得沸沸揚揚的新聞，擁有數十萬粉絲的名人專頁一夕消失，此類新聞不勝枚舉。除了要小心不要亂點 Facebook、LINE 中不明的連結之外，我們還可以怎麼防範呢？

Telegram 提供的兩步驟驗證，便是最佳的防範機制！

兩步驟驗證，顧名思義就是當你使用不同裝置登入 Telegram 帳號時，除了原先會發送一組驗證碼到手機簡訊之外，還需要額外輸入一組你設定的「靜態密碼」，才能夠完成登入。許多人會嫌麻煩沒有啟用，但啟用了兩步驟驗證後，駭客入侵、盜用帳號的難度則會提升上另一個層次，因此建議大家不要怕麻煩，設定兩步驟驗證，帳號安全才是上策！

設定兩步驟驗證操作流程參考如下：

動手做做看

Android	打開 Telegram → 點擊左上「三條橫線」圖示 →「設定」 →「隱私權與安全設定」 →「兩步驟驗證」
iOS ｜ iPhone ｜ iPad	打開 Telegram → 點擊畫面下方的「設定」選項 →「隱私權與安全設定」 →「兩步驟驗證」

Ⓒ 裝置 / 作用中的工作階段：停止不法之徒的操弄

很多人可能搞不清楚什麼是「作用中的工作階段」？簡單的說，就是目前登入 Telegram 的裝置。Telegram 支援跨平台裝置這點雖然方便，但同時也會增加帳號被盜用的風險（通常不是 Telegram 安全機制的問題，而是使用者不良操作習慣，例如密碼設定過於簡單、忘記登出、點擊不明網址等造成），Telegram 內建了一個「裝置」功能，可查詢目前有哪些「裝置」正在登入使用 Telegram 帳號。此功能不僅僅只是提供查詢而已，如果有可疑的裝置登入使用你的帳號，還可以直接強制停止裝置使用，登出帳號，如此一來就可以避免更多資料、訊息被盜用、竊取。

動手做做看

Android	打開 Telegram → 點擊左上「三條橫線」圖示 →「設定」 →「裝置」
iOS ｜ iPhone ｜ iPad	打開 Telegram → 點擊畫面下方的「設定」選項 →「裝置」

Telegram for **Android**

❶ 打開 Telegram → 設定 → 裝置。

❷ 在「裝置」功能中，可看到所有登入 Telegram 帳號的裝置。

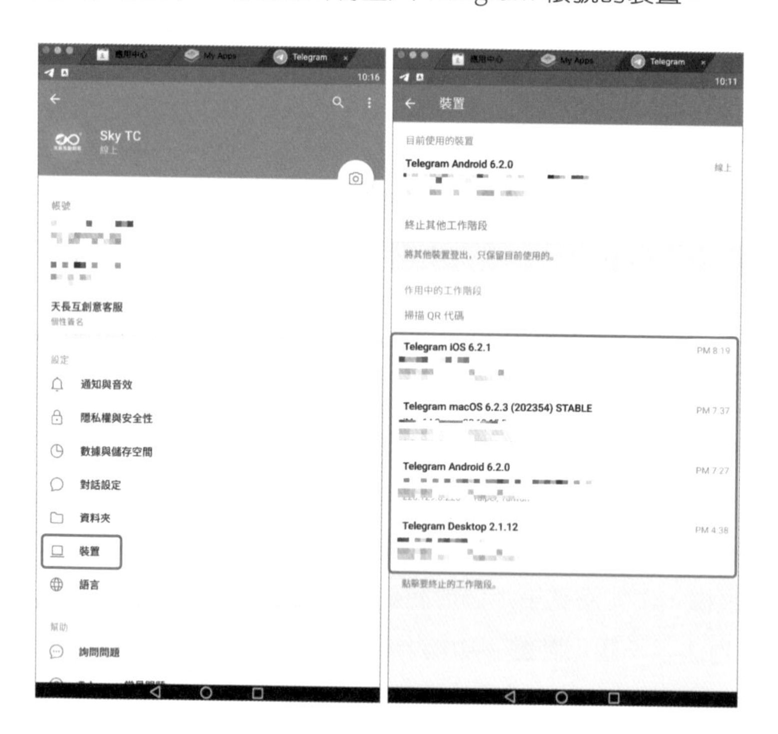

Telegram for **iOS / iPhone / iPad**

❶ 打開 Telegram → 設定 → 裝置。

❷ 在「裝置」功能中，可看到所有登入 Telegram 帳號的裝置。

如果發現有不明裝置登入你的帳號，可按下「終止其他工作階段」讓其他裝置登出。被退出的裝置，Telegram 畫面會顯示一片空白，無法使用。

我的手機被偷或遺失了，該怎麼辦呢？

目前手機號碼是 Telegram 識別用戶的唯一方式，如果手機真的被偷或遺失，可以下列兩種方式處理！

一、曾經於其他裝置登入過 Telegram 帳號

先確認是否曾經使用不同的裝置登入過 Telegram 帳號，如果有，則可以先透過其他裝置登入，例如不同手機、平板電腦或是桌上型電腦。

登入後可以在「設定」→「裝置」→「終止其他工作階段」，先終止其他裝置使用權限，還可以透過不同裝置使用 Telegram 帳號。後續再請電信業者補發新的 SIM 卡，並停用舊的 SIM 卡即可。

二、從未使用其他裝置登入 Telegram 帳號

萬一你先前都沒有透過其他裝置登入 Telegram 帳號，就必須請電信業者補發新的 SIM 卡給你，安裝到新手機後，再次登入 Telegram，才能從「裝置功能」中設定「終止其他工作階段」，將舊手機強制登出，避免他人盜用帳號。

另外，在「裝置」畫面當中，還可以找到一個「掃描 QR 代碼」，此功能的作用是當你使用電腦版的 Telegram 時，可以不用輸入電話號碼或是帳號、密碼，直接透過手機掃描出現在電腦版上的 QR code，即可以登入 Telegram 電腦版。

❶ 開啟 Telegram 電腦版，點擊開始傳訊。

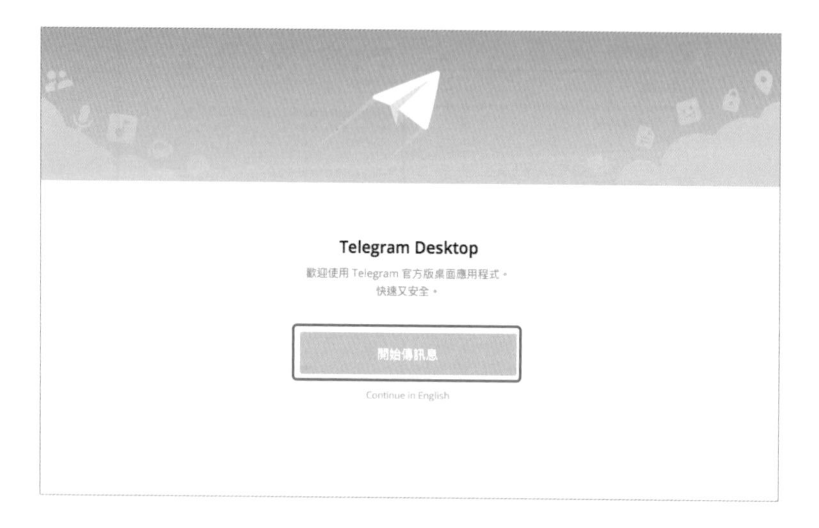

❷ 點選「使用 QR code 快速登錄」。

③ 此時 Telegram 電腦版畫面會顯示 QR code 圖案，接著使用手機掃描 QR code。

④ 開啟手機中的 Telegram，進入 → 設定 → 裝置 → 掃描 QR 代碼。

⑤ 點選掃描電腦中的 QR code 圖片，即可完成電腦版登入動作。

2.5 主題佈景設定：愛上自己專屬的 Telegram

每天朝夕相處的通訊軟體，如果可以修改成自己喜歡的樣式、顏色，看起來更賞心悅目、心情也會變得很好！ Telegram 提供彈性很大的主題背景客製化的功能，不僅可以修改軟體介面顏色，還可以修改對話框、文字大小，訊息圓角程度、自動夜晚模式等等，非常有趣。

2.5.1 外觀與佈景基礎設定

動手做做看

Android	打開 Telegram → 點擊左上「三條橫線」圖示 →「設定」→「對話設定」
iOS ｜ iPhone ｜ iPad	打開 Telegram → 點擊畫面下方的「設定」選項 →「外觀」

Android 畫面

iOS 畫面

Android 畫面　　iOS 畫面

Android 和 iOS 版本畫面有些許不同，不過，只是介面和位置略有不同。而且都能透過「預覽功能」，直接看到設定後的視覺效果。

設定主題佈景後，只會在你自己的裝置變更顯示！
好友手機端的主題佈景，並不會因為你的設定而有變化喔！

A 色彩主題設定

選擇任一「色彩主題」時，你會發現 Telegram 畫面、背景及聊天對話框的配色，便會產生變化！選擇後便會立即套用，如果想要變回預設「色彩主題」，請選擇「經典」。

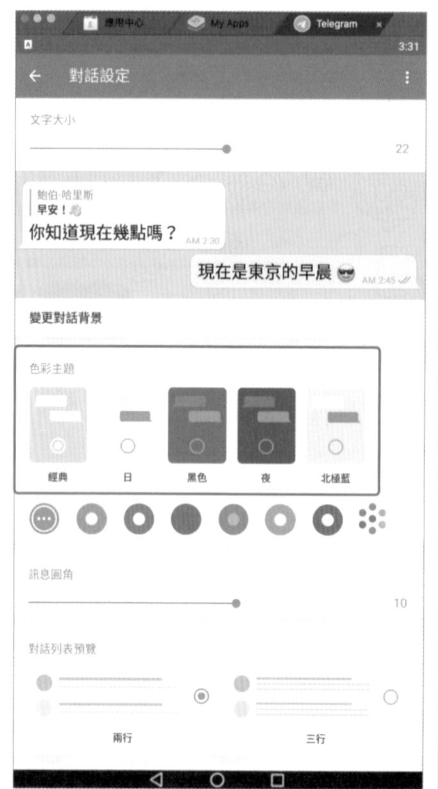

Android 畫面

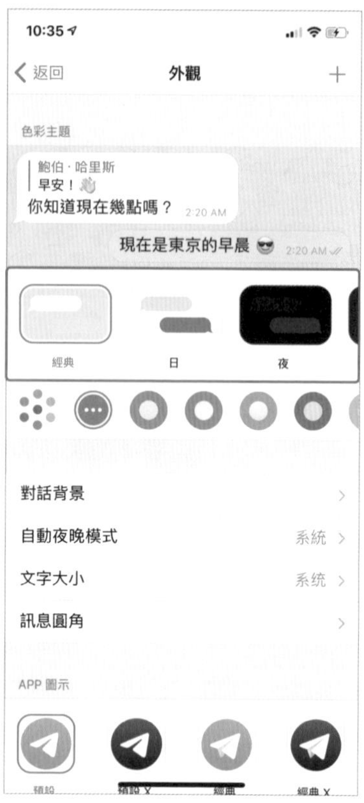

iOS 畫面

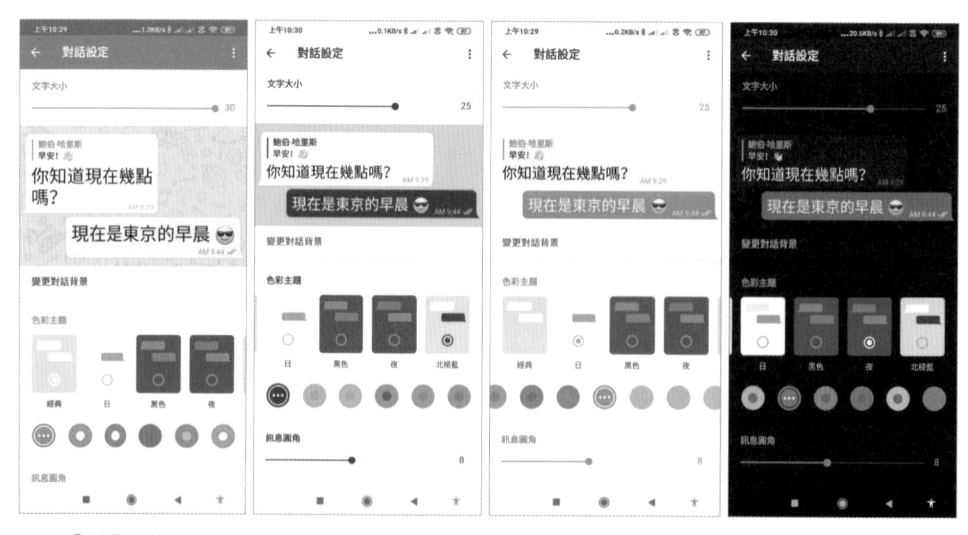

「經典」效果　「北極藍」效果　「日」效果　「夜」效果

Ⓑ 色彩調色盤（訊息 / 背景 / 輔助色）

點選「調色盤」後，可設定「強調色」、「背景」、「我的訊息」。

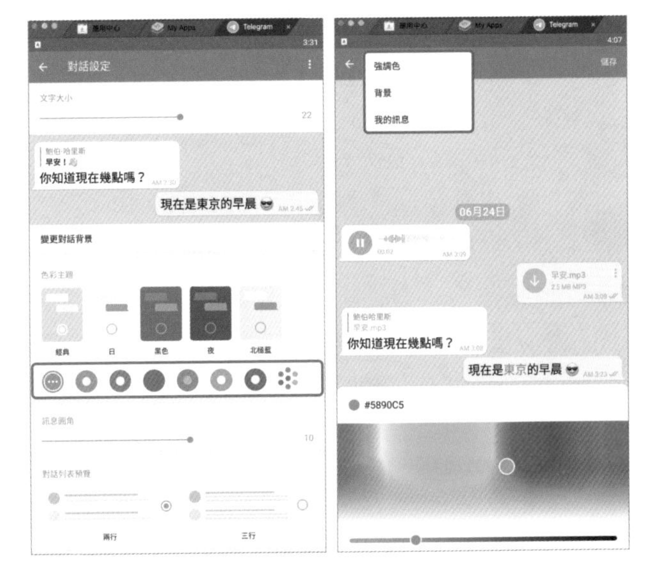

Telegram for **iOS / iPhone / iPad**

點選「調色盤」後，可設定「輔色」、「背景」、「訊息」。

- **調色盤：**可以針對「訊息」、「背景」和「輔助色」等設定顏色。

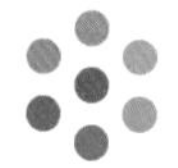

- 若色彩樣式上呈現「三個點點」代表此為目前正選用的色彩樣式。

Ⓒ 文字大小設定

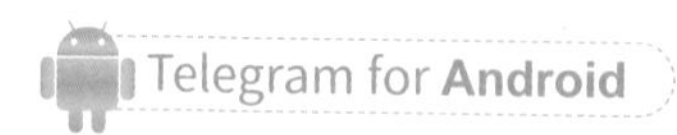

Android 版本在「對話設定」畫面最上方「文字大小」處，直接拖拉滑桿左右移動，便可改變對話框內的文字大小。(越左邊文字越小、越右邊文字越大)。

Telegram for **iOS / iPhone / iPad**

在畫面下方直接拖拉滑桿，便可改變文字大小設定(越左邊文字越小、越右邊文字越大)。調整時，上方可以看到預覽效果，確認無誤後點擊「設定」，儲存變更。

D 聊天對話框圓角程度設定

訊息圓角：可以改變聊天對話框的圓角程度。

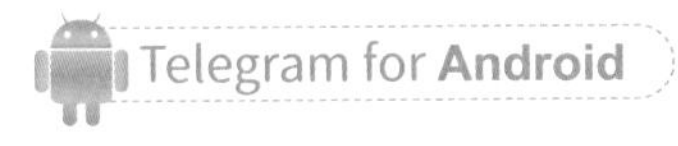

Android 版本在「對話設定」畫面中的「訊息圓角」處，直接拖拉滑桿左右移動，便可改變聊天對話框的圓角程度（越左邊圓角越小，最小等於直角，越右邊圓角程度越大）。

Telegram for **iOS / iPhone / iPad**

在畫面下方，直接拖拉滑桿，便可改變圓角程度設定（越左邊圓角越小、越右邊圓角程度越大）。調整時可於上方看到預覽效果，確認無誤後，點擊「設定」，儲存變更。

iOS 版本中，圓角程度最小也不會是直角，還是會有一些圓角弧度。

E 聊天畫面背景設定

可從 Telegram 預設的背景圖片中挑選圖片當作聊天畫面的背景圖。

- 「**從圖庫中選擇**」/「**從照片中選擇**」：從手機圖庫 / 相簿中選擇照片。

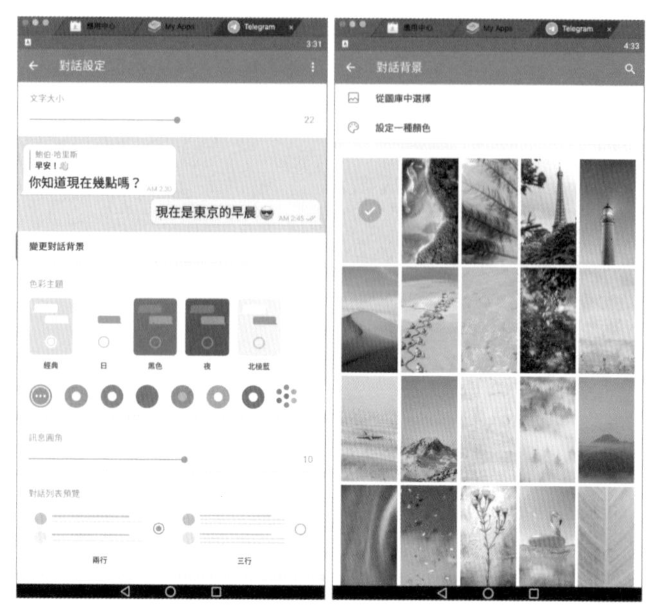

Android 畫面

- 「**設定一種顏色**」/「**設定顏色**」：以顏色當作背景色。

iOS 畫面

當你選擇圖片後，可以設定圖片是「模糊」或是「動作」/「動態」效果。

- **「模糊」效果：** 將背景圖片加上模糊化的特效。
- **「動作」/「動態」效果：** 圖片會在你移動時有小幅度的移動動畫。

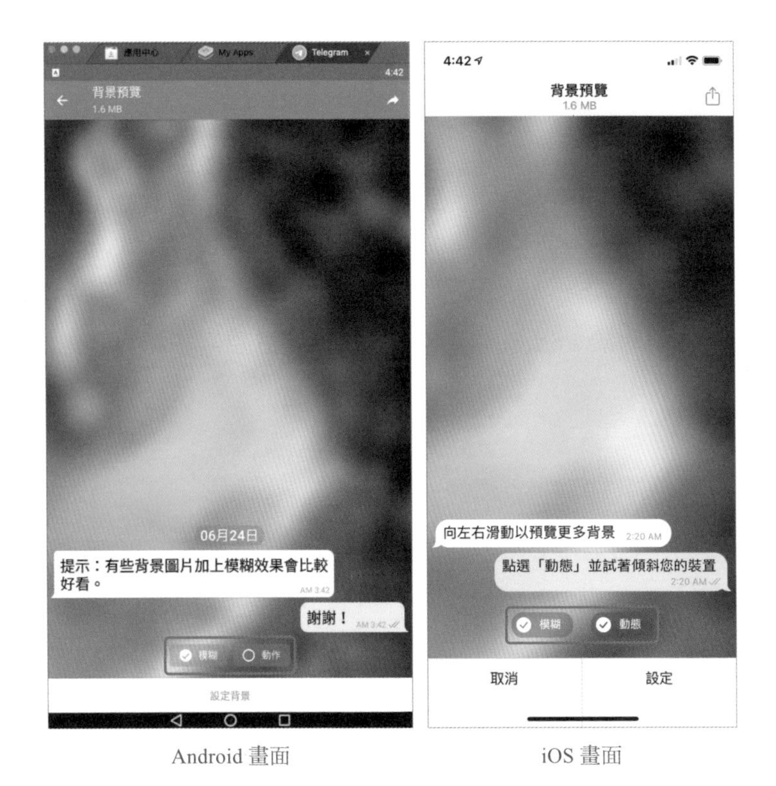

Android 畫面　　　　iOS 畫面

因為不同平台的版本，在「對話設定」/「外觀」選項上的設定有許多差異，在此僅就常用、較為通用的功能選項做介紹。

2.5.2 外觀與佈景客製化設定

除了預設的外觀佈景主題、聊天對話框介面設定之外，Telegram 更提供自訂與客製化主題佈景功能，讓你打造獨一無二、專屬的 Telegram 主題佈景。

Ⓐ 主題佈景客製化設定

動手做做看

Android	打開 Telegram → 點擊左上「三條橫線」圖示 →「設定」 →「對話設定」 → 右上角「三個點點」 → 建立新主題
iOS ｜ iPhone ｜ iPad	打開 Telegram → 點擊畫面下方的「設定」選項 →「外觀」 → 右上角「+」圖示 → 建立新主題

iOS 版本設定上相對於 Android 版本較為直覺、直觀。在此我們先以 iOS 版本來做說明。

Telegram for **iOS / iPhone / iPad**

❶ 點擊右上方「+」圖示，即可「建立新主題」。

❷ 輸入你想要的主題名稱後，點擊「Change Colors」後就可針對相關介面細項做設定。

❸ iOS 版本在修改和編輯「主題」時，比 Android 版本直覺、直觀，在下圖左側畫面中，任意點擊位置，便可以選擇對話框或是背景區域修改顏色。你也可以透過上方「輔色」、「背景」、「訊息」切換到不同的功能選項。

❹ Andorid 版本則是必須從一長串的「文字項目」中挑選對應的項目，進行設定。

❺ 修改完成後，可以點選右上角「完成」，儲存主題設定。儲存時會有說明，告知若要重新編輯的操作模式。

Android 畫面

⑥ 設定新主題後，會在「外觀」畫面中看到你所設定的主題名稱，若要修改編輯，在主題名稱上「長按」便會出現「編輯」選項。

⑦ 點擊「編輯主題」，便可進入主題編輯畫面。

點擊「移除」則是刪除主題。

⑧ 重新進入主題編輯畫面時，可以重新點選「Change Colors」便可進入細項修改設定。

你也可以複製「主題網址」分享給好友，好友點擊後便可以套用你所設定的主題樣式。「從檔案更新」則是匯入主題檔案進行編修。

1. 點擊右上方「三個點」。
2. 點擊「建立新主題」。

3. 教學與說明文字，確認後，點選「建立主題」。
4. 輸入你想要的主題名稱後，按下「建立」。

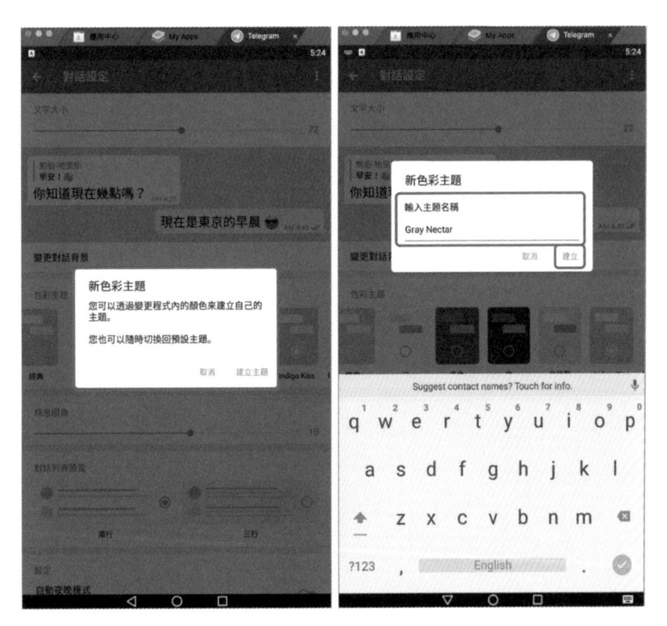

❺ 建立「主題」後，畫面中會出現「調色盤」圖示，點擊可進一步設定。

❻ 點擊「調色盤」後，會出現各個畫面的相對應名稱，點擊選項後，可針對該選項進行色彩調整。

❼ ●「左邊的拉桿」可上下滑動調整顏色深淺，越下面越淺。

● 「右邊的拉桿」可上下滑動調整透明度，越下面越透明。

● 若要修改顏色，可以在右側色票處以滑動的方式找顏色。

確認後按下「儲存」。

接著可繼續選擇其他介面部分，進行色彩設定。

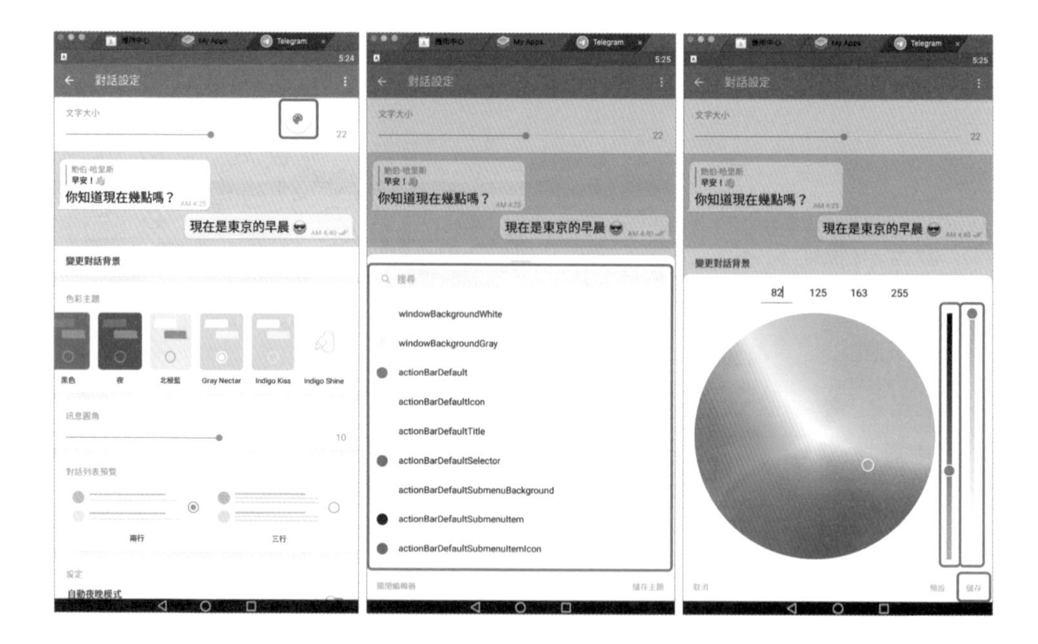

⑧ 全部設定完成後，點選調色盤右下角「儲存主題」，儲存設定。

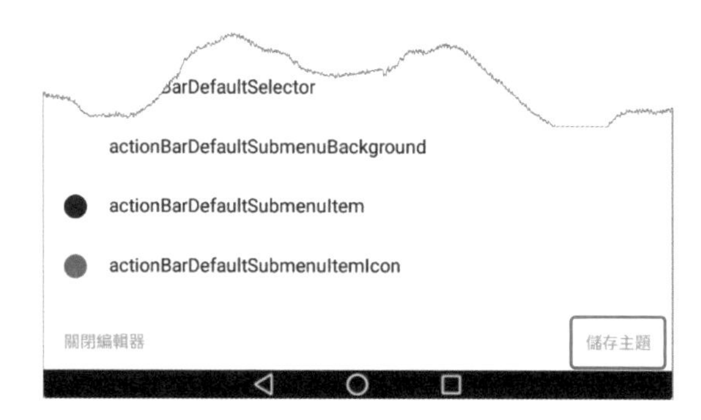

⑨ 設定新主題後，返回「對話設定」畫面，可以看到你所設定的主題名稱，若要修改編輯，可在主題名稱上「長按」，便會出現「編輯」選項。

⑩ 除了編輯選項外，還可以直接「分享」主題背景給好友，或是「匯出」成主題檔案。

「設定連結」則可以設定主題的分享連結。

B 調色盤與主題佈景區塊對應說明

historyTextINFg	對方傳來的文字顏色
historyTextOutFg	我方送出文字的顏色
historyOutIconFgSelected	我方送出已讀圖標顏色
historyLinkOutFg	我方有連結的文字已讀顏色
msgOutDateFg	我方送出文字日期的顏色
hidtoryComposeAreaBg	下方輸入框的顏色
msgOutBg	我方對話框的顏色

若要修改已經新增的自訂主題，進入「對話設定」/「外觀」當中，就可以看到「編輯主題」選項。

了解如何設定、客製化主題佈景後，就可以嘗試打造專屬於品牌的主題佈景，並且透過「主題連結」功能分享給好友使用，也可以分享至先前提到的主題佈景頻道中，增進品牌曝光度喔！

2.5.3 主題佈景下載與頻道介紹

如果你覺得太麻煩，也可以直接套用別人做好的吸睛主題。

點擊進入主題頻道：

電腦版：https://t.me/Themes
（桌面主題檔都有 .tdesktop-theme 的附檔名）

Android：https://t.me/AndroidThemes
（所有 Android 主題檔都有 .attheme 的附檔名）

iOS：https://t.me/iOSthemes
iOS App 目前不支援主題！
可先加入主題頻道，等日後此功能開放即可使用。

Ⓐ Telegram Android 版安裝主題佈景方式

Android 安裝主題佈景方式很簡單，只要先加入上述對應之頻道，找到想要的主題檔案，「點擊 → 套用」，就可以完成設定囉！

❶ **Android 主題套用**：點擊你要的主題檔案。

❷ 進入畫面後，點擊下方「套用」，就可馬上套用新的主題佈景！

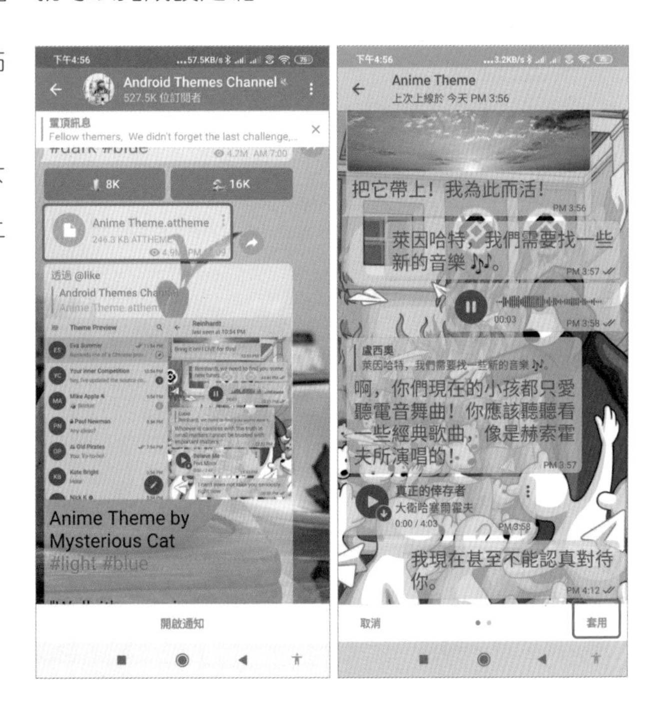

2.6 雲端空間：同步備份無上限，方便管理

Telegram 除了免費，最大的特色便是提供「雲端空間」。Telegram 的檔案傳送限制十分寬鬆，只要單一檔案容量小於 5GB，而且支援所有的檔案格式傳輸，又沒有訊息、檔案的「保存期限」，加上支援多種跨平台裝置同步訊息、檔案功能，所有傳輸的訊息、檔案，只要你沒有刪除，就會永久保留。這些因素累加起來，造就 Telegram 天生體質跟「雲端空間」沒啥兩樣。因此，許多人將 Telegram 當作是備用的「雲端空間」(雲端硬碟)。

究竟 Telegram 的雲端空間是怎麼一回事，以及可以怎麼運用，又有哪些好用的功能呢？讓我們繼續看下去。

2.6.1 運用標籤功能：方便檔案歸納、整理

我們先來了解 Telegram 雲端空間的位置在哪：

動手做做看

Android	打開 Telegram →點擊左上「三條橫線」圖示→「儲存的訊息」
iOS ｜ iPhone ｜ iPad	打開 Telegram →「設定」→「儲存的訊息」

 Telegram for **Android**

❶ 打開 Telegram 後，點擊左上「三條橫線」圖示，在下拉選單中找到「儲存的訊息」。

❷「儲存的訊息」(雲端空間)畫面。

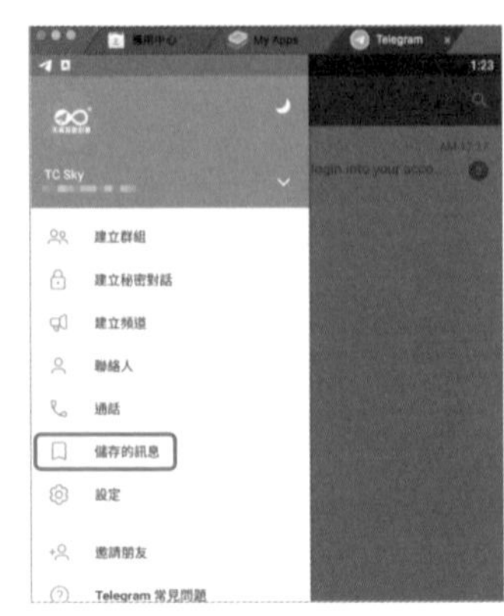

Telegram for **iOS / iPhone / iPad**

❶ 在「設定」畫面中，找到「儲存的訊息」。

❷「儲存的訊息」(雲端空間) 畫面。

❸ 此時可以看到「雲端空間」畫面，基本上就和一般聊天畫面差不多，此空間可以上傳儲存任何訊息、照片、文件、影片以及檔案，並且可以跨平台同步內容，也可使用搜尋功能快速找到你的檔案與資訊。

❶ 進入「儲存的訊息」後：點擊「迴紋針」圖示。

❷ 選擇「檔案」的傳輸方式。

❸ 選擇你要上傳的「檔案」後，不要急著傳送出檔案，記得先在聊天對話框中輸入「# 你的標籤名稱」訊息，確認沒有問題後，按下右邊的「藍色箭頭」送出按鈕，送出訊息。

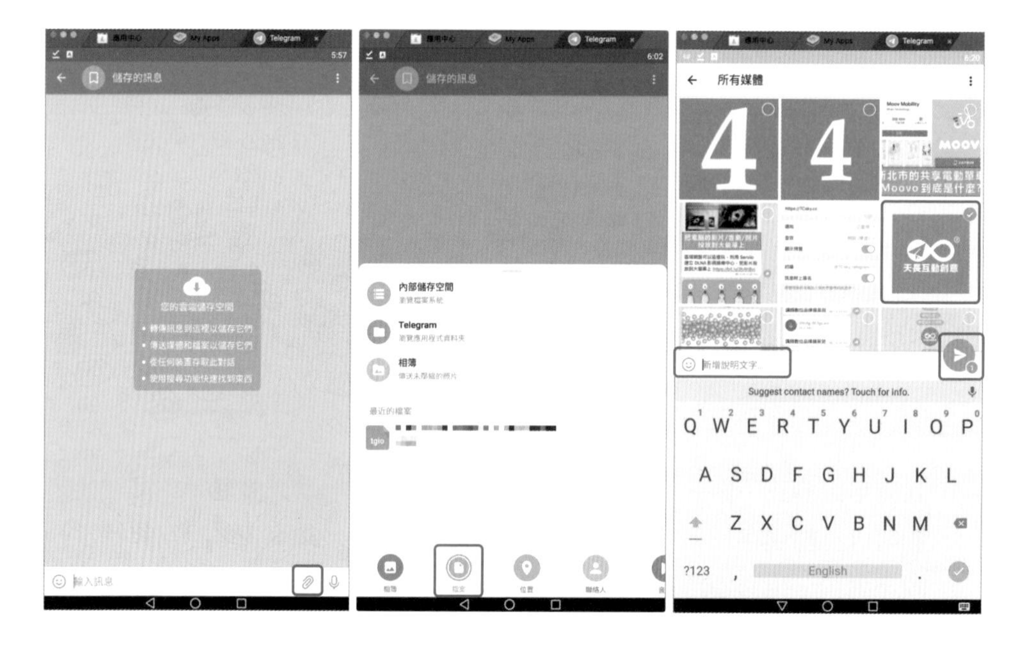

❹ 接著在「儲存的訊息」(雲端空間) 畫面中，便可以看到上傳的檔案，並且具有「標籤」。

Telegram for **iOS / iPhone / iPad**

❶ 進入「儲存的訊息」後，點擊「迴紋針」圖示。

❷ 選擇「檔案」的傳輸方式。

❸ 在 iOS 當中，如果你是選擇照片，一開始會找不到「輸入文字」的地方，請再點擊「照片」一次，便能進入完整照片畫面。

❹ 這時候就可以看到「新增說明文字」，請輸入「# 你的標籤名稱」訊息，確認沒有問題後，按下右邊的「藍色箭頭」按鈕，送出訊息。

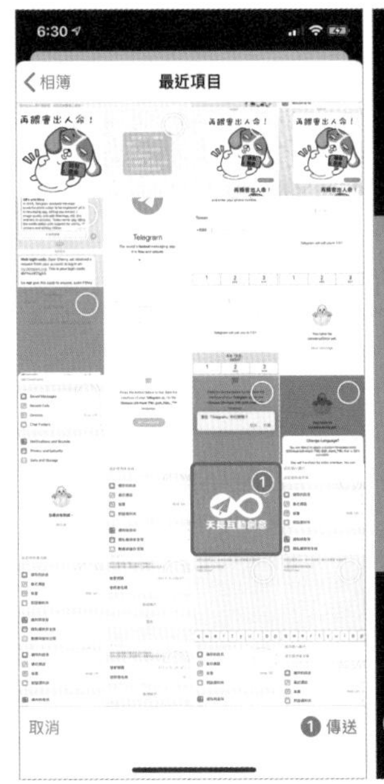

如此一來就可以看到「雲端空間」出現你剛剛上傳的「檔名」以及「標籤名稱」。你也可以同時為一個檔案標註多個標籤，方便管理、歸納、辨識，只要在輸入文字標籤中間隔一個空格即可。例如：「# 天長互動創意 # 天長」。雖然可以標註多個標籤，但是還是要適量不要過多，免得造成自己的困擾喔！

若是過往上傳檔案沒有加上「標籤」功能，或是想要為檔案重新編輯標籤，可以按照下列步驟操作。

Telegram for **Android**

❶ 點擊要加上標籤的檔案右上方的「三個點點」。

❷ 點擊「編輯」。

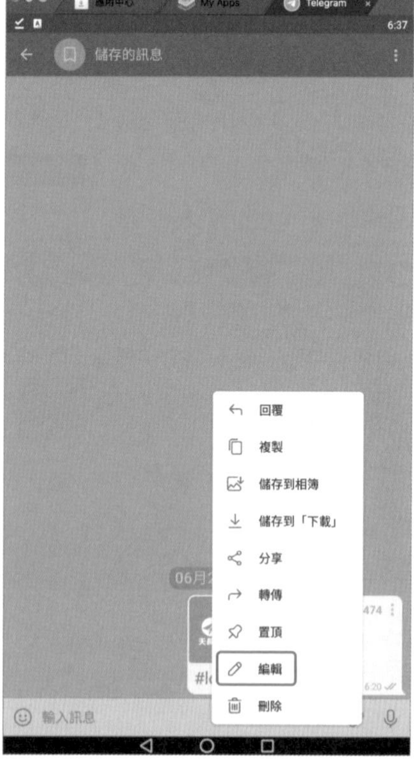

❸ 在聊天對話框中修改標籤。標籤與標籤之間隔一個「空格」即可。

❹ 送出後，就能夠看到修改的改變。改為 #logo#天長互動創意。

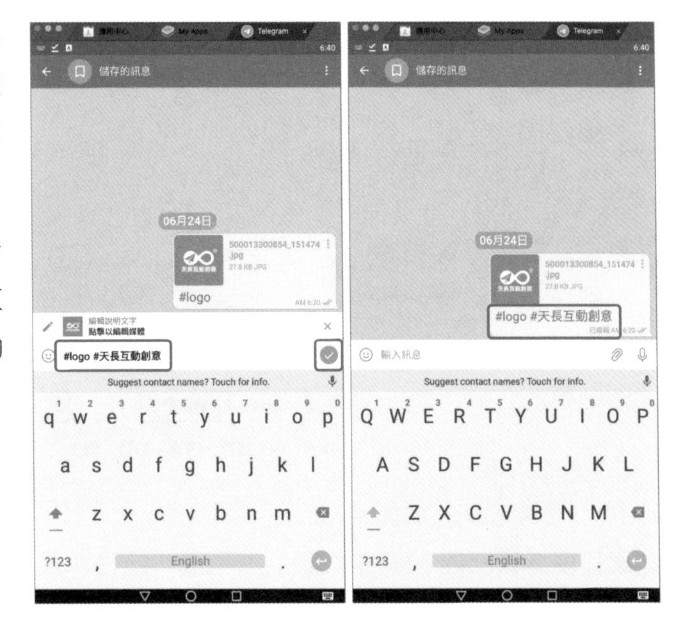

Telegram for **iOS / iPhone / iPad**

❶ 「長按」要加上標籤的訊息。

❷ 選擇「編輯」。

❸ 在聊天對話框中修改標籤。標籤與標籤之間隔一個「空格」即可。

❹ 送出後，就能夠看到修改的改變。改為 #logo #天長互動創意。

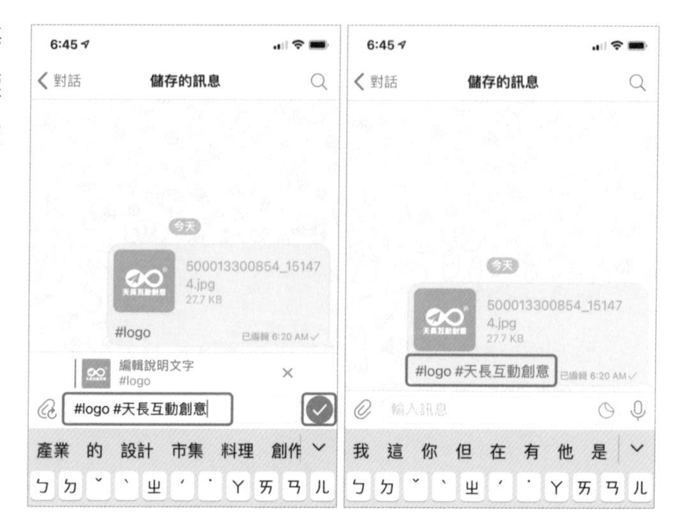

如果你要編輯已經上傳的「圖片」，只要「按住（長按）圖片」，就會跳出編輯選項，即可為圖片新增標籤。

 Telegram for **Android**

❶ 長按圖片。

❷ 點擊上方的「鉛筆」圖示。

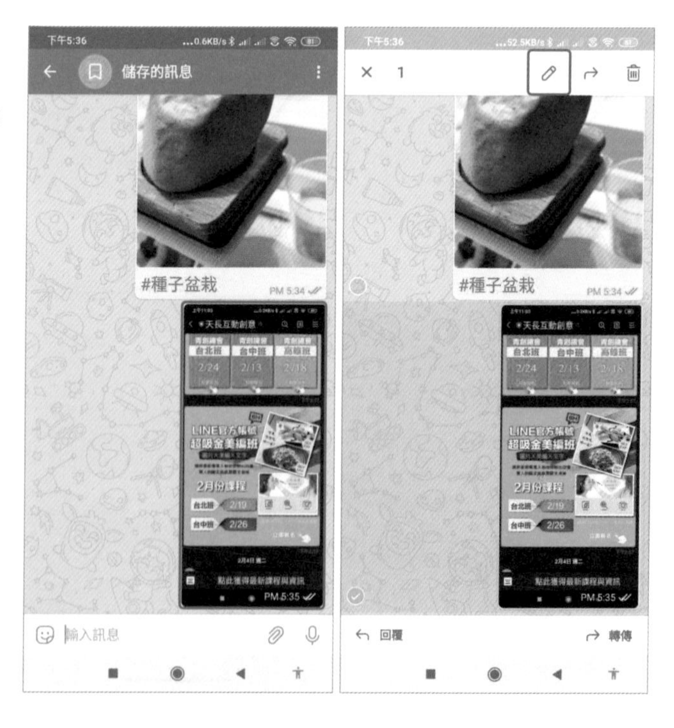

❸ 在聊天對話框中輸入「# 你的標籤名稱」，完成後，按下「✓」送出即完成標籤編輯。

❹ 無論是文字、影片、音樂，都能夠加上標籤。

❺ 點擊上方的「# 標籤名稱」。

❻ 你可以看到同一個標籤的所有檔案。

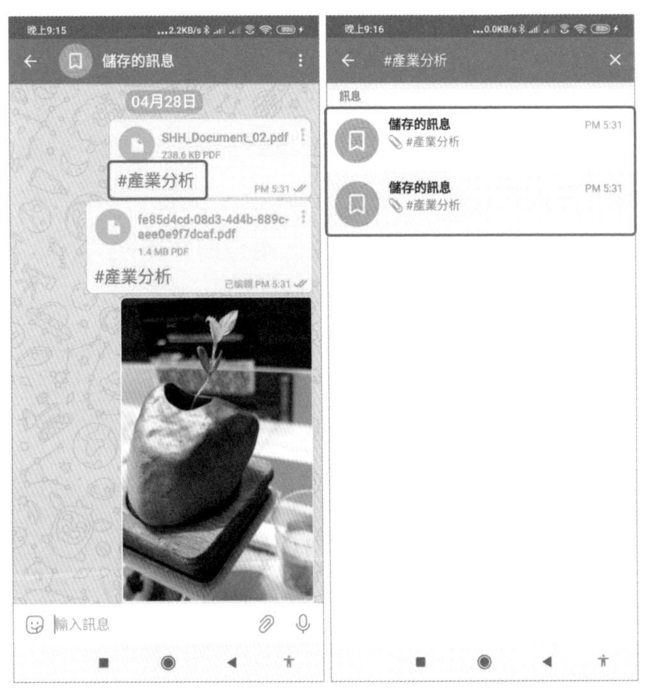

在「雲端空間」/「儲存的訊息」中，只要點選任何的「標籤」，就會篩選出所有標示該標籤的檔案，當然也可以直接在「搜尋框」中直接搜尋標籤名稱。

設定標籤時，必須用英文字型的「#」，且必須為半形，不能使用全形英文或中文字型的「#」，才能正確、成功的設定標籤！

2.6.2 善用訊息儲存：變身雲端剪貼簿

「雲端空間」/「儲存的訊息」能儲存聊天室的文字、檔案、圖片與音樂，就像是 LINE 的記事本或 Keep 功能。同時 Telegram 也具有訊息同步功能，更棒的是，無論何時更新手機號碼或是裝置，甚至是重新安裝 APP，只要登入同一個 Telegram 帳號，所有的對話內容與檔案仍會存在，不會像 LINE 在重新安裝後，之前的對話內容、傳輸檔案可能消失不見。

接著，我們來看看如何將 Telegram 變身為雲端剪貼簿！

在 Telegram 當中，只要在任何聊天室畫面接收到的訊息、圖片、影片以及檔案，都可以將訊息「轉傳」到「雲端空間」/「儲存的訊息」中！如此一來就可以將訊息備份，方便日後隨時都可以搜尋，同時 Telegram 具備訊息同步功能，因此在任何地點、任何裝置（手機、平板、電腦、網頁版），均可以隨時打開儲存的訊息或是檔案來使用或傳輸給他人。

❶ 在群組與某人的對話框旁點選「分享箭頭」。

❷ 選擇要發送到「儲存的訊息」，送出訊息。就可以將你的資訊分享到你的儲存的訊息。

❸ 在「儲存的訊息」中，可以發現每則訊息前都會有「頭像」，幫助我們清楚知道訊息是從哪邊轉傳過來。點選訊息旁邊的「 > 」箭頭圖示，則可以連結到原始訊息處。

Telegram 還有一個非常實用的功能：提醒。可以讓雲端剪貼簿進一步變身為備忘錄，不僅可以儲存訊息，還可以提醒你重要行程或是代辦事項。

❶ 在「儲存的訊息」中，填寫好文字後會出現「分享箭頭」，長按「分享箭頭」後，會出現「設定提醒」，點選「設定提醒」。

❷ 選擇你要提醒的日期和時間，完成後點擊「提醒按鈕」。

❸ 設定好「排程訊息」後，會進入到「提醒事項」的頁面，在此頁面中，可以看到已設定「排程」的訊息列表。

❹ 回到「儲存的訊息」頁面時，會看到「輸入框」旁邊多了一個「圖示」。

Android 畫面　　　　iOS 畫面

Android 和 iOS 手機畫面略有不同，有顯示「月曆」/「計時器」圖示時，便表示你有「提醒事項」的排程，點擊圖示就會進入「提醒事項」頁面，列出所有已經設定好的提醒事項！

電腦版的 Telegram 也是類似的操作方式，請先進入到「 」「**儲存的訊息**」當中，依下列步驟操作：

Ⓐ 將訊息儲存 / 轉傳到「儲存的訊息」

在任何一個聊天室畫面：

❶ PC 版：點擊你要儲存的訊息對話框旁的「分享箭頭」。

❷ Mac 版：在要儲存的訊息上，按滑鼠「右鍵」，選擇「轉傳」點選「儲存的訊息」。

❸ 點選「傳送」。

❹ 在「儲存的訊息」中，可以發現每則訊息前都會有「頭像」，幫助我們清楚知道訊息是從哪邊轉傳過來。點選訊息旁邊的「 > 」箭頭圖示，則可以連結到原始訊息處。

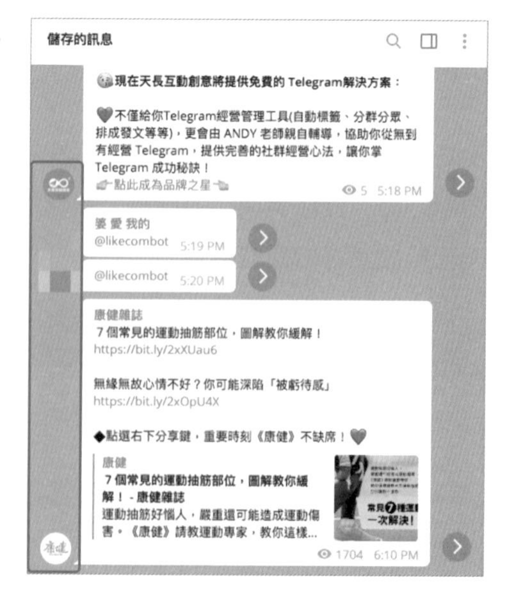

B 設定「提醒事項」

❶ 輸入提醒訊息文字後，會出現「藍色箭頭」送出按鈕，在按鈕上按下滑鼠右鍵。

❷ 此時會出現「設定提醒」，點擊進行設定。

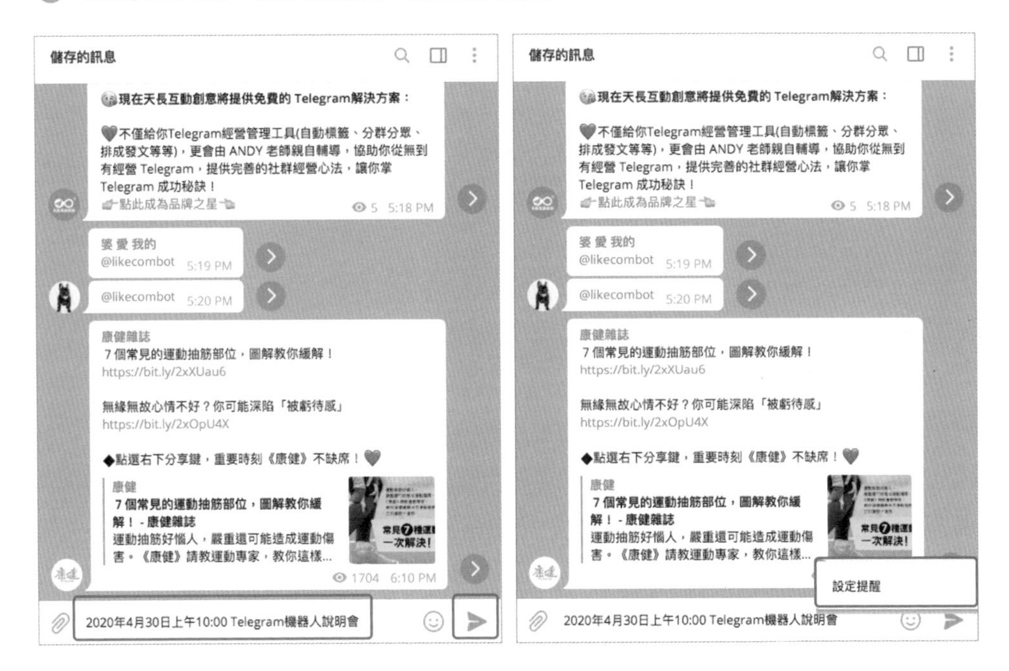

❸ 在「提醒事項」畫面當中，可在聊天對話框當中輸入要提醒的代辦事項（文字），點擊右邊的「時鐘」圖示便會出現「時間」設定畫面。

❹ 選擇提醒時間，接著點選「排程」，即可設定排程訊息。

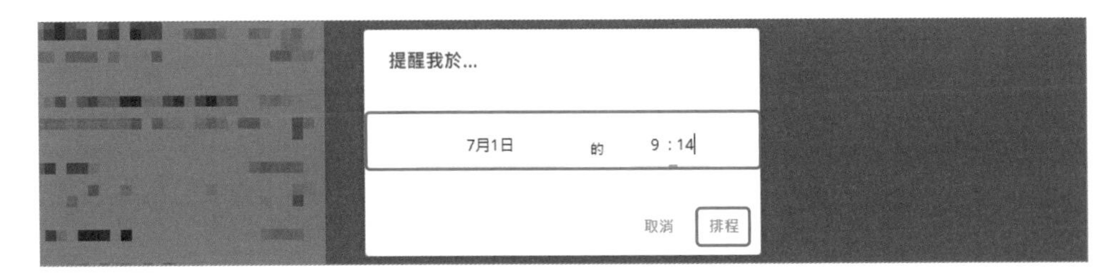

⑤ 回到「儲存的訊息」頁面下方，可以看到：

- PC 版：類似「日曆」圖示 。
- Mac 版：類似「計時器」圖示 。

代表有提醒排程，點擊則可進入「提醒排程」頁面觀看詳情。

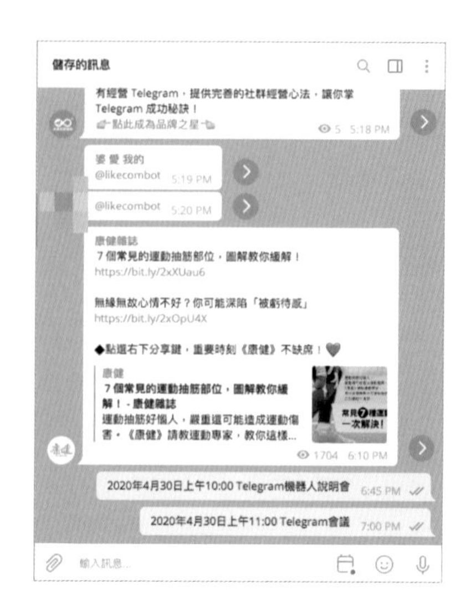

2.6.3 清除快取檔案：避免佔用儲存空間

前面章節已經討論了許多 Telegram「雲端空間」/「儲存的訊息」的運用情境，可以依照自己的需求、喜好將其當作雲端硬碟、雲端剪貼簿、代辦事項或備忘錄使用。雖然 Telegram 儲存空間沒有上限，但是我們的手機和電腦空間卻是有限的，總會有不敷使用的一天。在 Telegram 當中，無論是自己上傳的檔案、或是接收他人傳送的檔案，都會在 Telegram 中形成暫存檔儲存在手機裡，日積月累下來，訊息量、檔案越來越多，就會占用龐大的手機儲存空間。

有鑑於此，Telegram 提供一個讓使用者簡單且便於管理空間的機制，除了能設定特定媒體的保存時間，逾時自動刪除外，更可快速清出裝置空間。首先請在 Telegram「設定」當中，找到「數據與儲存空間」。

動手做做看

Android	打開 Telegram →點擊左上「三條橫線」圖示 →「設定」 →「數據與儲存空間」
iOS ｜ iPhone ｜ iPad	打開 Telegram →「設定」 →「數據與儲存空間」

❶「設定」→「數據與儲存空間」。

Android 畫面　　iOS 畫面

❷ 如果你的手機資費不是吃到飽，建議關閉「使用行動數據時」和「漫遊時」的「自動下載」選項。接著點擊「儲存空間使用量」，進入相關設定。

Android 畫面　　iOS 畫面

❸ 你可以設定「保留媒體」時間以節省手機空間！這部分不用擔心檔案會遺失，所有訊息、檔案一樣都會存放在 Telegram 雲端伺服器當中，這邊只是清除手機中的快取檔案，必要時仍可以重新下載檔案。

點擊「清除 Telegram 快取」，進入清除畫面。

Android 畫面　　　　iOS 畫面

❹ 點擊「清除快取」，可釋放空間。

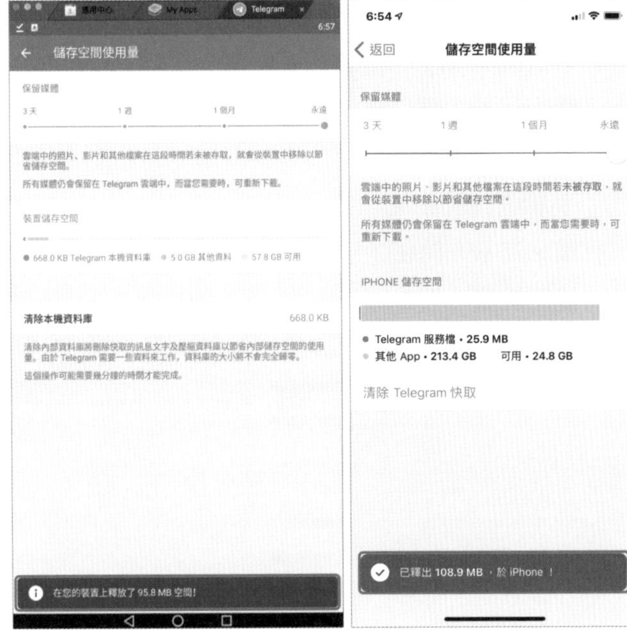

Android 畫面　　iOS 畫面

❺ 在數據與儲存空間中點擊「數據用量」/「網路使用量」。

Android 畫面　　iOS 畫面

❻ 在數據用量中可以查詢 Telegram 使用了多少網路流量，可以看到手機的使用流量、在 wifi 時的使用流量、漫遊時的使用流量，資訊相當完整。

Android 畫面　　iOS 畫面

2.7 刪除帳號與相關隱私資料

假如你發現有其他人使用你的電話號碼註冊 Telegram，或是因為某些考量不想再使用 Telegram 帳號，放著帳號不用又擔心有可能遭人盜用，想要刪除 Telegram 帳號，保障隱私及資訊安全，可以怎麼做呢？

刪除 Telegram 帳號的方法有兩種：

1. **自動刪除：**Telegram 本身就有一個預設機制，當你的帳號太久沒有使用時（預設為六個月），便會自動刪除帳號。如果你真的「太久」沒有使用帳號，其實不用做任何動作，Telegram 就會自動刪除你的帳號。

2. **手動刪除：**如果不想等太久，想要直接手動刪除，你會發現在 Telegram 設定中找不到相關的選項與設定，必須連結到 Telegram 的「Delete Account or Manage Apps」網頁中進行刪除。

首先看看「自動刪除」如何設定。

動手做做看

Android	打開 Telegram →點擊左上「三條橫線」圖示 →「設定」 →「隱私權與安全性」 →「帳號保留期限」
iOS ｜ iPhone ｜ iPad	打開 Telegram →點擊畫面下方的「設定」選項 →「隱私權與安全性」 →「如果離開」(自動刪除我的帳號)

❶「設定」→「隱私權與安全性」。

Android 畫面　　iOS 畫面

❷ 選擇「帳號保留期限」/「如果離開」。

Android 畫面　　　　iOS 畫面

❸ 可以設定的帳號保留期限為 1、3、6 或 12 個月，只要超過設定的期限沒有上線就會自動刪除帳號。選擇時間後，便會自動儲存設定並返回上一層畫面。

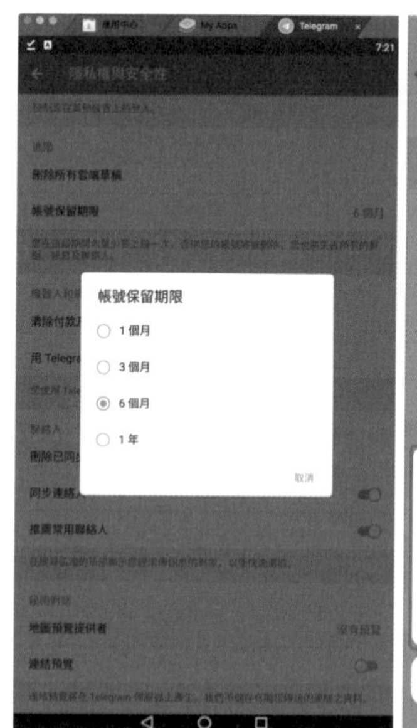

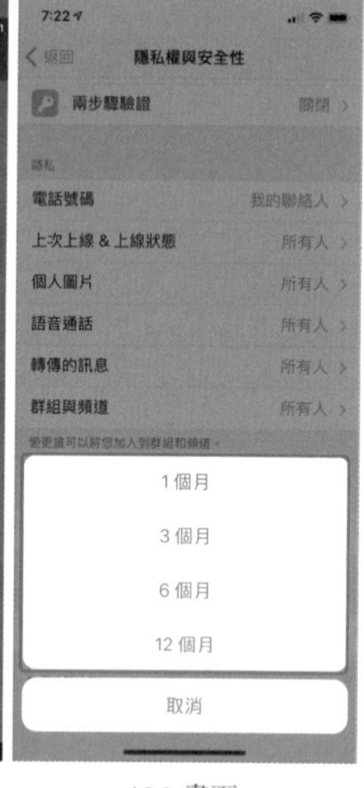

Android 畫面　　　　iOS 畫面

「帳號保留期限」在這段時間內只要上線一次，時間就會重新計算！若超過時間未上線，除了帳號將會被刪除之外，也會失去所有的群組、訊息、檔案及聯絡人喔！

如果不想等到「帳號保留期限」過期，可以直接選擇「手動刪除」的方式，操作如下。

❶ 進入網頁：https://my.telegram.org/auth 輸入電話號碼，然後點擊「Next」按鈕。(必須包含國際區號，例如台灣區號：+886，但請勿加上其他特殊符號，像是 -)。

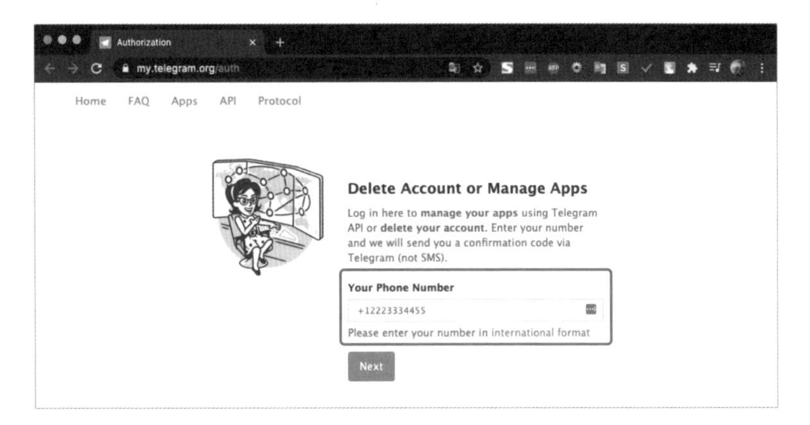

❷ 在 Telegram 將會收到「Confirmation code」，複製「Confirmation code」。(透過 Telegram 傳送一組「驗證碼」給你，而不是透過手機簡訊)

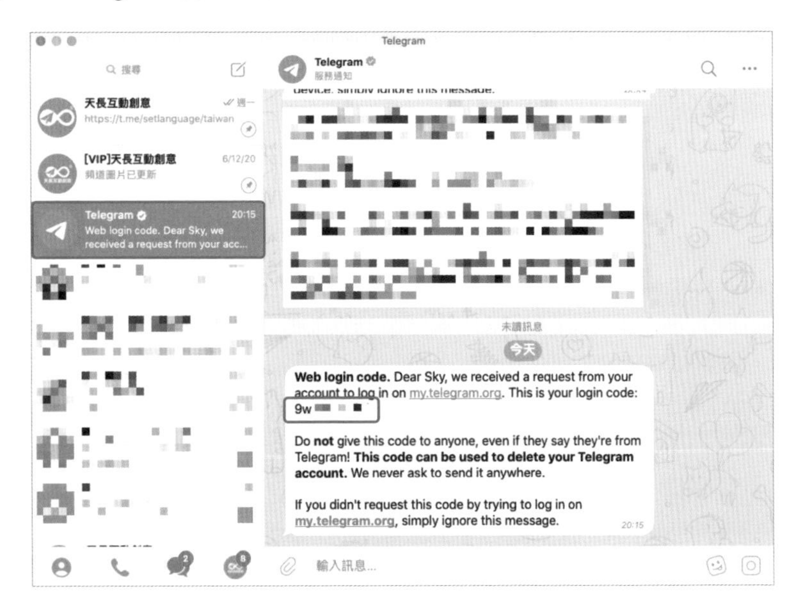

③ 到網頁中的「Confirmation code」欄位中填入驗證碼。

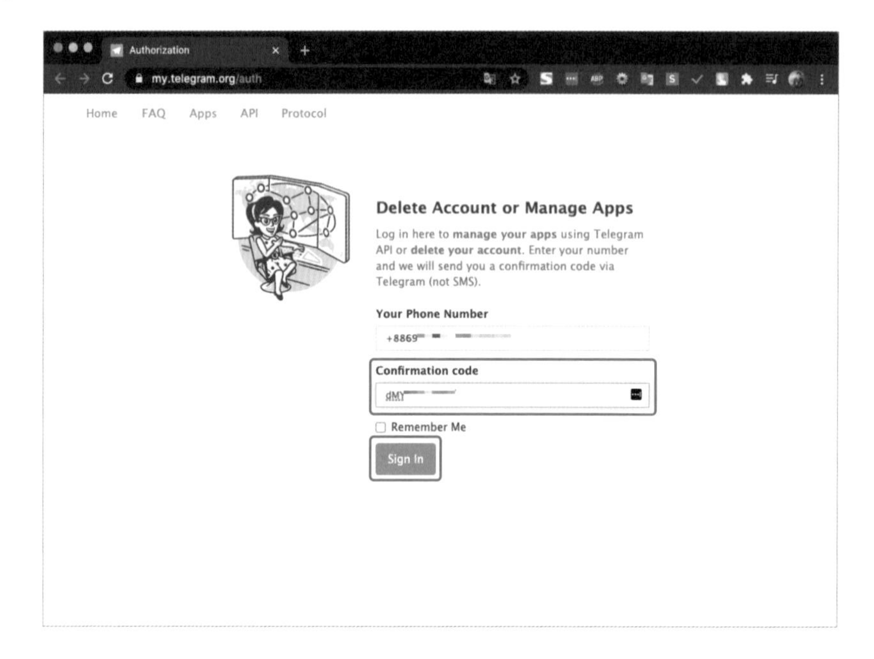

④ 登入後點擊「Delete account」。

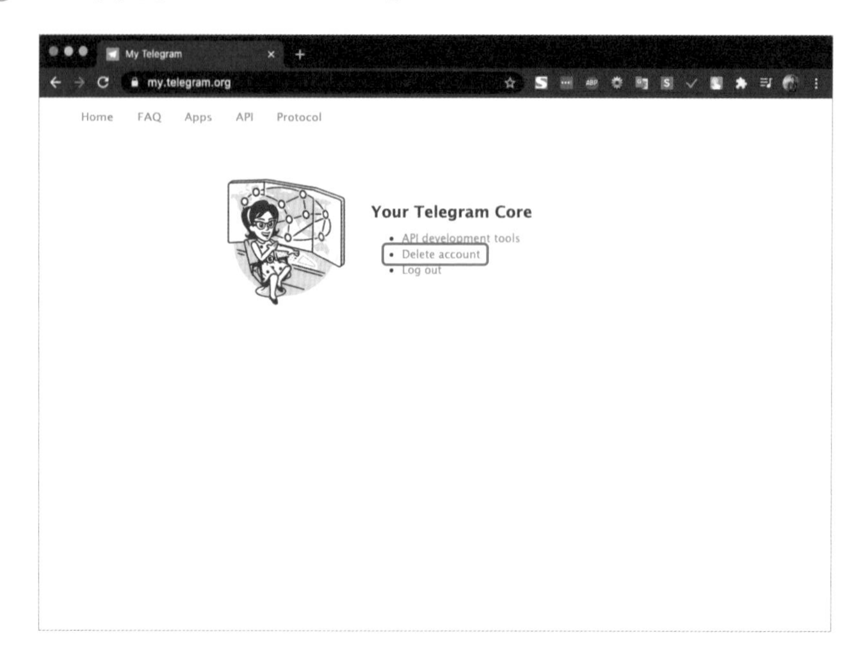

5 捲動到網頁最底部，點擊「Delete My Account」。

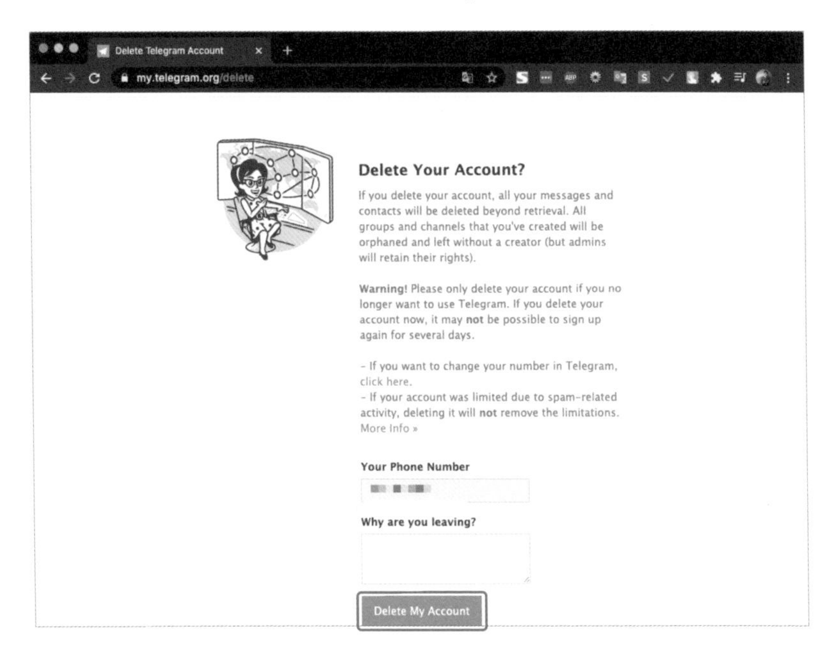

6 此時會出現一個小訊息框，點選「Yes, delete my account」。

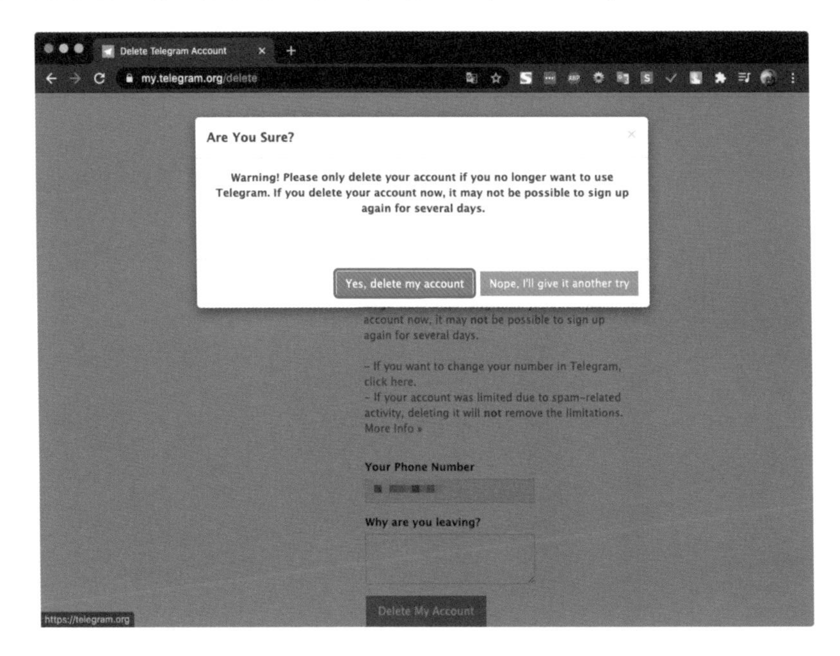

❼ 即可看到成功刪除帳號的訊息框。

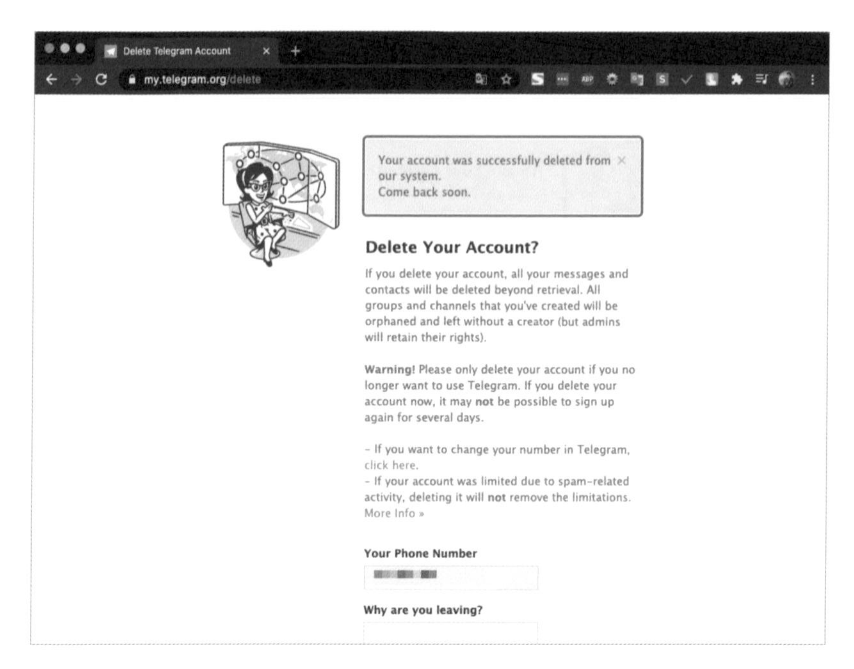

- 刪除帳號將永久移除你之前保留的訊息內容、聊天群組、檔案資料及聯絡人資料。這個流程必須透過你的 Telegram 進行並確認，且一經停用就沒辦法再還原。
- 刪除帳號後，同一個號碼需隔幾天後才可以重新註冊。
- 帳號創建的群組和頻道會在沒有創建者的情況下繼續存在，但無人有權限可以刪除群組或頻道。原有管理員的權限不變，創建者可以將群組／頻道擁有權轉移給其他管理員。
- 發送垃圾訊息而受限的帳號，刪除帳號亦不會恢復，要經官方「Spam Info Bot」申請，才可恢復所有功能。

此外 Telegram 非常注重帳號的安全性與隱私性，有許多「隱私權與安全性」的相關設定，參考如下。

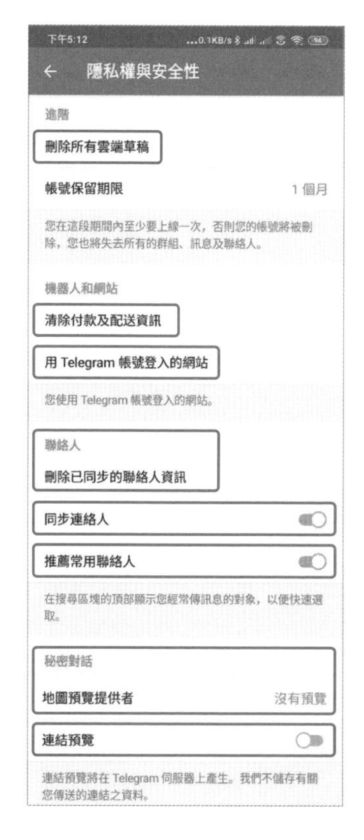

- **刪除所有雲端草稿：**若你在對話框留訊息而未發送，此時的資訊將會變成草稿，按下「刪除所有雲端草稿」會將所有未發送出的草稿一鍵刪除。
- **清除付款及配送資訊：**如果你曾經使用 Telegram 帳號儲存過付款金流或信用卡資訊，此功能將會清除相關資訊。
- **用 Telegram 帳號登入的網站：**將會看到你使用 Telegram 帳號登入哪些網站。
- **刪除已同步的連絡人資訊：**Telegram 會載入你手機連絡人的資訊，此功能可將 Telegram 從手機聯絡人下載的資訊刪除。
- **同步連絡人：**此按鈕開啟時將會同步更新手機連絡人，關閉時若有新增資訊將不會被同步到 Telegram，但關閉時不會刪除原有的連絡人，想刪除需按下「刪除已同步的連絡人資訊」。
- **推薦常用聯絡人：**開啟時，搜尋區塊的頂部會顯示你常傳訊息的對象。
- **地圖預覽提供者：**傳送 / 接收位置資訊訊息時，使用地圖服務。
- **連結預覽：**如果在關閉的狀態傳送連結時，只會顯示連結，不會顯示預覽狀態，開啟此功能才會顯示連結的預覽。

「隱私權與安全性」部分選項，因版本、裝置不同，會有些許差異，以上僅針對常用功能選項說明。

MEMO

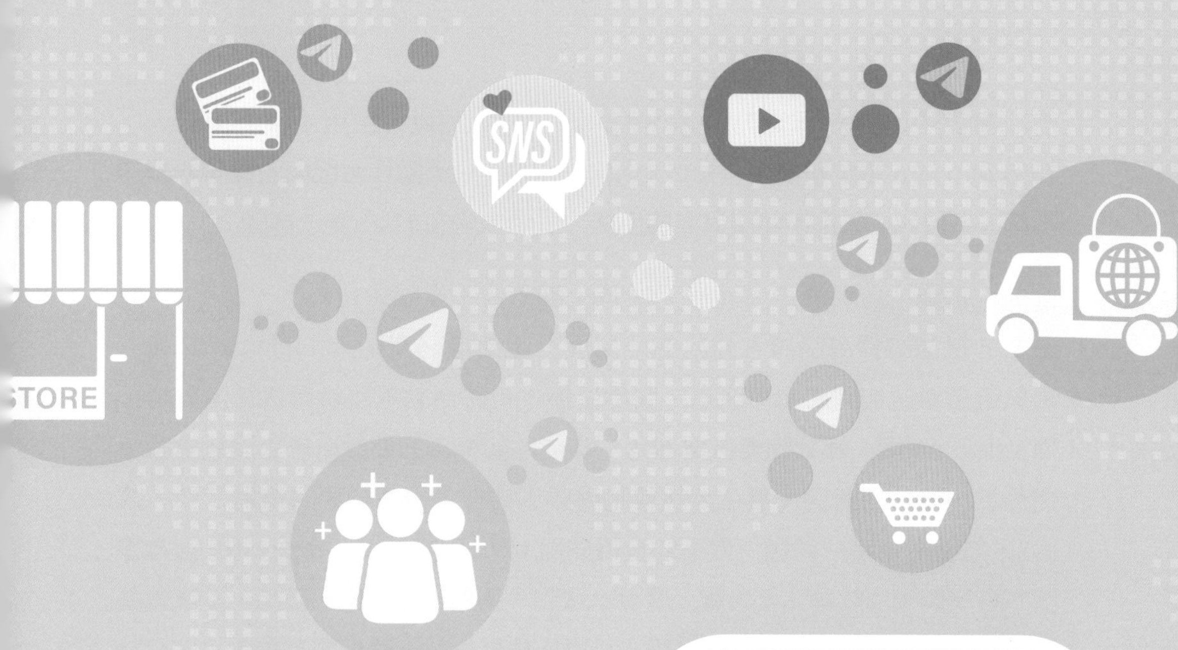

Telegram 運營三種型態全面解析

前面章節中已經討論過 Telegram 三種型態：頻道、群組、聊天機器人。Telegram 個人帳號雖然也可以像 LINE 帳號，讓店家當作客服與消費者聯繫的工具，不過我個人倒不建議這樣的用法，關鍵原因在於：「無法群發」。

以中小企業、店家的角度而言，經營社群平台不僅僅只是為了「客服」，更重要的是能提高品牌、商品的能見度，因此讓好友加入 Telegram 之後，當然還是希望能夠將品牌訊息、商品優惠、折扣活動等訊息傳送給消費者，而 Telegram 個人帳號則無法做到此一功能，如果真的要發訊息給消費者時，便需要一個一個傳送，實在太耗費時間與人力了！再說如果只是為了要「客服」，方便解決客戶問題，還不如直接使用 LINE 官方帳號，畢竟 LINE 官方帳號一對一聊天功能是完全免費，就可以做到「客服」的效用。因此，本章會著重在探討如何運用「頻道」、「群組」、「聊天機器人」三種型態為主。

3.1 我的行業類別適合何種 Telegram 型態呢？

我的行業類別適合何種 Telegram 型態呢？	
頻道	常需要發送訊息給消費者，但不一定需要「高度」互動行業類型。 例如：新聞媒體、公眾人物、部落客、網紅、餐飲
群組	小而美，群聚型態之行業類型。 例如：超商團購、團爸團媽、零售、美食
聊天機器人	需要較多人力處理訂單、客服，或需要客製化功能產業 例如：電商、醫美、

Telegram 提供三種型態「頻道」、「群組」、「聊天機器人」供企業、店家選擇，但是並非只能選擇其中一種型態作為經營方式，有時候可以「組合」在一起互相搭配，有時候雖然「分開」，亦能分工合作彼此支援，依照客群屬性，運用不同型態經營。

3.1.1 群組型態經營剖析與適合行業

頻道：適合常需要發送訊息給消費者，但不一定需要「高度」互動行業類型。

大多數的品牌、企業都是成立 Telegram 頻道作為主要運營的方式，頻道非常容易發送大量訊息給所有好友，而且完全沒有人數上限，因此最適合「品牌」、「大企業」或是好友人數較多者經營，尤其是好友人數會超過 20 萬者，更應該使用頻道作為經營主軸。頻道固然好用，但是對於習慣使用 LINE 官方帳號的店家，可能會遇到沒有「一對一聊天」功能的問題。

從我們輔導經營 LINE 官方帳號超過 500 多家的經驗來說，發現 LINE 官方帳號真正有效的並非在於多樣的功能，最重要的是在於「群發訊息」的高觸及率以及「一對一聊天」的「即時互動」。其中尤以「一對一聊天」對於轉換率、轉單的成效最為顯著。當消費者透過群發訊息接收到商品資訊、促銷活動時，對於商品或是活動本身有任何問題，便可「即時」透過「一對一聊天」詢問店家，店家就能快速地針對問題回覆，解決消費者疑問與困擾。

大多數的消費行為都屬於「感性、衝動」，有時候「一時激情」過後可能就會打消購物的念頭。可以在消費者尚有疑慮或是不清楚之際適當的「推坑」。消費者會想要使用一對一聊天聯繫客服，通常就表示他對於商品有興趣、有可能購買，這時只要可以解決消費者的疑慮或是問題（舉例來說，像是收到服飾商品後，可能會擔心尺碼適不適合，如果這時候在一對一聊天就可以跟消費者討論、提供建議），消費者下單的機率就會大大提升（大概都可以達到 60 ～ 70% 的下單機率），這也是許多店家使用 LINE 官方帳號轉單效果不錯的關鍵因素。

反觀 Telegram 頻道，雖然有免費無上限的群發訊息，但是卻沒有「一對一聊天」功能。Telegram 頻道只能一對多傳送群發訊息，加入的訂閱者無法傳送訊息（當然就沒有所謂的一對一聊天功能）。這點對於許多品牌、大企業來說倒不是很重要，因為過往 LINE 官方帳號中大企業、品牌帳號動輒都是百萬好友人數起跳，不見得是不需要一對一聊天，而是人數太多，真要一對一聊天，客服人力便是一大挑戰，所以通常大企業和品牌帳號，都不會使用一對一聊天功能，當轉換到 Telegram 頻道運用，並不會造成太大的困擾以及過高的轉換成本。

若是新聞媒體或是內容知識提供者，其本身就是希望傳遞新聞、文章，越多人看到越好，而訂閱者也不需要用到「一對一聊天」詢問商品的問題（因為也沒有「販售商品」，純粹就是提供影音、文章）。這類型的應用也非常適合使用 Telegram 頻道，而且遠勝過 LINE 官方帳號。因為這類型行業沒有「銷售商品」，如果使用 LINE 官方帳號發送訊息，每則訊息都需要費用，但是卻沒有「營收」，長期下來等於是一直在投注「廣告費用」，除非能夠適當的轉換好友成為網站或 APP 的會員，否則這樣的「廣告費用」就無法達到「回收的效應」，使用 Telegram 頻道就無須擔心「訊息發送成本」的問題。

反觀中小企業、中小店家，運用 Telegram 頻道則不是這麼一回事囉！如果只是將 Telegram 頻道當作是發送商品、促銷活動訊息的管道，除非訂閱者是非常「死忠的鐵粉」，否則加入頻道後只是一味的接收商品訊息，久了就會疲乏，進而封鎖帳號。

如果能夠有「一對一聊天」功能，便可以讓消費者覺得有問題時可以跟店家互動，不只是接收訊息而已，如此也可以有效降低封鎖問題。但問題是 Telegram 現在並沒有此功能，「未來」或許會開發新功能，「未來」究竟是何時呢？誰都無法預料！因此很多店家建立頻道後，發現和 LINE 官方帳號差異頗大，雖然發送訊息免費，但衍伸的問題、移轉的門檻，反而更令之卻步，的確也有許多店家一開始聽到「群發免費、無上限」，興致勃勃地加入、建立 Telegram 頻道後，發現並不是這麼一回事後，又回頭使用 LINE 官方帳號。其實這是有方法解決的，在此，筆者會跟大家分享三種 Telegram 經營頻道的模式：

Ⓐ Telegram 頻道 + 個人帳號

還記得我們在一開始申請 Telegram 帳號時，就是先設定一組「個人帳號」，再由「個人帳號」創建「頻道」，對吧！先前有提過許多店家會使用 LINE 個人帳號做為與消費者互動的管道，消費者可以直接加入店家的 LINE 個人帳號，未來有任何消費問題或是預約服務，都可以直接透過店家提供的 LINE 個人帳號詢問，像是美容美髮、SPA 按摩、醫美行業，都會使用此方式經營客戶。

如果你原先就有使用 LINE 個人帳號經營客戶關係，轉至 Telegram 個人帳號就更適合囉！因為 LINE 個人帳號有好友 5000 人的上限，而 Telegram 則是完全沒有上限。Telegram 個人帳號本來就是「個人」帳號，因此，當好友加入店家的「個人帳號」傳送的訊息，其他人並不會看到，只有店家可以看到，如此一來就可以做為「一對一聊天」之用。

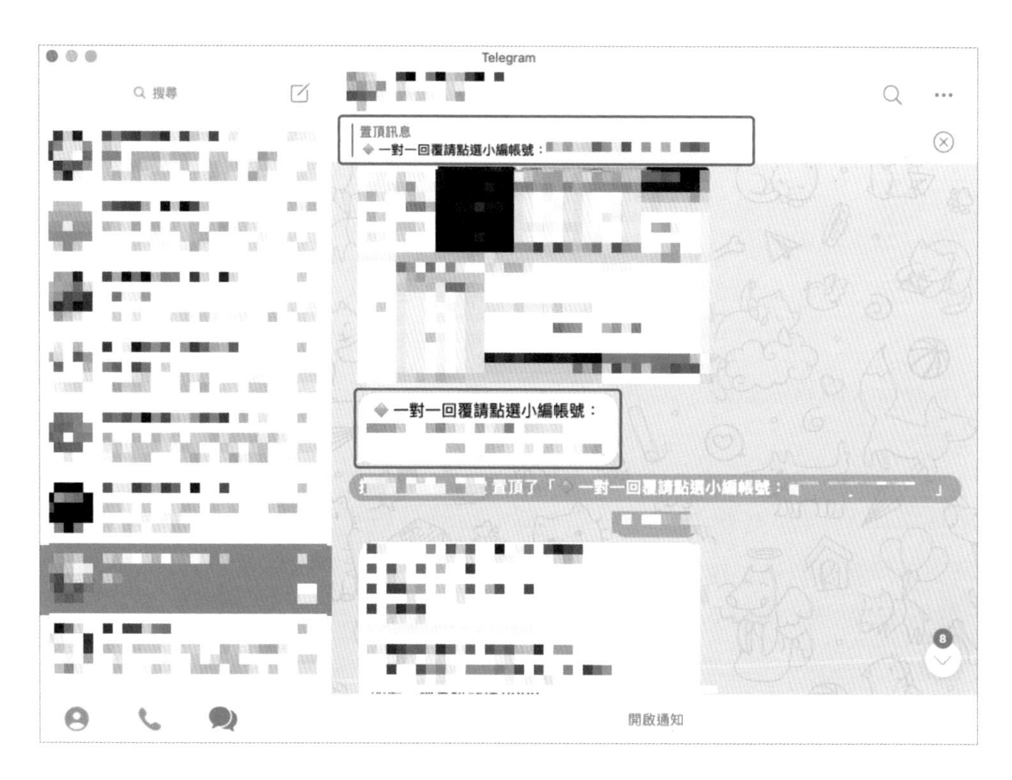

如果只是使用 Telegram 頻道，只能一對多傳訊，不能接收消費者回傳的訊息；單純使用 Telegram 個人帳號雖然可以達到「一對一聊天」功能之效，卻無法「群發訊息」給所有消費者，必須一個一個傳送，太過於麻煩！但是當我們將這兩者結合在一起時，便是「天生絕配」。結合方式是先在頻道中發送一個「一對一聊天的帳號資訊」，並將此訊息設定為「置頂訊息」，當有好友加入時，便可以在頻道的最上方看到「置頂訊息」，有需要時就可以直接點選，加入「個人帳號」聯繫客服，進行一對一諮詢！

雖然說 Telegram 頻道搭配 Telegram 個人帳號是「天生絕配」，但也不是完全沒有缺點。Telegram 頻道搭配 Telegram 個人帳號會有個小問題：當消費者加入頻道時，又加入個人帳號之後，會變成習慣只使用「個人帳號」詢問問題，平常就不會注意頻道資訊，甚至可能直接封鎖頻道，因此，店家要特別注意，偶而在對話過程，或是有空時，就要透過個人帳號一對一傳送訊息給好友，告知如果想獲得商品或優惠資訊，請到 Telegram 頻道中閱讀，才能確保未來在發送群發訊息時，消費者都會接收到店家的商品促銷活動訊息。

B Telegram 頻道 + 討論群組

前面提到 Telegram 頻道 + Telegram 個人帳號是「天生絕配」，不過 Telegram 官方並不是如此設計，Telegram 官方預設的搭配模式是採用 Telegram 頻道 +Telegram 群組的概念，因為是官方設計的搭配模式，因此在介面上整合更為完整。

原理是在 Telegram 頻道中，綁定一個「討論群組」，好友在頻道畫面最下方就可以看到「討論」按鈕選項，當好友按下「討論」時，就會跳到預先綁定的「群組」，點選「加入」即可加入（頻道如何加入群組功能，請參閱 3.3.4 節「頻道連結討論群組：創造社群雙向交流」）。

頻道畫面	群組畫面

在頻道畫面中可以看到「討論」按鈕。

點選後就會進入預設綁定的討論「群組」當中。

為何本書不是推薦使用 Telegram 頻道 + Telegram 群組的搭配組合呢？主要是考量許多中小企業、中小店家的使用情境，大部分會遇到的情況是消費者單向傳訊息給店家，詢問商品的相關資訊，而這些詢問內容大多是偏向「私人問題」，以服飾而言，如果我看到一個商品不錯，想要詢問尺碼適不適合，如果是在「群組」中詢問，變成大家都可以看到我發問的「私人問題」，感覺就怪怪的，如果是更具有隱私性的行業，例如醫美，在群組中發問我適不適合打玻尿酸？或是相關費用問題就更奇怪了，應該沒有人想要讓別人知道隱私吧！因此，本書還是建議先使用 Telegram 頻道 +Telegram 個人帳號，這樣比較沒有隱私的問題。

但這樣就意味著不要使用 Telegram 頻道 +Telegram 群組的搭配組合嗎？並不是的，其實有些行業還是很適合使用這樣的搭配組合，例如超商團購、團爸團媽、代購，揪團、團購類型行業。網路有一個獨特的行為現象，當一則訊息或商品發布後，如果沒有什麼人回應，就會很快的石沉大海，但如果有人回應某個訊息或商品後，則就容易帶動其他人的回應與購買。這就是為什麼直播購物的直播主會要求觀眾「刷一排愛心」、Facebook 發文也常見「+1」，便是這個道理。因此，如果是揪團、團購類型，我倒是很建議採用 Telegram 頻道 +Telegram 群組，先用頻道發送群發訊息後，引導有興趣的消費者到群組中「+1」，當其他人也看到有人「+1」時，就容易帶動消費下單！

除此之外，頻道 + 群組的搭配組合還有一個好處，在頻道與群組中都可以看到「訂閱者」以及群組「成員」人數，這樣一來更容易評估出「鐵粉」的人數。如果只是加入頻道，那麼可能單純只是想要看到你發佈的文章與訊息，會再進一步願意加入討論群組，代表他想要獲得更多的資訊以及願意討論、互動的意願也較高。

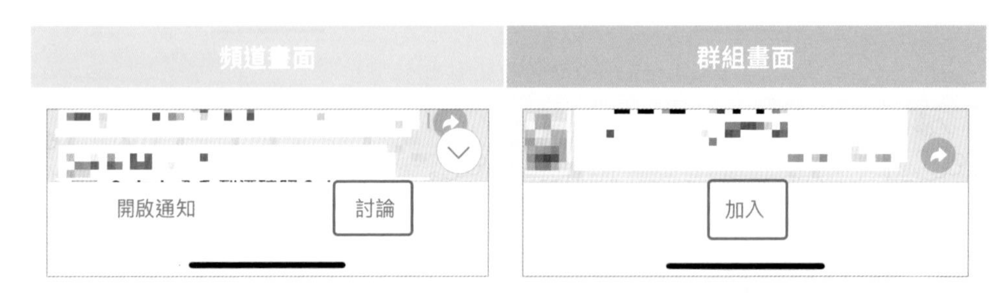

在頻道畫面中，便可以看到「討論」按鈕

點選後就會進入預設綁定的討論「群組」當中。

很多店家在此都會很介意一個「數據指標」，為何加入頻道的人數這麼多，卻沒有很多人願意加入群組討論？其實不用太過於糾結這個問題，一般來說願意額外加入群組的比例通常在 10 ～ 20%，只要不低於這個標準即可。加上現在人每天接收的訊息量太大，很多人並不太喜歡加入頻道，更不用說是群組。尤其當群組人數越來越多時，每天的訊息量根本就是爆炸性成長，就算有心想看，也要花費很多時間，因此將「沒有人要加入群組」視為正常，是比較好的經營心態。有則賺到、沒有也不損失！

話雖如此，有些人還是會想要知道是不是有什麼更積極的作為，讓消費者也願意加入討論群組呢？回答這個問題前，要先思考一個問題：「討論群組的定位為何」？店家希望消費者加入討論群組，那討論群組的存在目的、作用是什麼呢？我看到許多店家將頻道綁定群組後，每次在「頻道」發送群發訊息後，又將訊息「同步」發送一次到「群組」當中，我真的不知道這是在幹嘛！如果我是已經加入頻道的訂閱者，當店家發布訊息時，我就會收到一次，而店家又將同樣的訊息發佈到群組中，等同我重複收到同樣的訊息兩次，如果長期以來都是用這樣的方式經營頻道和群組，消費者便會覺得「我留一個就好」，反正兩邊的訊息都是一樣啊！

所以，一定要先想清楚群組的定位、目的、用途。以團購、揪團而言，很清楚的目的就是作為「訂購」之用，當消費者收到頻道訊息後，便在討論群組中「+1」，就可知在群組中的「成員」大多數都是「+1」過，有消費過的客戶。

如果不是團購、揪團類型呢？群組可以怎麼運用呢？或許可以設計一些討論問題、趣味問題發布在群組當中，刺激大家思考與討論，甚至也可以針對較為活躍的成員給予優惠、折扣等，頻道是訊息發布的通道；而群組則是社群經營的通道。「群組」，顧名思義就是一群有同好的人聚集在一起，如何促進這群同好的互動便是店家經營的學問，像我之前經營一個 ChatBiz 的社群，針對商業簡報圖表的討論與交流，一開始是由我作為主要分享者，慢慢地隨著大家互動越來越熱絡與熟悉，有些共學夥伴直接跳出來願意擔任志工，協助場地佈置、學員報到、攝影等事項，更有夥伴願意上台分享圖表技巧，我漸漸地從主要分享者轉為活動引導、主持的角色。

如果你希望使用頻道與群組搭配的模式，如何定位群組以及群組目的性，就顯得更為重要！尤其現在許多群組的「管理」都是用「制式」的公告或版規，像是許多群組都會公告不要太晚發送訊息，不要大量傳送貼圖等規範，但還是會有一堆人違規，若群組成員對於交流、互動的目的性有共識時，自然比較容易遵守、甚至當有人違規時，不用店家直接出面制止、管理，就會有人主動出面制止。

Ⓒ Telegram 頻道 + 聊天機器人

想到聊天機器人，許多人可能就想到「程式開發」，這對於一般店家而言太過困難，除非是大企業或是有程式開發能力的店家，否則要運用聊天機器人根本是「天方夜譚」。雖然「聊天機器人」可以讓企業、店家開發許多額外客製的功能，但是「看得到卻吃不到」。

其實，不用急著打退堂鼓，Telegram 官方或第三方開發者，已經提供了許多有趣的聊天機器人應用服務，你不用自己寫程式，只需要簡單申請與設定，就可以強化你的頻道功能喔！例如下圖，可以在群發訊息底下加上「愛心」、「討論」按鈕。這部分將留至第四章說明。

聊天畫面中，訊息底下有「愛心」、「討論」按鈕

點選「討論」按鈕後，則會跳到討論頁面，消費者就可以在文章底下留言討論！

Telegram 頻道雖然沒有一對一聊天功能，但是可以透過聊天機器人強化頻道的功能，如「討論」功能就非常的實用，當店家發送群發訊息後，消費者就可以針對該文章進行討論，這種功能就像是 Facebook 的貼文或是 LINE 貼文串，可以有效地加強互動。所以，不見得要使用 Telegram 個人帳號或是群組的搭配模式，直接運用 Telegram 提供的現成聊天機器人，也能有很好的效果喔！

此外，不管是使用 Telegram 頻道搭配任何型態的經營模式，最重要的還是要回歸經營本質，究竟消費者喜歡的是什麼？想要的是什麼？以此依據作為發文內容才是經營頻道成功的關鍵！

3.1.2 群組型態經營剖析與適合行業

在前一小節提到，群組型態的經營非常適合團購或代購類型行業。不過在此特別要討論的是「單純」只用群組，而不搭配「頻道」以及搭配「聊天機器人」的不同經營方式的差異。

A Telegram 群組（單純使用）

如果你原先就有經營 LINE 群組或是 Facebook 社團者，其實我蠻建議可以考慮經營 Telegram 群組，不過若是單純以中小企業、店家的角度和身份而言，筆者個人倒不建議「單純」經營群組，應該將「頻道」和「群組」搭配使用，主要原因是比較容易「掌握發言權」。

雖然 Telegram 群組具有管理員權限，不像 LINE 群組是所有人都有「權限」可以管理和將人踢除，但是群組屬性仍舊是「大家都可以發言」，因此有時候若是有人跟經營者（企業、店家）理念不合或是有消費糾紛時，在群組中發言，則所有人都會看到，當然這也不是什麼嚴重的事情，只要經營者沒有犯錯或是惡意欺騙消費者的話，相信在群組中大家眼睛是雪亮的，自然不會受惡意批評、負面留言所影響，甚至大家可能還會義憤填膺地為企業、店家平反。雖說如此，總是有個「風險」存在，若企業、店家有經營「頻道」，至少有個「保護傘」，仍舊保有「官方說法」的空間，避免有人惡意在群組中帶風向，而失去發言權（當然這邊還是要提一下：如果真的是商品、流程出錯的大紕漏，誠實面對、誠心解決才是解決之道，而不是用官腔處理事件，否則只會引起更大的反彈）。

上述是以企業、店家角度而言，如果是單純經營社群、社團的角度，只要是組織、社團類型的單位，都非常適合使用 Telegram 群組，例如 Telegram 中就有許多追劇、美食、攝影、金融理財各式各樣的群組。Telegram 群組具有管理員權限功能，不用擔心像 LINE 群組有「翻群」的風險，此外還有「聊天限速」、「預約傳送」、「限制傳送檔案格式」等實用功能，方便群組管理，就概念而言，就像「強化版」的 LINE 群組。甚至許多腦筋動得快的企業、店家，會成立和自己商品、服務有關的群組，但不是使用官方的名稱，如化妝品類型商品，就可以成立一個「美妝討論群組」；時尚服飾類型商品，就可以成立「時尚穿搭討論群組」，透過這一類比較「中性、中立」的群組，先吸引對於特定議題有興趣的好友加入（潛在客戶），作為圈粉動作，然後再透過群組互動、經營，慢慢地建立關係，像這種經營方式就不一定要有「頻道」，因為有「頻道」，反而會讓「官方」角色變的鮮明，失去「中性、中立」角度。

B Telegram 群組 + 聊天機器人

如同 Telegram 頻道一樣，Telegram 群組中也可以加入聊天機器人，除了前述透過 Telegram 官方提供的聊天機器人或自行開發外，還有另一種選擇！Telegram 在國外已經發展多年（從 2013 開始），因此有許多公司已經運用 Telegram API 開發出許多 Telegram 模組化的聊天機器人功能，不用懂任何程式開發就可以輕鬆使用。當然天下沒有白吃的午餐，這一類的模組通常會有月租費或是購買費用，不過這蠻合理的，想想如果是你自己找廠商、工程師開發程式，也是需要額外開發聊天機器人的費用。在此介紹 TeleMe[1] 這個針對

1 TeleMe: https://www.teleme.io/

Telegram 群組所開發的模組化聊天機器人，其標榜著：TeleMe 是一款全球領先的 Telegram 自動化管理和統計工具，是成功運營電報社群不可或缺的好幫手。

TeleMe 最棒的是界面支援多國語言，包含「漢語」(此為 TeleMe 官網用詞)，所以不用擔心語言不通、英文不好，光申請、註冊就需要耗費許多時間。有興趣的夥伴可以去申請註冊玩玩看，不僅有「成員簽到管理」、「打卡機」有趣、實用的功能外，更有「安全防護」、「數據統計分析」，這些強化功能，幫助企業、店家管理 Telegram 群組！

3.1.3 聊天機器人型態經營剖析與適合行業

前面提到聊天機器人可以搭配 Telegram 頻道或是群組，協助經營或拓展功能，而要能將 Telegram 發揮到最極致，就一定要使用聊天機器人，尤其是能夠自己開發客製化的應用，前面也有提到寶可夢(可追蹤神奇寶貝出沒地)、防疫機器人(查詢藥局口罩剩餘量)，都是屬於自行開發聊天機器人的案例。

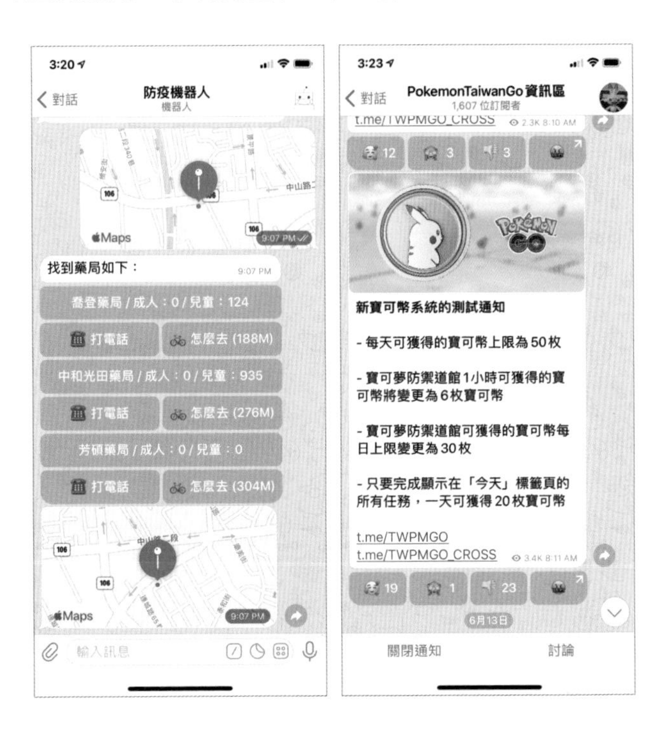

話雖如此，大部分的企業、店家並沒有辦法做到自行開發聊天機器人。必須是有一定規模和預算的企業，例如電商、醫美行業，才有能力做到客製化開發。像是電商就可以做到透過聊天機器人查詢訂單狀況、出貨進度，甚至也可以做到直接在 Telegram 當中下單購物並且完成金流支付；而醫美行業則可以透過聊天機器人做到預約看診、預約療程，甚至可以透過聊天機器人做到自動化客戶關懷，例如術後關心、生日問候、定期回診通知等訊息服務，當然聊天機器人應用服務並不在此限，現在的功能已經越來越多、越來越成熟。

甚至可以進一步演化，例如前面我們提到可以透過 Telegram 頻道搭配 Telegram 個人帳號的經營模式，其實如果透過聊天機器人開發程式，便可以做到，Telegram 聊天機器人 = Telegram 頻道 + Telegram 個人帳號，看不太懂？沒關係，簡單的說，就是原來 Telegram 頻道只有「群發訊息」功能，「一對一聊天」功能則要透過 Telegram 個人帳號和置頂訊息實現，現在透過聊天機器人就可以做到既「群發訊息」又能「一對一聊天」功能，如此一來，使用者不用再加入「兩次」，一次加入「頻道」、一次加入「個人帳號」，不僅不會混淆，也不會造成消費者只想要問問題（只加入個人帳號）而不想接受群發訊息（封鎖頻道），對於消費者而言只要加入「聊天機器人」的帳號一次就可以。

講到這邊，或許很多人已經暈頭轉向，不用擔心，現在也有廠商開發出模組化的聊天機器人，不僅整合「群發訊息」和「一對一聊天」功能之外，還有許多方便客戶經營、分群分眾甚至還有 AI 人工智慧的聊天機器人功能。如 OpenTalk 開發的 TeleGO[2]。

---

2 OpenTalk / TeleGO: https://tcsky.cc/telegram/

TeleGO 提供中文介面，所以完全不用擔心語文障礙。TeleGO 整合「群發訊息」和「一對一聊天」功能，具備完善的後台管理功能，可以針對使用者標著不同的「標籤」，方便搜尋和分群分眾發送訊息，並且也可以設定「自動回應」、「關鍵字回應」等功能，簡化許多人工回覆、人力操作流程，最重要的是還有「對話情緒分析」、「AI 人工智慧對話」獨家技術與專利。「對話情緒分析」是可以針對用戶一對一聊天訊息，解析目前用戶的情緒偏向正向或是負向，客服人員就能針對客戶情緒處理和回覆；「AI 人工智慧對話」則可以有效降低客服人力的負擔，後台亦有對話訓練模式，可以自動、手動調整，讓對話越來越精確喔！完全不用開發軟體就可以擁有方便管理、實用的功能。

上述說明 Telegram 頻道、群組以及聊天機器人三種型態的運用模式、互相搭配經營的得失比較以及適合的行業類型之概念，不管你是選擇何種經營模式，最重要的關鍵並非在工具的運用，而是在開始經營前，你想清楚消費者想要、喜好的是什麼了嗎？因為這個問題想得越清楚、仔細，未來在經營上不管是發文策略或是行銷活動的設計上，才會更貼近消費者、獲得消費者喜愛，也才是 Telegram 經營成功的關鍵因素！

接下來我們來看有關 Telegram 頻道、群組各項操作流程以及管理員權限、功能差異等介紹。

3.2 Telegram 頻道基本操作與設定說明

首先，說明「頻道」如何建立以及相關的經營要訣。

3.2.1 建立 Telegram 頻道

A 頻道建立操作

動手做做看

Android	**方法一：** 打開 Telegram → 點擊左上「三條橫線」圖示 → 可以找到「建立頻道」選項 **方法二：** 打開 Telegram → 點擊右下角「圓形鉛筆」按鈕 →可以找到「建立頻道」選項
iOS ｜ iPhone ｜ iPad	打開 Telegram → 點擊下方的「對話」 → 在「對話」頁面右上方可找到「編輯」選項 → 點擊後，可看到「建立頻道」選項

Telegram for **Android** - 方法一

1. 點擊左上角「三條橫線」圖示。
2. 可以看到「建立頻道」選項。

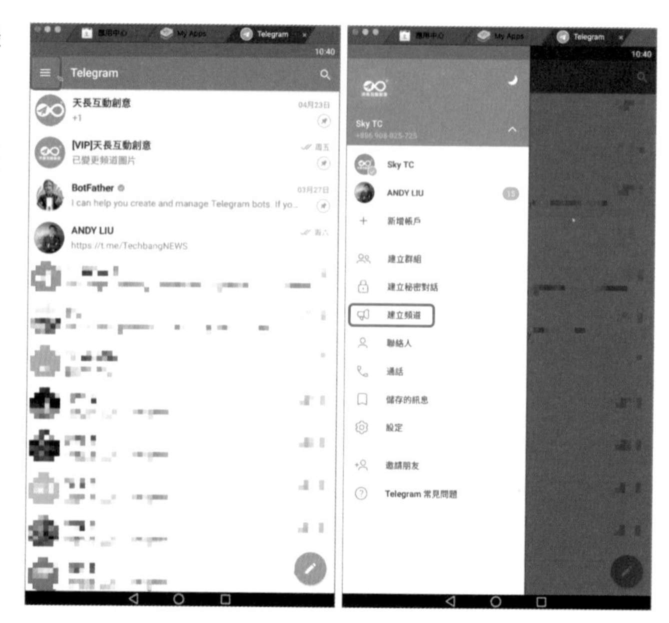

Telegram for **Android** - 方法二

1. 點擊右下方的「圓形鉛筆」圖示。
2. 可以看到「建立頻道」選項。

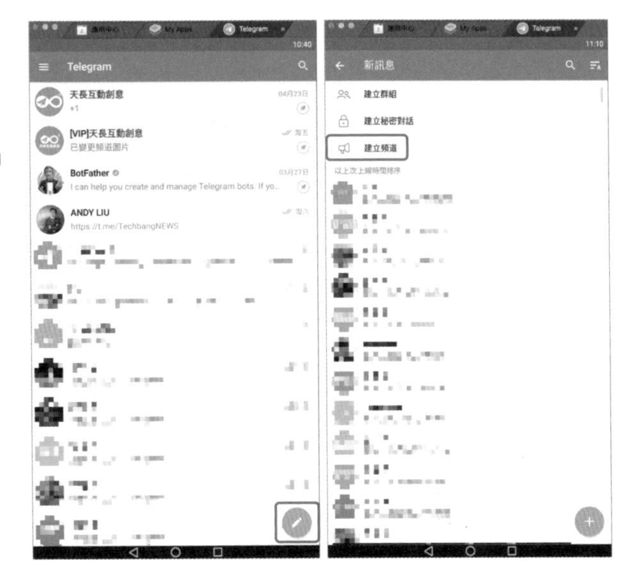

Telegram for **iOS / iPhone / iPad**

1. 點擊下方的「對話」，在「對話」頁面右上方可以找到「編輯」選項。
2. 點擊「編輯」選項後，可看到「建立頻道」選項。

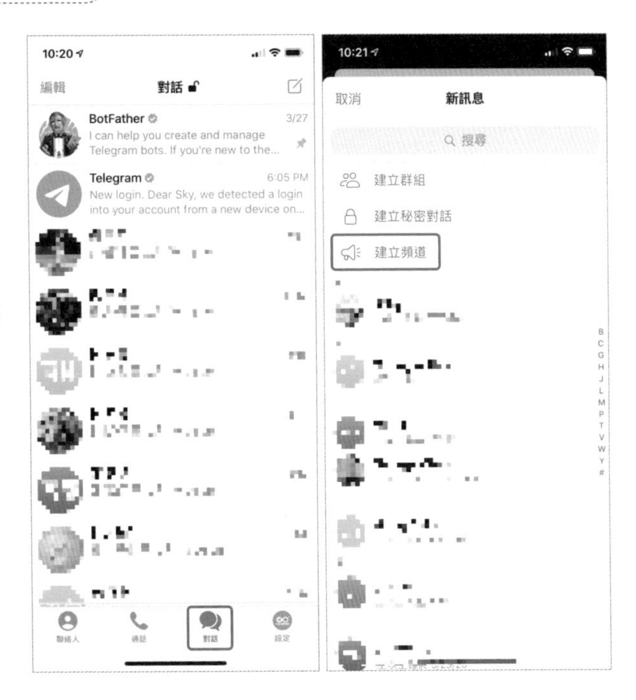

建立頻道時需要填寫三項資料：一、頻道照片；二、頻道名稱；三、頻道簡介，完整填寫後才能建立進行下一步驟。此外建立頻道後，這三項資料都可以再隨時更改。

1. **頻道照片：**點擊「照相機」圖示，可以上傳可代表頻道形象的照片。
2. **頻道名稱：**請輸入你想要的頻道名稱，中、英文皆可，日後仍可修改。
3. **頻道簡介：**填寫想傳達給訂閱者的頻道簡介資訊。
4. 按下右上角的「✓」或「下一步」。

Android 畫面

iOS 畫面

Android 畫面

iOS 畫面

⑤ 如上圖，此時你可以選擇「公開頻道」或「私人頻道」，並且輸入你想要的「永久連結」名稱後，點選右上角「✓」或「下一步」，就完成頻道的建立囉！

Android 畫面

iOS 畫面

建立「公開頻道」時，會要求你輸入一組「永久連結」，你也可以想成這就是頻道的 ID 號碼，可以使用英文和數字的結合。「永久連結」就是你的頻道的專屬網址，未來可以直接提供此網址給好友，好友點擊連結後就可以加入你的頻道。也可以提供 ID 給好友，好友只要在 Telegram 中搜尋 ID 名稱，就可以找到你的頻道！例如我的永久連結是：t.me/TCsky，後面的「TCsky」就是頻道 ID。

「永久連結」是「先搶先贏」的概念，只要你想要的帳號被註冊，就不能再使用重複的 ID 命名。「永久連結」命名後，還是可以修改，只要名稱尚未被註冊即可，但是，如果你重新命名，舊的名稱則無法再使用。

頻道建立完成後，在你的聊天畫面列表中，會多出你剛剛建立的頻道對話訊息，並且預設就會將你加入頻道之中！

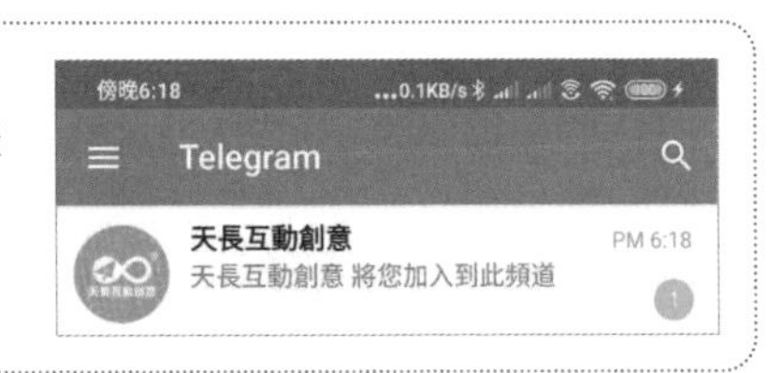

B 公開頻道與私人頻道差異

	公開頻道	私人頻道
加入頻道方式	公開可自由加入	須透過邀請加入
頻道連結網址	可以自訂	不可自訂 / 系統隨機產生
訊息轉傳限制	會附上頻道連結	不顯示頻道連結與資訊

在建立頻道時，會看到「公開頻道」和「私人頻道」。這兩種頻道的屬性，最簡單的區隔就是在於好友加入的方式。「公開頻道」：當你創建公開頻道時，只要是知道你頻道的「永久連結」，就可以加入頻道；而「私人頻道」則是需要透過「邀請」的方式才能夠加入頻道。建立「公開頻道」時，可以自訂一組「永久連結」，提供給好友加入頻道，「私人頻道」則沒有「永久連結」，而是提供一組「邀請連結」，這組邀請連結無法自訂，是由 Telegram 自動指派一組「邀請連結」，因此網址會像是一組隨機亂碼產生的網址，例如：

https://t.me/joinchat/AAAAAFLU41tkFqfvP3M_qQ

雖然私人頻道的「邀請連結」無法自訂，但是可以隨時「撤銷」，要求 Telegram 重新產生一組邀請連結，這樣一來就可以避免「邀請連結」外傳，舉例來說：當店家舉辦一個實體活動或是限時活動時，便可以先建立一個「私人頻道」，產生一組「邀請連結」，提供參加活動者或是 VIP 客戶加入，當活動正式開始或是活動結束時，就可以將邀請連結「撤銷」，產生新的一組邀請連結，而舊的邀請連結就會失效，即便有人外傳也無法再加入。

此外還有一個比較重要的「轉傳訊息」。在公開頻道中，任何傳送的訊息被轉傳時，該訊息會出現「頻道連結」(永久連結)，當有人有興趣時，便可以點擊「頻道連結」加入公開頻道。而私人頻道所傳送的訊息，當有人轉傳到不同頻道或聊天室時，不會出現「頻道連結」(邀請連結)，因此其他人也無從找到私人頻道和存取頻道資訊、內容。

後續我們還會討論到店家可以怎麼交叉運用「公開頻道」與「私人頻道」來經營顧客，讓頻道發揮最大效益。

3.2.2 邀請好友加入頻道方式

當建立 Telegram 頻道之後，先前提到可以透過公開頻道的「永久連結」或是私人頻道的「邀請連結」來邀請好友加入，不過，如果建立時沒有記下連結網址，可以從哪邊找到呢？

A 公開頻道「永久連結」邀請好友方式

動手做做看

在 Telegram 對話列表中 → 找到並進入「你的頻道」
→ 點選上方處「頻道名稱」後
→ 便可以看到「邀請連結」/「分享連結」

1. 點選上方「頻道名稱」。
2. 便可以看到「邀請連結」。

Telegram for **iOS / iPhone / iPad**

❶ 點選上方「頻道名稱」。

❷ 便可以看到「分享連結」。

❸ 當你點擊「邀請連結」/「分享連結」時，便會出現好友名單讓你選擇，直接發送「邀請連結」/「分享連結」給好友，好友收到連結後，直接點擊就可以加入頻道！

選擇你要傳送訊息的好友。

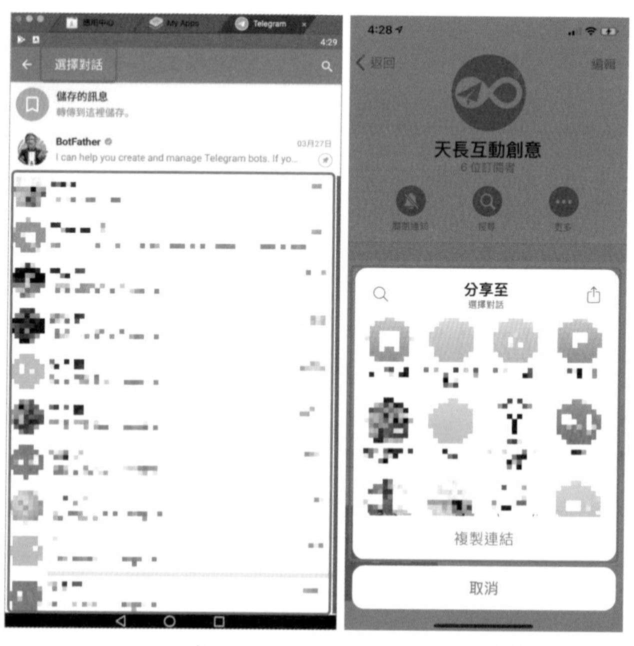

Android 畫面　　iOS 畫面

B 私人頻道「邀請連結」邀請好友方式

如同「公開頻道」一樣，要找到「私人頻道」的「邀請連結」，一樣先進入聊天畫面中的「私人頻道」，並且點擊畫面上方的「頻道名稱」！

Android 畫面　　　　iOS 畫面

首先我們先來看 Android 手機版本的操作流程：當你在頻道畫面中，點選上方的「頻道名稱」後，會顯示下列圖片。

Telegram for Android

1. 請點選右上方「鉛筆」圖示。
2. 點擊「頻道類型」。
3. 點擊「分享連結」後，便會跳出「好友列表」。

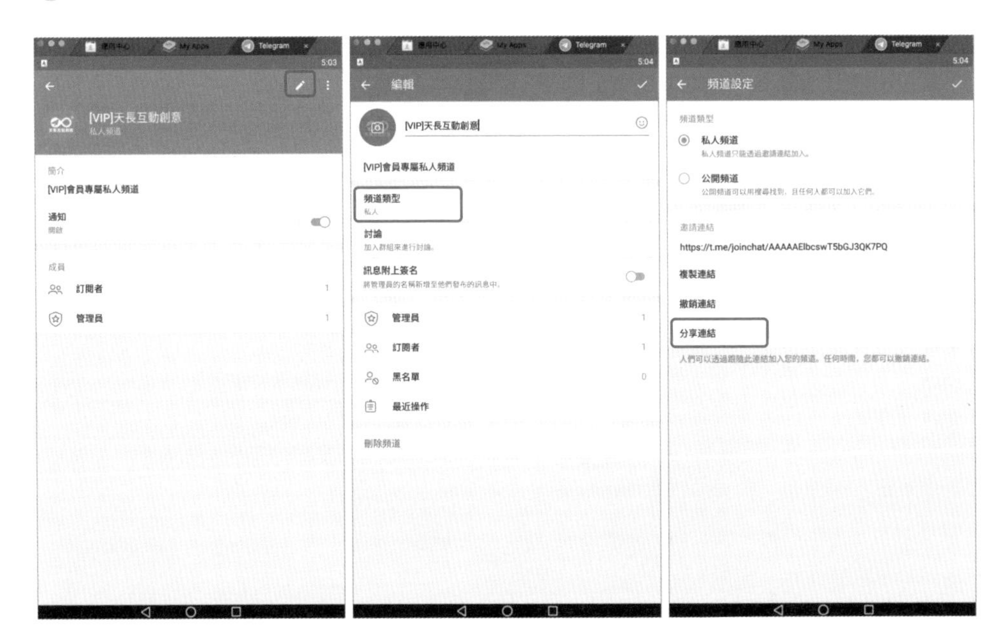

❹ 選擇你要傳送訊息的好友。

當然你也可以直接點擊「複製網址」，將「邀請連結」複製後，傳送到其他社群平台，例如：Facebook、LINE 等等。

建議將「分享連結」/「邀請連結」傳送給好友時，儘可能加上一些文字說明，避免只是傳送一串網址，被誤認為詐騙集團，而不敢加入喔！

接著，來看一下 iOS 手機版本的操作流程與畫面。

Telegram for **iOS / iPhone / iPad**

❶ 請點選右上方「編輯」。

❷ 點擊「頻道類型」。

❸ 點擊「分享連結」後，便會跳出「好友列表」。

④ 選擇你要傳送訊息的好友。

在「頻道類型」選項當中，除了可以看到「複製連結」和「分享連結」之外，其中還有一個選項「撤銷連結」，此功能主要目的就是變更「私人頻道」的「邀請連結」變更，防止「邀請連結」外流時，其他非邀請的好友也能夠加入。

注意：「撤銷連結」之後，舊的邀請連結就會即刻失效，也無法復原，當然也無法再透過舊的「邀請連結」加入「私人頻道」！

撤銷連結

您確定要撤銷此連結？一旦連結被撤銷，沒有人可以利用原先的連結加入。

取消　撤銷

撤銷連結

原本的邀請連結現在已失效，而新的連結已產生。

確定

撤銷連結完成時，你可以注意上面左、右兩張圖片中的「邀請連結」網址已經變更！

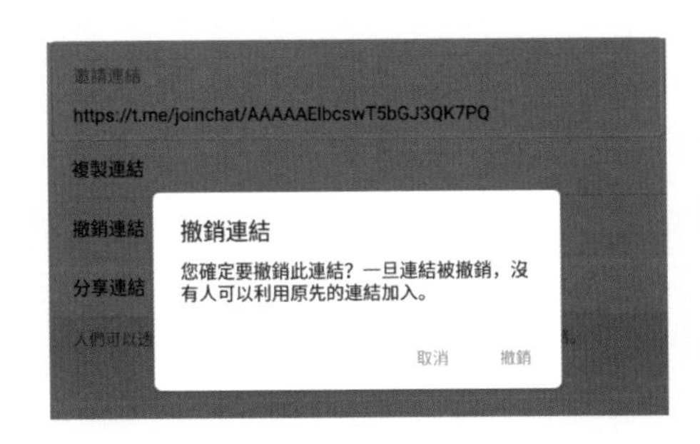

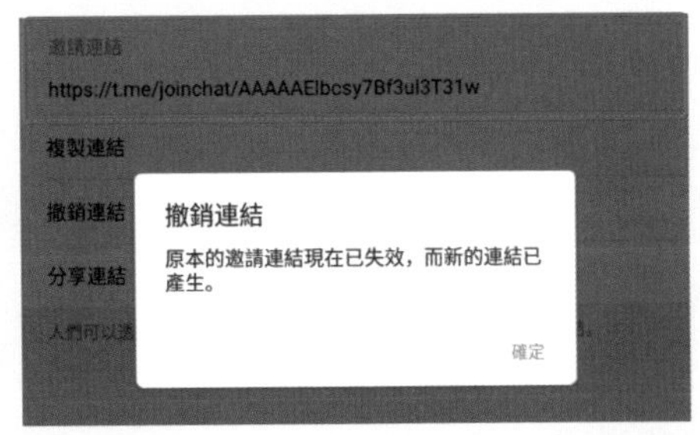

此外在「頻道類型」中，除了上述「分享連結」、「複製連結」、「撤銷連結」這三個選項外，你也可以隨時變更頻道類型為「公開頻道」或是「私人頻道」，但無論是「公開頻道」換成「私人頻道」，亦或是從「私人頻道」改為「公開頻道」，原先的「分享連結」和「邀請連結」都不能使用，必須使用新的連結喔！

3.2.3 頻道權限管理

A Telegram 權限身份基本介紹

跟 LINE 官方帳號一樣，Telegram 頻道可允許多人一起管理，並且針對不同的管理員設定不同的管理權限，同時 Telegram 將權限分類得非常細，讓管理人員可以有多元、多變的權限管理模式，可符合各種行業的需求。

Telegram 頻道將權限分成三種身份：「擁有者」、「管理員」、「成員」。「擁有者」便是最初創建頻道者，因此只會有一位，「擁有者」擁有最高與全部的權限，此設定無法變更，除非將「擁有者」權限移轉給另一位「管理員」，才能由新任的「擁有者」做權限的變更。經營者一定要特別注意！

過往 LINE 官方帳號的經營經驗中，許多店家老闆為了省事，都直接叫 小編、員工去申請帳號，結果後來小編、員工離職時，衍伸出許多權限的糾紛，有些員工離職後，連理都不理，有些則是小編來來去去，最早申請者是誰，早已經不可考。有些好一點的，老闆自己還是管理員，還是可以正常管理與發文，但是總管理員權限在員工（尤其恐怖是在離職員工）手上，總會覺得如芒在背，有些更惡劣的，則是將頻道刪除，辛辛苦苦累積的頻道訂閱數，一夕之間化為烏有，真的是欲哭無淚啊！

因此，建議店家老闆，一定要「親自」申請帳號和頻道啊！如果是大公司或是品牌公司，千萬不要依賴行銷公司或是公關公司，幫企業、品牌申請帳號或代操，一定要去申請獨立、公用的門號，月租費用最低的即可（現在甚至有月租 $99 和免月租的方案），這種「小錢」千萬不要省，否則未來只會增加許多困擾和爭議！

擁有者權限，為第一位創立頻道者。
企業、店家經營者務必自己申請帳號與頻道，避免權限落在他人手上！

B 轉移頻道擁有權

如果設定頻道時，沒有考量清楚「擁有者」權限的問題，趁著小編、員工還沒有離職前，趕緊辦好「轉移頻道擁有權」，操作步驟如下。

1. 首先，必須將要成為「擁有者」的該位「管理員」之權限，全部開啟！
2. 所有管理項目之權限必須全部開啟，才能看到「轉移頻道擁有權」之選項！

Telegram 在轉移頻道擁有權設定上的要求非常嚴格，必須通過兩項安全性檢查才可以移轉。

安全性檢查

符合以下條件才可以轉移擁有權：

- 你的帳號已啟用兩步驟驗證 7 日以上
- 你的裝置已連續登入 24 小時以上

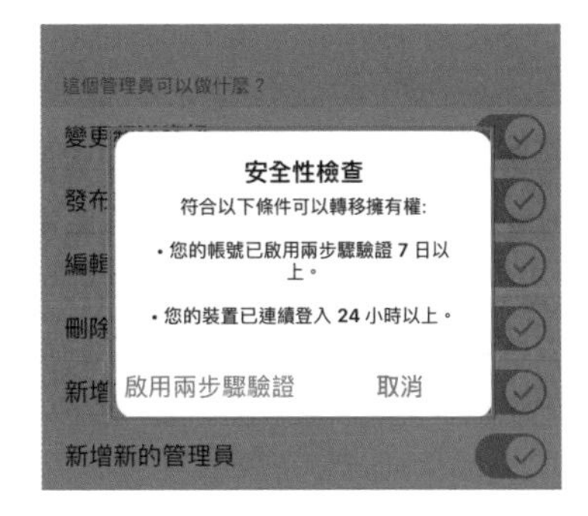

如果你的帳號尚未啟用兩步驟驗證，可以直接點擊「啟用兩步驟驗證」進行設定！雖然說頻道可以轉移，但還是建議一開始建立頻道時，就先考慮清楚「擁有者」權限要指派給誰，才能夠避免未來可能發生的糾紛。

「擁有者」擁有最高與完整權限，因此可以設定他人為「管理員」，每個頻道最多可以指派 50 位管理員，而每位管理員都可以依據其職務、負責內容，分派不同的權限與管理內容。管理員可以隨時新增和刪除，因此將小編或是負責的員工設定為「管理員」，則不用擔心離職、調職等問題，當有員工離職、調職時，只要將其刪除「管理員」權限即可，完全不會影響頻道的經營與管理。

C 頻道權限細項介紹

Telegram 將權限分為以下六種：

- 變更頻道資訊
- 發布訊息
- 編輯別人的訊息
- 刪除別人的訊息
- 新增訂閱者
- 新增新的管理員

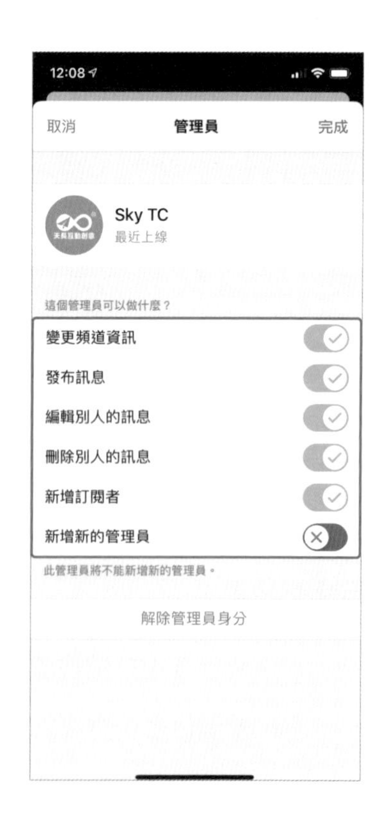

預設「管理員」權限，除了不能新增其他人為管理員外，其他權限都是開放的！你可以依據實際職務、管理需求，為每位管理員分別設定不同的權限。

接著，來看看怎麼為頻道設定管理員權限以及如何管理權限：

動手做做看

在 Telegram 對話列表中
→找到並進入「你的頻道」
→點選上方處「頻道名稱」後
→在跳出的畫面中，便可以看到「管理員」、「訂閱者」、「黑名單」相關選項

如果你點選「頻道名稱」後，在跳出的畫面當中看不到「管理員」、「訂閱者」、「黑名單」這些選項，就代表你不具備「管理員」權限。

具有「管理員」權限　　不具有「管理員」權限

D 新增、修改與移除管理員

如果你想要新增、刪除、修改管理員權限，只要點擊「管理員」選項即可，進入後可以看到目前已經有哪一些管理員，畫面如下。

Telegram for **Android**

點擊頻道畫面上方的「頻道名稱」可以看到以下畫面：

❶ 點擊「管理員」。

❷ 可以看到「擁有者」與「管理員」。

在管理員名單中，可以同時看到「擁有者」與「管理員」，而「管理員」名稱下方可以看到「由○○○任命」，即代表該管理員是由誰新增，方便權限指派的追蹤與管理！

Telegram for **iOS / iPhone / iPad**

點擊頻道畫面上方的「頻道名稱」可以看到以下畫面：

❶ 點擊「管理員」。

❷ 可以看到「擁有者」與「管理員」。

管理員名單中，除了標示「擁有者」外，其餘皆為「管理員」！（擁有者身份只有一位）。

若是想新增管理員則點擊「新增管理員」。

如果想要編輯或是刪除已存在的管理員權限，直接點擊該名管理員即可。

Android 畫面　　iOS 畫面

 Telegram for **Android**

點擊頻道畫面上方的「頻道名稱」可以看到以下畫面。

1. 點擊「新增管理員」。
2. 可以看到「聯絡人」和「訂閱者」名單。
3. 點擊你想要設定的管理員，即可設定相關權限，藍色「✓」代表開放權限；紅色「X」代表關閉權限。

   設定完成，請務必記得點選右上方「✓」儲存設定，才算完成變更。

若是名單中沒有你想要新增的管理人員，可以使用右上方的「🔍 放大鏡」搜尋功能，搜尋好友的電話或是 ID 使用者名稱。

在新增管理員時，你可能會遇到下列兩種情況：

1. **無法將對方設定為管理員**

抱歉，根據用戶的隱私設定，你無法將此用戶加入到頻道。

這個原因最主要是因為該用戶的 Telegram 個人隱私設定中，設定無法讓別人主動加入頻道，也因此就無法設定為管理員。

可以請「對方」從：Telegram「設定」→「隱私權與安全性」→「群組與頻道」中，將權限開放，設定為允許「所有人」或是「我的聯絡人」即可（或是設定「例外」權限，只針對你開放權限亦可）。

2. **無法在新裝置設定管理員**

For security reasons, you can't appoint new admins from a device that you've just connected. Please use an earlier connection or wait for a few hours.

Telegram 因為安全性考量，如果你在新裝置登入，要設定他人為管理員時，為避免新裝置登入者為帳號盜用的情況，所以無法立即設定管理員，需等待幾個小時之後，或是從舊的裝置，才能設定他人為管理員。

Telegram for **iOS / iPhone / iPad**

點擊頻道畫面上方的「頻道名稱」可以看到以下畫面。

1. 點擊「新增管理員」。
2. 可以看到「聯絡人」和「訂閱者」名單。
3. 點擊你想要設定的管理員，即可設定相關權限，綠色「✓」代表開放權限；紅色「X」代表關閉權限。

   設定完成後請務必記得點選右上方「完成」儲存設定，這樣設定才會變更喔！

若是名單中沒有你想要新增的管理人員，則可以使用右上方的「🔍 放大鏡」搜尋功能，搜尋好友的電話或是 ID 使用者名稱。

如果想要將已經具備管理員權限的人，移除管理員權限，只要進入到管理員列表中，點擊該名管理員，並點擊「解除管理員身份」即可。

Android 畫面　　iOS 畫面

E 管理訂閱者篇

Telegram 中的「訂閱者」身份就如同 Facebook 粉絲專頁的「粉絲」、LINE 官方帳號中的「好友」，Telegram 的訂閱者是完全沒有上限。你可以在「訂閱者」列表中看到有哪些人加入你的頻道。如果有競爭對手或是惡意帳號加入，還可以將其退出頻道，甚至封鎖對方設定為黑名單。除此之外 Telegram 還能主動將聯絡人、好友直接加入頻道當中，成為「訂閱者」。接著我們來看一下 Telegram 中如何管理訂閱者。

首先在 Telegram 對話視窗中找到你的頻道，進入後點擊上方「頻道名稱」，即可看到「訂閱者」選項。

動手做做看

在 Telegram 對話列表中 → 找到並進入「你的頻道」
→ 點選上方處「頻道名稱」後
→ 便可以看到「訂閱者」

Android 畫面

iOS 畫面

Android 版本中，會將訂閱者的類型分類為：聯絡人、機器人、其他訂閱者。

- **聯絡人**：則是原先就加入手機中的聯絡人。
- **機器人**：是指 Telegram 聊天機器人。
- **其他訂閱者**：就是不在你的聯絡人和機器人名單中的其他訂閱者。

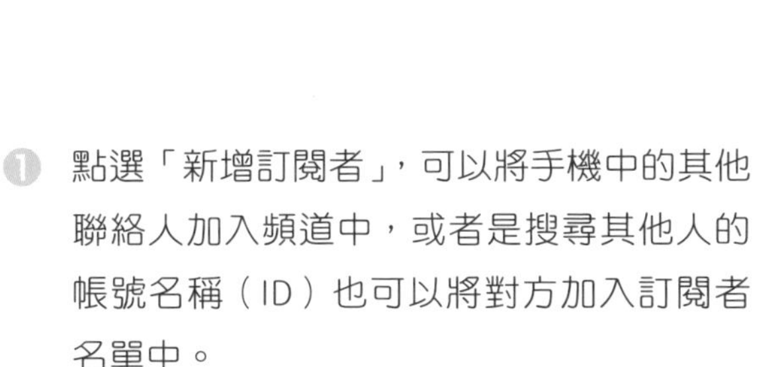

❶ 點選「新增訂閱者」，可以將手機中的其他聯絡人加入頻道中，或者是搜尋其他人的帳號名稱（ID）也可以將對方加入訂閱者名單中。

❷ 如果直接點選「訂閱者」頭像或名稱，可以看到該名訂閱者的基本資料以及訂閱者加入哪些頻道、群組。

有些「訂閱者」右邊可以看到「三個點點」(直式)，點選後可以進一步將其設定為「管理者」(晉升管理員)或是將其「從頻道中移除」。如果沒有「三個點點」(直式)，則代表原先就已經是「管理員」身份！

❸ 訂閱者的基本資料以及訂閱者加入哪些頻道、群組。

❹ 選擇晉升為管理員或從頻道中移除。

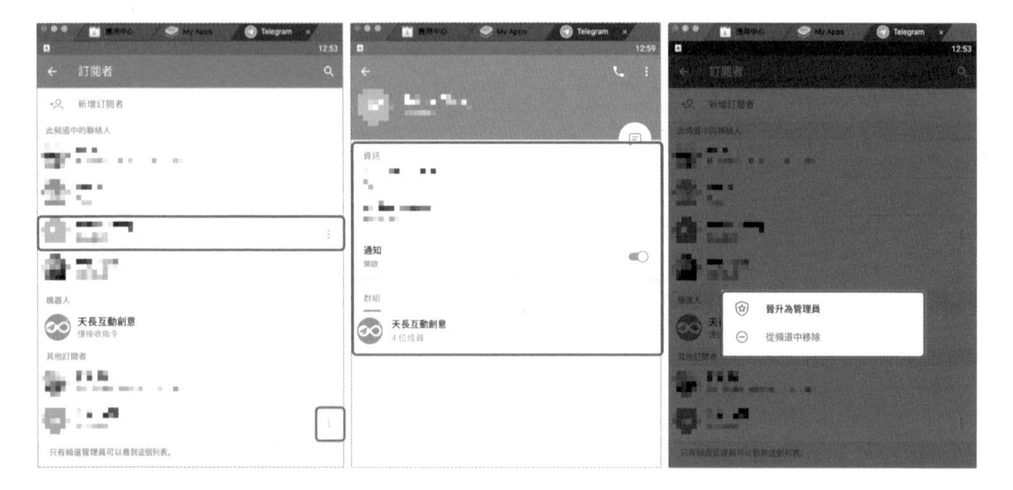

Telegram 預設當你將某人加入頻道「管理員」，也等同將其加入頻道的「訂閱者」，兩者是同時發生。但是當你將某人從「管理員」移除時，他「訂閱者」身份則還是會存在喔！

在此要特別注意當你將某位「訂閱者」移除後，該「訂閱者」會被歸類到「黑名單」當中。在「黑名單」者，將無法再透過「頻道連結」加入，也不能再讀取頻道相關資訊、訊息。

如果你的頻道有「綁定」討論「群組」(後續會談到此功能)，即便你將某人從頻道中移除「訂閱者」身份，並不代表「同時」將他移除在「群組」之外，你必須也到「群組」中移除，才能真的不讓對方收到訊息。

F 管理黑名單篇

首先在 Telegram 對話視窗中找到你的頻道，進入後點擊上方「頻道名稱」。

動手做做看

Android	在 Telegram 對話列表中 →找到並進入「你的頻道」→點選上方處「頻道名稱」後 →選擇右上方「鉛筆圖示」→便可以看到「黑名單」
iOS ｜ iPhone ｜ iPad	在 Telegram 對話列表中 →找到並進入「你的頻道」→點選上方處「頻道名稱」後 →便可以看到「黑名單」

這邊要稍微注意 Android 手機版本操作上，較 iOS 手機版本會多一個步驟，必須先點擊右上方的「鉛筆」圖示，才可以找到「黑名單」的選項。

1. 點擊右上方「鉛筆」圖示，從跳出的畫面可以看到「黑名單」。
2. 進入到黑名單內，便可以看到被封鎖的用戶，如果想要將對方從「黑名單」中移除，只要點擊該名頭像，便可將對方「封鎖」，列入黑名單之中。

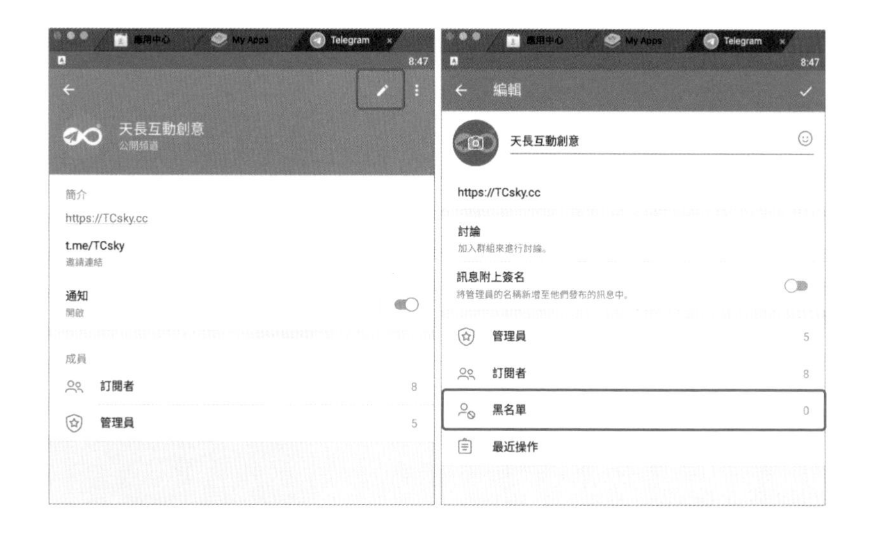

❸ 點擊「封鎖用戶」，會出現「訂閱者」名單。

❹ 特別注意，在此步驟只要點擊某名頭像，即代表你「已經封鎖」對方！

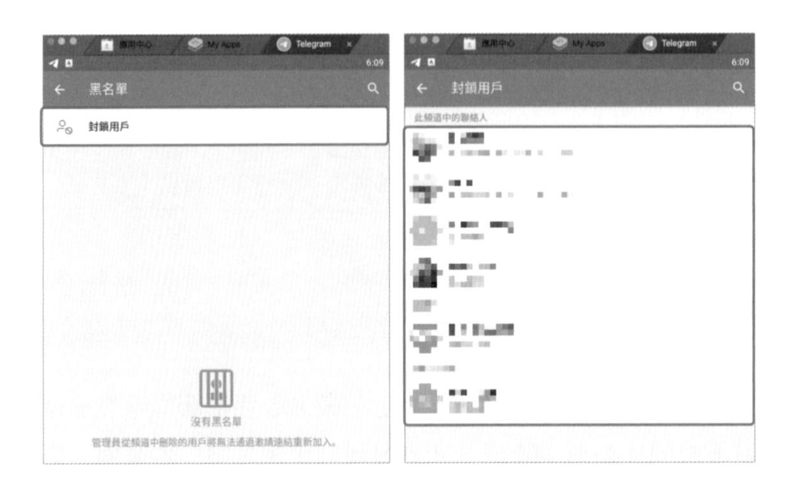

當你封鎖對方後，回到前一畫面時，就可以看到黑名單中多了剛剛被封鎖的人員。在設定過程中，無論是「封鎖」用戶或是「刪除」用戶，都會直接將對方設定為「黑名單」成員，直接歸類到「黑名單」中。如果是不小心將對方誤設定為「黑名單」，該怎麼復原呢？請看下列步驟：

❶ 回到黑名單畫面，可以看到先前已經被封鎖者的頭像，請點擊頭像右邊的「三個圓點」（直式）。

❷ 在此會看到兩個選項：

- 新增至頻道
- 從列表中刪除

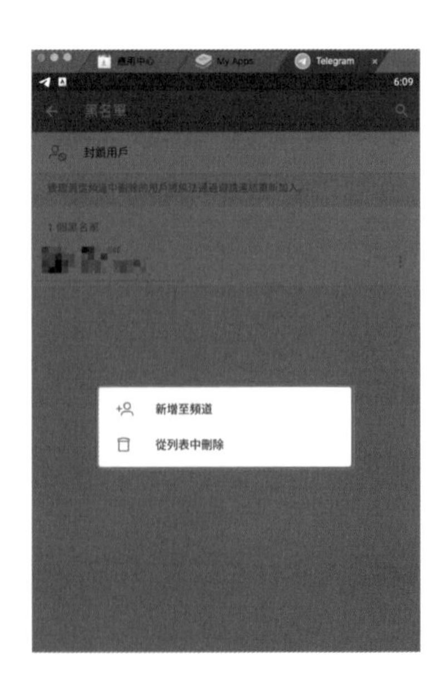

在此要特別注意，選擇「從列表中刪除」，只是單純將對方從「黑名單」移出，並不代表將對方「重新加入」頻道中，因為當設定成黑名單時，便已經將對方移出頻道「訂閱者」名單，如果是因為手誤不小心將對方設定為「黑名單」，想要將對方重新加入頻道之中，必須選擇第一個選項：「新增至頻道」，才會將對方從「黑名單」中移出，並「同時」重新加入頻道的「訂閱者」之中。不過還有另外一個限制，如果「管理員」和被設定「黑名單」者，彼此非手機「聯絡人」關係時，則無法重新將對方加入頻道之中（會出現下圖之訊息），必須由原來將其加入頻道的「管理員」才可將對方重新加入頻道！

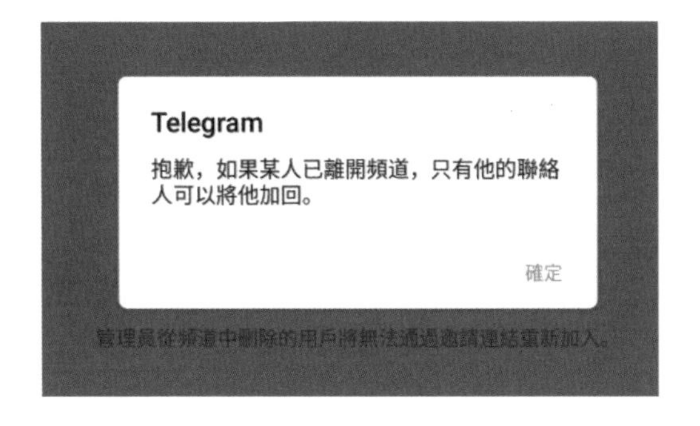

因為頻道中大部分的「訂閱者」，可能都是自己主動加入頻道，並非是「管理員」的「聯絡人」（手機互加好友），因此如果手誤設定為「黑名單」後，就無法手動、主動再將對方加入頻道，必須請對方重新加入頻道才可以喔。

設定「黑名單」時，並不會特別出現「再次確認」訊息，當你點擊對方頭像、名稱時，就會「直接」將對方設定為黑名單，因此在設定黑名單動作時，務必要特別小心！

Telegram for **iOS / iPhone / iPad**

進入到「黑名單」功能，便可以看到被封鎖的用戶，如果想要將對方從「黑名單」中移除，只要點擊該名頭像，便可將對方「封鎖」，列入黑名單之中。

❶ 點選上方「頻道名稱」後，便可以看到「黑名單」。

❷ 點擊「封鎖用戶」，會出現「訂閱者」名單。

❸ 特別注意，在此步驟只要點擊某名頭像，即代表你「已經封鎖」對方！

除了在「黑名單」功能內可以管理名單之外，你也可以在「訂閱者」功能選單中，對已經訂閱頻道者做管理。

❶ 進入「訂閱者」功能選單後，請點擊右上方「編輯」功能。

❷ 會出現「紅色圓圈 ⊖」刪除的按鈕。

❸ 點選該按鈕⊖會出現「刪除」選項，結束後請點選「完成」即可回到「訂閱者」畫面。

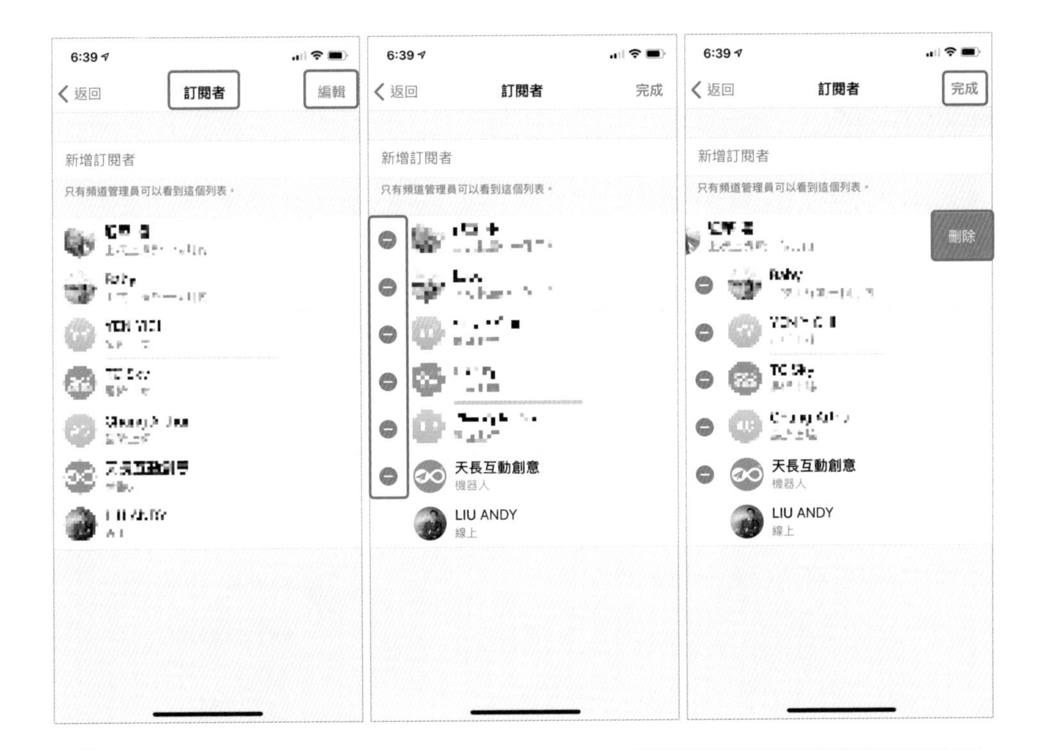

目前 Telegram「黑名單」的設定功能，只能一次刪除一位，尚未支援一次刪除多位訂閱者功能。

G 最近操作功能：方便追蹤管理員操作動作

看了以上許多頻道權限以及操作的功能後，你是否會擔心若設定了多個管理員，是否會有權限衝突、安全問題，如果有些管理員惡意操作，該怎麼防範與注意呢？ Telegram 提供了一個「最近操作」的功能選項。「最近操作」：此功能紀錄最近 48 小時內，所有管理員在頻道中的所有操作動作：包含設定管理員權限、新增 / 刪除成員、發布 / 修改 / 刪除訊息、編輯頻道訊息，所有管理員的操作動作一覽無遺，如此一來就可以了解是否有管理員惡意操作，做好防範機制。

動手做做看

Android	在 Telegram 對話列表中 → 找到並進入「你的頻道」→ 點選上方處「頻道名稱」後 → 選擇右上方「鉛筆圖示」→ 便可以看到「最近操作」
iOS ｜ iPhone ｜ iPad	在 Telegram 對話列表中 → 找到並進入「你的頻道」→ 點選上方處「頻道名稱」後 → 點擊「管理員」功能後 → 便可以看到「最近操作」

在「最近操作」功能畫面中，可以看到不同管理員所做的不同操作，方便管理追蹤！

所有的紀錄皆無法手動刪除訊息記錄！

在 Telegram 對話列表中，找到「你的頻道」後，進入頻道畫面，點選上方「頻道名稱」後，即可看到下列畫面。

❶ 選擇右上方「鉛筆圖示」。

❷ 便可以看到「最近操作」。

Telegram for **iOS / iPhone / iPad**

在 Telegram 對話列表中，找到「你的頻道」後，進入頻道畫面，點選上方「頻道名稱」後，即可看到下列畫面。

❶ 選擇「管理員」。

❷ 便可以看到「最近操作」。

一開始「最近操作」的訊息可能還不會太多，但是如果慢慢地「管理員」和「訂閱者」越來越多時，連帶的可能「黑名單」的設定也會較多，這麼一來「最近操作」的記錄便會變得像「老太婆的裹腳布」一樣又臭又長，形成資訊量變得非常龐大、紊亂，不易找尋到特定的管理員紀錄。這個問題 Telegram 已經幫大家想到，因此在「最近操作」中提供了「篩選」的功能，可以讓你針對「特定的操作」或是「特定的管理員」進行篩選資訊，以快速找到想要的管理員操作資訊。

Telegram for **Android**

1. 點擊「最近操作」畫面中的「設定」按鈕。
2. 畫面會出現「所有操作」、「所有管理員」以及相關細項的勾選選項。

你可以針對想要看到的「特定操作」勾選，以及針對「特定管理員」做選擇，勾選完畢後點選「儲存」按鈕，便會回到「最近操作」畫面，你會發現「最近操作」的內容就會針對你勾選的項目篩選出相關資訊。同樣地，如果要設定不同篩選項目，只要重新點擊「設定」按鈕，重新勾選項目即可！

Telegram for **iOS / iPhone / iPad**

1. 點擊「最近操作」畫面上方的「設定」按鈕。
2. 畫面會出現「所有操作」、「所有管理員」以及相關細項的勾選選項，完成勾選後點擊右上方「完成」按鈕，「最近操作」內容即會更新！

3.3 Telegram 群組基本操作與設定說明

Telegram 除了「頻道」之外，另一個重要功能便是「群組」，群組的概念大家應該不陌生，就如同在台灣大家常用的 LINE 群組功能，只不過 Telegram 的群組功能又較 LINE 群組有更多強化的功能。

Telegram 頻道沒有人數上限，群組則有 20 萬上限，雖然有上限也已經比 LINE 群組上限 500 人多了許多。過往經營網購、代購、團爸、團媽，甚至超商都在使用 LINE 群組經營自己的社群，常見的困擾就是需要創立好多個群組，因為一下子就超過 500 人上限，加上 LINE 群組訊息會有過期（圖片和檔案無法存取）的問題，因此許多網購、代購、團爸、團媽都已經開始轉進 Telegram。

加入團購群組之後，會收到一些團購的資訊，好友們可以在群組中討論。

要先說明的是，因為 Telegram 版本更新非常頻繁，群組功能也常有異動，像是 Telegram 最早將群組概念分成「超級群組」和「一般群組」，「一般群組」上限只有 200 人，而「超級群組」一開始上限只有 10,000 人，後來拓展到 30,000 人，接著一口氣開放到 100,000 人，到 2019 年更大幅度擴展到 200,000 人，甚至更進一步取消「超級群組」的概念。現在成立群組已經不再特別區分「超級群組」或是「一般群組」，只以「公開群組」和「一般群組」做為區隔。不過仍有些功能性的差異，建議可以同步加入天長互動創意的 Telegram 線上討論群組，未來有任何新功能或異動，都會直接在群組中公布喔！

「群組」和「頻道」最大的不同是所有人都可以在群組中發言，而且 Telegram 有支援 20 萬人上限，怎麼分派權限和管理用戶就是門學問，Telegram 提供了許多有趣、實用的管理功能，接著我們來看在 Telegram 當中，如何創立專屬的群組，群組又有哪些功能和權限設定！

天長互動創意：Telegram 線上討論群組
https://t.me/TCsky_telegram
或在 Telegram 當中搜尋「TCsky_telegram」

3.3.1 建立 Telegram 群組

A 群組建立操作

動手做做看

Android	**方法一：** 打開 Telegram → 點擊左上「三條橫線」圖示 → 可以找到「建立群組」選項 **方法二：** 打開 Telegram → 點擊右下角「圓形鉛筆」按鈕 → 可以找到「建立群組」選項
iOS ｜ iPhone ｜ iPad	打開 Telegram → 點擊下方的「對話」 → 在「對話」頁面右上方可找到「編輯」選項 → 點擊後，可看到「建立群組」選項

Telegram for **Android** - 方法一

1. 點擊左上角「三條橫線」圖示。
2. 可以看到「建立群組」選項。

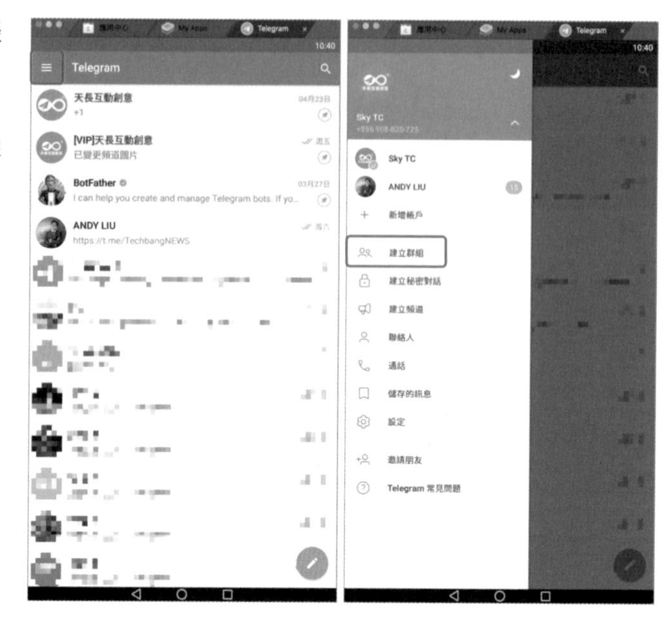

Telegram for **Android** - 方法二

1. 點擊右下方的「圓形鉛筆」圖示。
2. 可以看到「建立群組」選項。

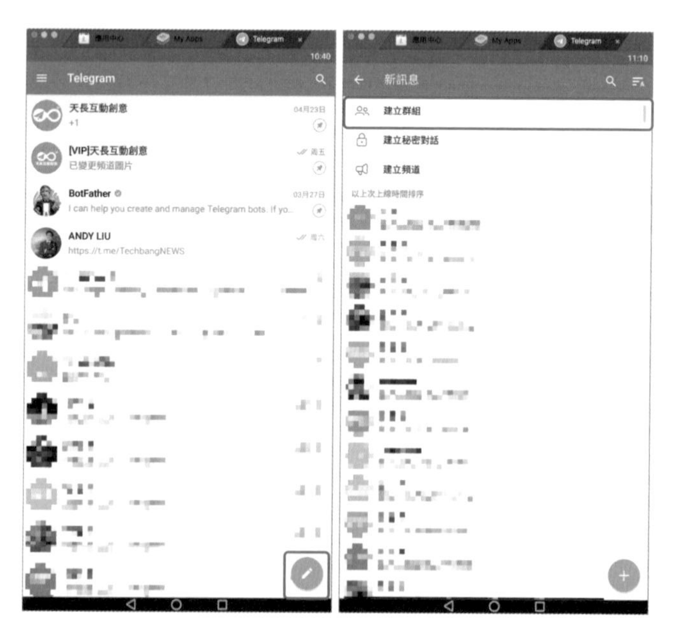

Telegram for **iOS / iPhone / iPad**

❶ 點擊下方的「對話」。

在「對話」頁面右上方可以找到「編輯 ☑」選項。

❷ 點擊後可看到「建立群組」選項。

建立群組

建立群組的第一步：必須先從聯絡人中選擇好友加入群組。如果你是新申請的帳號還沒有聯絡人，則要先透過搜尋將好友加入才能繼續下一步！

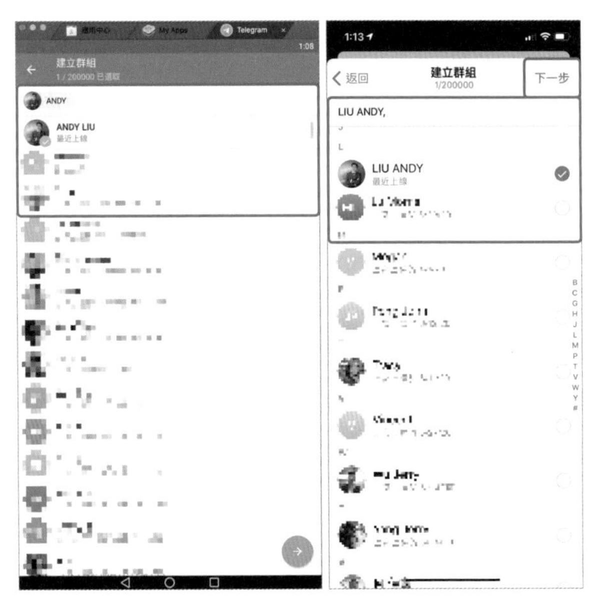

Android 畫面　　iOS 畫面

接著，便可以上傳群組照片以及設定群組名稱。Android 版中，在設定名稱的右邊還可以看到一個「笑臉」符號，點擊後可以看到表情符號的面板。

設定完成後點選右下「圓圈打勾」按紐 /「建立」，便可完成群組設定。

Android 畫面　　iOS 畫面

當你完成 Telegram 群組建立後，便可以看到群組聊天畫面。

顯示群組功能訊息：

- 至多 200000 個成員
- 永久保存訊息
- 公開連結，像是 t.me/title
- 自訂個別管理員權限

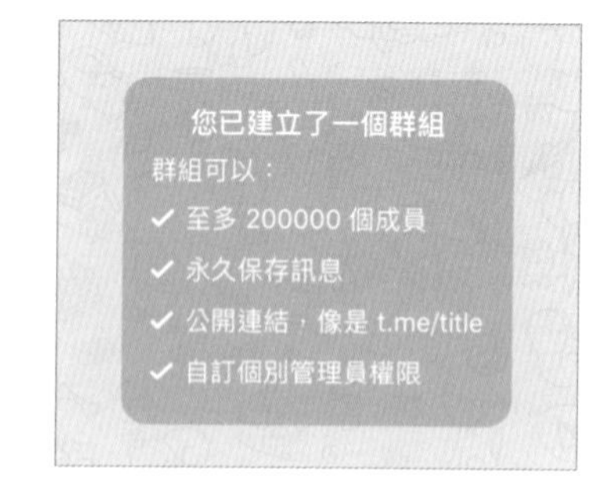

Telegram 群組建立時，群組類型預設為「私人群組」。
要設定「公開連結」，必須先將群組類型改為「公開」。

B 公開群組與私人群組差異

Telegram 群組和頻道一樣，也有分公開群組和私人群組。要特別注意的是，當你創建一個群組時，不像頻道創建時，會讓你選擇「公開」或是「私人」屬性，群組創建預設便是「私人群組」，如果要更改為「公開群組」則要修改設定才可以。

「公開群組」和「私人群組」作用和頻道類似，當你創建的是私人群組時，一樣會提供一組隨機產生的「邀請連結」，而「公開群組」則可以自己設定「永久連結」。以往「私人群組」人數上限較小，「公開群組」才能到 20 萬好友上限，現在 Telegram 已經全面開放，兩者一開始成立就都可以擁有 20 萬好友上限。

但是，有一點是許多人會忽略也不容易搞清楚的：「私人群組」無法「完全刪除」，「公開群組」才能真正的「刪除」。私人群組即便你是「擁有者」，當你選擇「刪除並離開」時，並不會真正的「刪除」這個群組，你只是「退出」該群組。而其他已經在群組當中的成員，仍舊可以在群組當中傳送訊息喔！

筆者原先以為這是「中文化介面」的翻譯錯誤，特別比對了英文版本，發現英文版本的確是寫「Delete and Leave」，因此有可能是 Telegram 設計的問題，如果是「公開群組」，擁有者選擇「刪除並離開」，便會真正的刪除群組，群組成員無法再繼續對話與使用該群組。因此，建議如果你真的想要「完全、完整的刪除群組」，請務必先將群組類型設定為「公開群組」後，再使用「刪除並離開」的功能。

建議要刪除「私人群組」前，先設定為「公開群組」，再行刪除。
如此才能「完整且乾淨」的刪除整個群組資料喔！

當然未來功能可能有所調整，日後「私人群組」刪除後就不會這麼「詭異」的存在，因此建議可參考官方公告的各平台功能更新紀錄：

https://telegram.org/apps

3.3.2 邀請好友加入群組方式

了解「公開群組」和「私人群組」差異後，接著來看怎麼找到群組的「分享連結」和「邀請連結」，以及將好友加入群組的方式。

A 公開群組「永久連結」邀請好友方式

動手做做看

Android	在 Telegram 對話列表中 → 找到並進入「你的群組」 → 點選上方處「群組名稱」後 → 可以看到「鉛筆」圖示，請點選 → 找到「群組類型」，點擊進入後 → 可看到群組類型設定項目
iOS ｜ iPhone ｜ iPad	在 Telegram 對話列表中 → 找到並進入「你的群組」 → 點選上方處「群組名稱」後 → 可以看到「鉛筆」圖示，請點選 → 找到「群組類型」，點擊進入後 → 可看到群組類型設定項目

1. 點選上方「群組名稱」。
2. 點選右上方「鉛筆」圖示。
3. 找到「群組類型」，點擊進入。

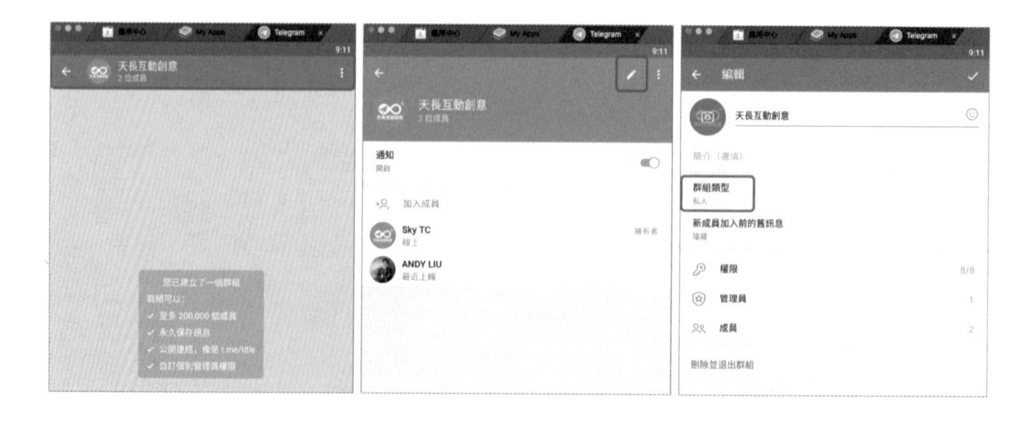

4 點選「公開群組」，便可以設定「永久連結」。

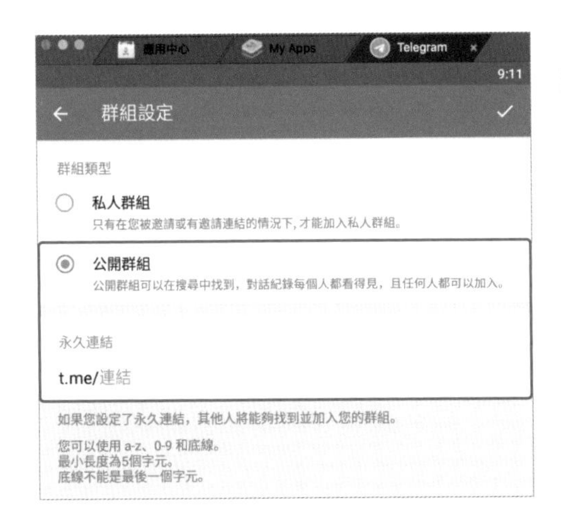

群組創建時預設均為「私人群組」類型，如果要設定為「公開群組」，只需在此點擊設定即可。

「公開群組」和「私人群組」隨時都可以任意切換！但要注意若從「公開群組」切換為「私人群組」，原先的「永久連結」將會失效。

Telegram for iOS / iPhone / iPad

1 點擊上方「群組名稱」。

2 請點選右上方「編輯」。

3 找到「群組類型」，點擊進入。

④ 點選「公開群組」，便可以設定「永久連結」。

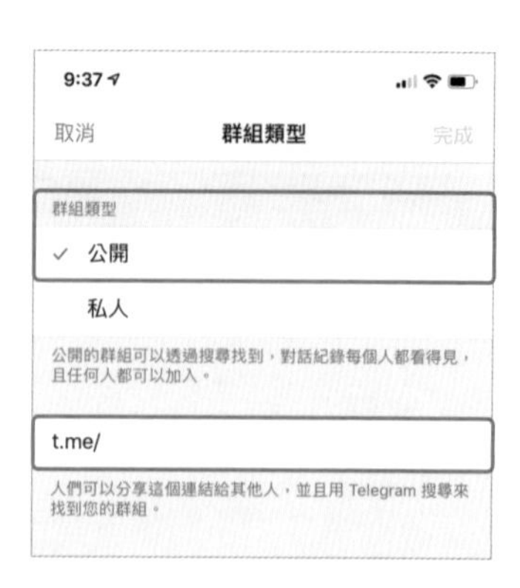

當你點擊「邀請連結」/「分享連結」時，便會出現好友名單，可以讓你選擇後發送「邀請連結」/「分享連結」給好友，好友收到連結後，直接點擊就可以加入群組！

Ⓑ 私人群組「永久連結」邀請好友方式

同樣地進入「頻道類型」之後，點擊「私人群組」（群組類型預設便是私人群組）。

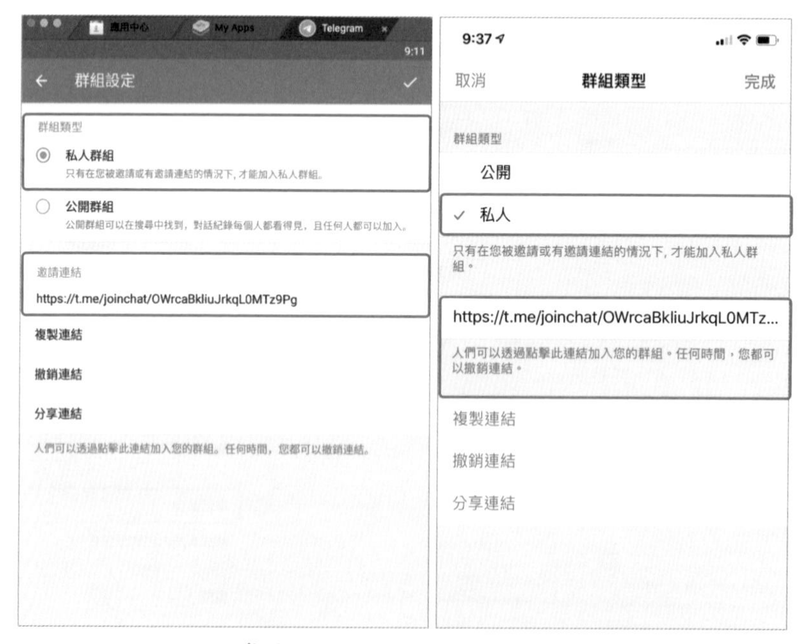

Android 畫面　　iOS 畫面

在「頻道類型」畫面當中可以看到「複製連結」、「撤銷連結」與「分享連結」，功能說明如下：

- **複製連結：**可直接複製「邀請連結」傳送給好友，或是發布在社群平台當中，當有人點擊連結時就可以加入此「私人連結」。
- **撤銷連結：**如果你不希望「邀請連結」外流，那麼在辦過活動後，就可以「撤銷連結」，系統會隨機產出一組新的「邀請連結」，舊的邀請連結則會馬上失效，就算有人拿到舊的連結也無法掃描加入！
- **分享連結：**點選分享連結後，便可以從聯絡人中選擇要加入群組中的好友！

3.3.3 頻道權限管理

Telegram 群組的權限設定與管理，基本操作和頻道的權限管理大同小異！不過因為群組的特性是可以多人群聊，只要在群組中的好友便具有發言權，而 Telegram 群組更可高達 20 萬人，因此如何善加群組管理便是經營者很重要的課題之一。

Telegram 早已經針對這些問題提供許多實用的管理功能，像是很多群組當中，大家針對某一則發言，都會很習慣用貼圖來表示「讚」、「很棒」、「謝謝」、「OK」之類，原本是件很好的事情，可以看到大家的互動情況，但時間久了反而變成只是一種「敷衍」，有人傳訊息，大家都一窩蜂地傳貼圖，表示自己有跟上、有回應，但不見得有看訊息，這樣反而沒有達到「互動」的效果，還會將原來的訊息「洗版」，導致很多人沒有看到。

針對這個情況，Telegram 提供了限制「傳送貼圖與 GIF」的功能，還可以限制群組內成員短時間內不能過度頻繁發言，透過這些權限功能，就能夠有效解決訊息洗版問題！此外 Telegram 還有許多實用的群組管理權限功能，例如：「傳送訊息」、「傳送媒體」、「傳送貼圖與 GIF」、「發布投票」、「發布投票」、「嵌入連結」、「新增用戶」、「置頂訊息」、「變更群組資訊」等，讓我們繼續看下去。

群組權限功能畫面

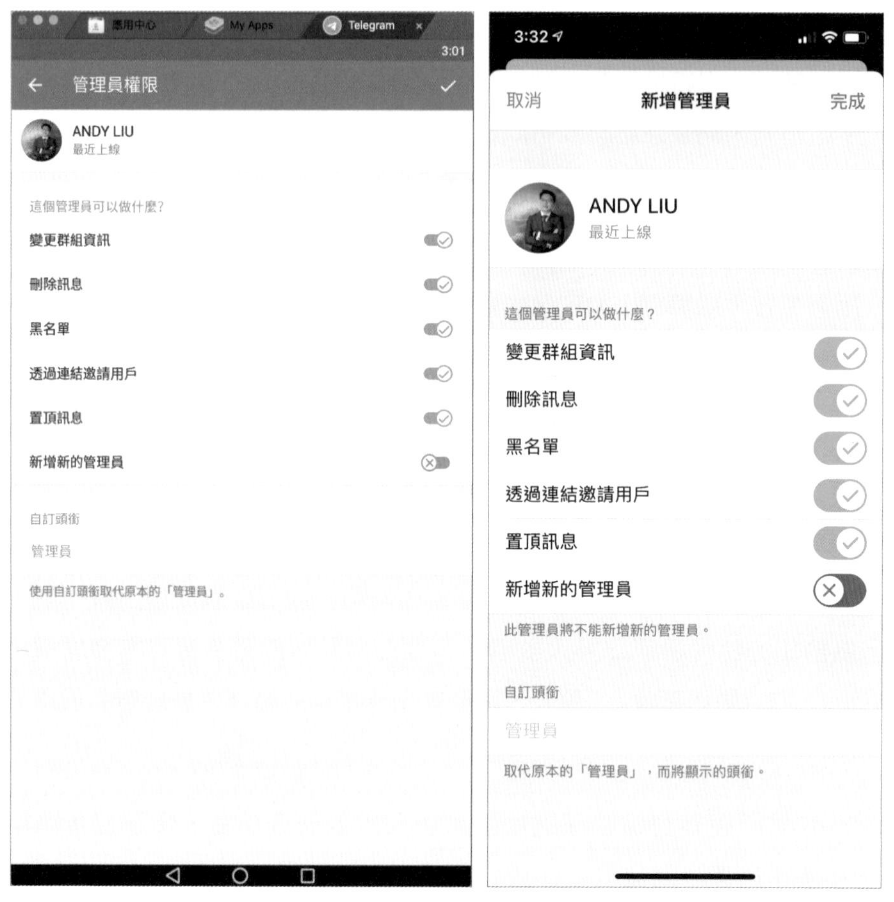

Android 畫面　　　　iOS 畫面

A 新增、修改與移除管理員

動手做做看

Android	在 Telegram 對話列表中 → 找到並進入「你的群組」 → 點選上方處「群組名稱」後 → 可以看到「鉛筆」圖示，請點選 → 找到「管理員」，點擊進入後 → 可看到「新增管理員」設定項目
iOS iPhone iPad	在 Telegram 對話列表中 → 找到並進入「你的群組」 → 點選上方處「群組名稱」後 → 選擇右上方「編輯」選項 → 找到「管理員」，點擊進入後 → 可看到「新增管理員」設定項目

1. 點選上方「群組名稱」。
2. 點選右上方「鉛筆」圖示。
3. 找到「管理員」，點擊進入。

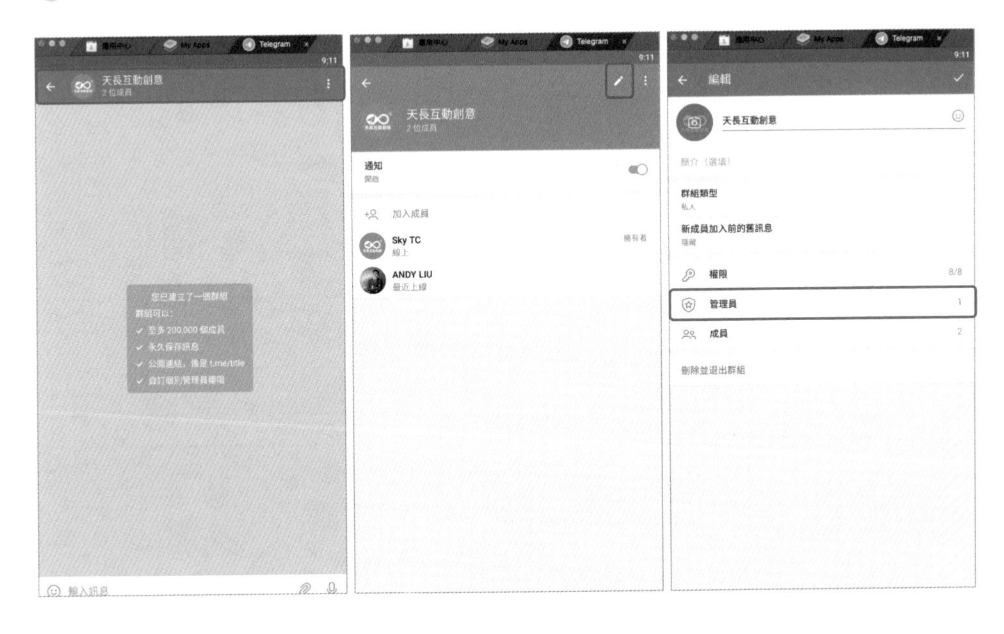

❹ 點選「新增管理員」。

❺ 選擇想要設定為「管理員」的成員大頭貼即可新增管理員。

❻ **設定管理員權限**：藍色代表開啟；紅色代表關閉！

自訂頭銜：可以自己命名「管理員」名稱，例如改為「小編」、「組長」、「隊長」等，該名稱會取代「管理員名稱」，顯示在聊天畫面當中。

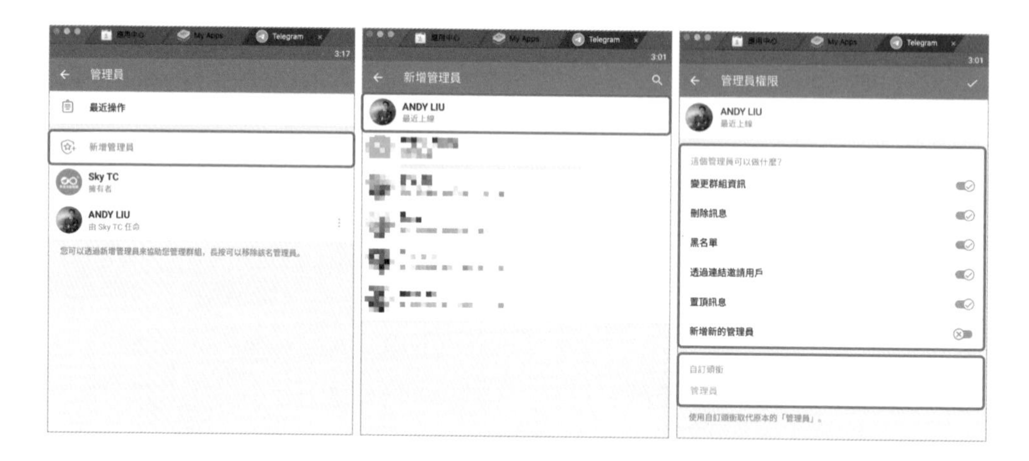

群組和頻道權限一樣，「擁有者」只能有一位，如果要轉移群組擁有權，一定要先將群組中一位管理員的「新增新的管理員」權限開啟後，才能進一步設定「轉移群組擁有權」，如果「新增新的管理員」權限沒有打開就看不到選項。

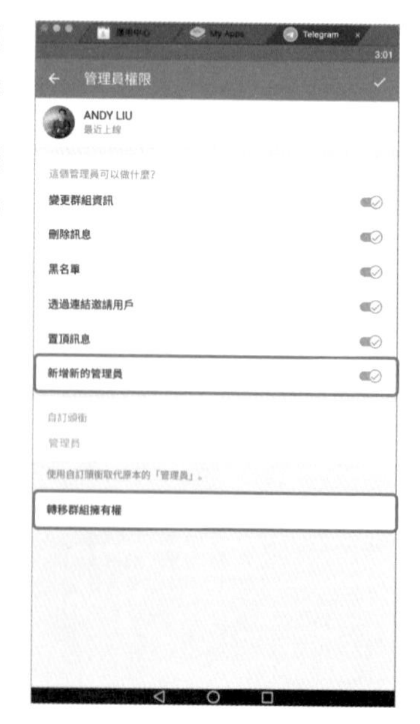

若要修改或是刪除管理員權限，一樣進入「管理員」功能選項後，可以選擇管理員進行修改與刪除。

❶ 進入「管理員」功能選項。

❷ 點選要修改或刪除權限之管理員頭像。

❸ 可以針對該名管理員修改權限，或是點選「解除管理員身分」，即可刪除該名管理員權限。

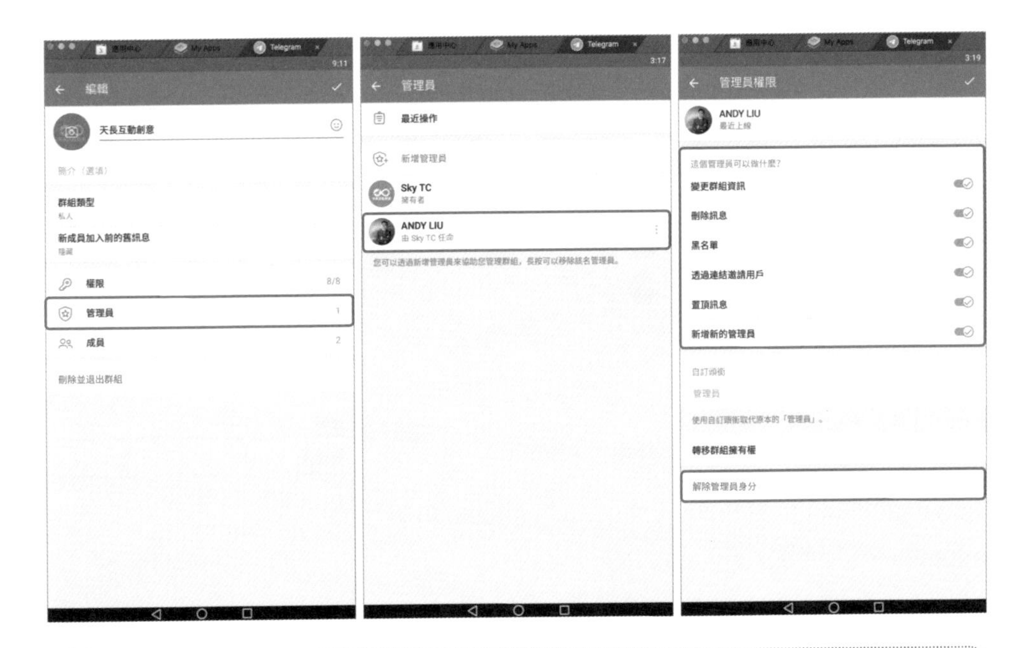

刪除管理員權限後，該名用戶一樣會存在群組當中。如果要徹底將該名成員移出群組，必須到「成員」中將其移除。

Telegram for **iOS / iPhone / iPad**

❶ 點擊上方「群組名稱」。

❷ 請點選右上方「編輯」。

❸ 找到「管理員」功能，點擊進入。

④ 點選「新增管理員」。

⑤ 選擇想要設定為「管理員」的成員大頭貼即可新增管理員。

⑥ **設定管理員權限：**綠色代表開啟；紅色代表關閉！

自訂頭銜：可以自己命名「管理員」名稱，例如改為「小編」、「組長」、「隊長」等，該名稱會取代「管理員名稱」，顯示在聊天畫面當中。

同樣地，若要修改或是刪除管理員權限，重新進到「管理員」功能選項後，即可選擇管理員進行修改與刪除，如下。

1. 找到「管理員」功能，點擊進入。
2. 點選要修改或刪除權限之管理員頭像。

3. 可以針對該名管理員修改權限，或是點選「解除管理員身分」，即可刪除該名管理員權限。
4. 若要「轉移群組擁有權」到某位「管理員」身上，該名管理員必須具備「新增新的管理員」權限才可變更為「擁有者」！

B 管理成員篇

動手做做看

Android	在 Telegram 對話列表中 → 找到並進入「你的群組」 → 點選上方處「群組名稱」後 → 可以看到「鉛筆」圖示，請點選 → 找到「成員」，點擊進入後
iOS iPhone iPad	在 Telegram 對話列表中 → 找到並進入「你的群組」 → 點選上方處「群組名稱」後 → 往下舉動，便可看到「成員」選項

1. 點選上方「群組名稱」。
2. 點選右上方「鉛筆」圖示。

3. 找到「成員」，點擊進入。
4. 點選要修改或是移除成員頭像右邊的「三個點點」（直式）。

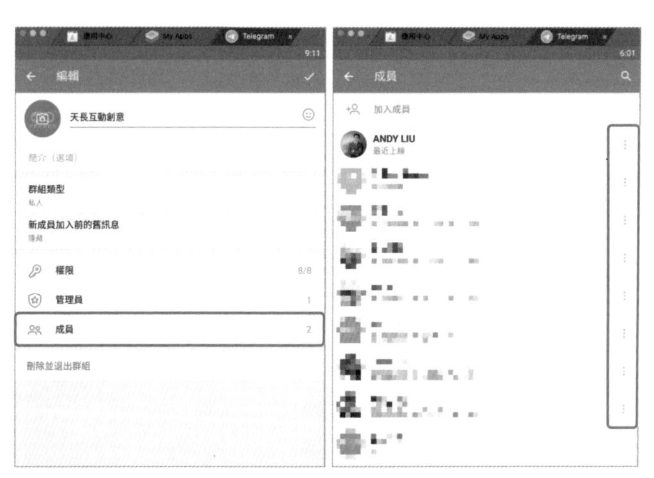

特別注意：如果你是直接點選成員頭像，則是進入成員個人資料中，無法修改群組權限或是刪除成員。

⑤ ● **晉升為管理員**：若成員未具管理員身份，可在此選項直接設定為管理員。

● **變更權限**：可「單獨」變更該成員群組權限。

● **從群組中移除**：可將成員從群組中移除。

將成員從群組當中刪除，則代表將成員設定為「黑名單」！

在此特別說明「變更權限」，這裡指的「變更權限」，並非是「管理員權限」（因為並非在「成員」名單中，每個人都是管理員），而是指「成員在群組當中的使用權限」，在此看到的權限是「傳送訊息」、「傳送媒體」等。

其中「時長」是可以設定成員在群組中的「期限」，例如設定一個月，時間到了後，該成員就會被退出群組。

管理員可以針對特定成員，個別設定每個人不同的群組使用期限。

Telegram for **iOS / iPhone / iPad**

1. 點擊上方「群組名稱」。
2. 請在要編輯的成員頭像上「往左滑動」。
3. - **提升：**若成員未具管理員身份，則可在此選項直接設定為管理員。
   - **限制：**可「單獨」變更該成員群組權限。
   - **刪除：**可將成員從群組中刪除。

Ⓒ 管理黑名單篇

首先在 Telegram 對話視窗中找到你的頻道，進入後點擊上方「頻道名稱」。

動手做做看

Android

在 Telegram 對話列表中 → 找到並進入「你的群組」
→ 點選上方處「群組名稱」後
→ 選擇右上方「鉛筆圖示」
→ 找到「權限」選項，點擊進入
→ 便可以看到「黑名單」

iOS
iPhone
iPad

在 Telegram 對話列表中 → 找到並進入「你的群組」
→ 點選上方處「群組名稱」後
→ 點擊右上方「編輯」按鈕
→ 找到「權限」選項，點擊進入
→ 便可以看到「黑名單」

請注意：Android 手機版本的操作會比 iOS 版多一個步驟，必須先點擊右上方的「鉛筆」圖示，才可以找到「黑名單」的選項。

Telegram for **Android**

❶ 點選上方「群組名稱」。

❷ 點選右上方「鉛筆」圖示。

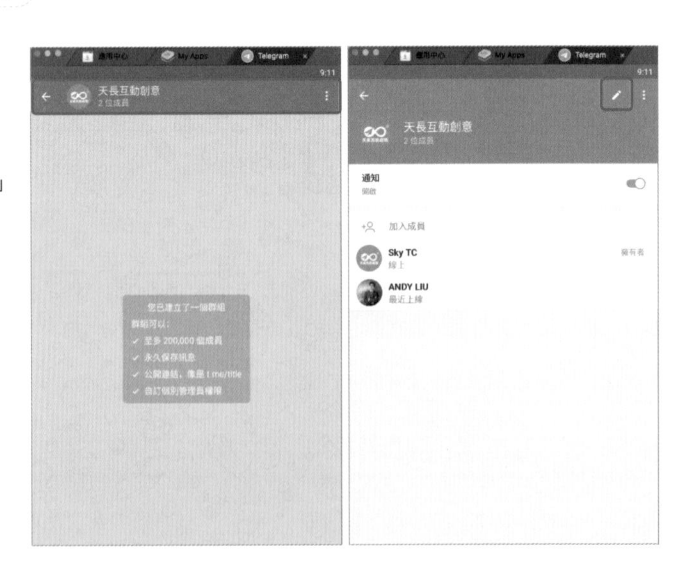

❸ 找到「權限」，點擊進入。

❹ 找到「黑名單」，點擊進入。

❺ 點選「封鎖用戶」。

❻ 可看到群組中成員，點擊想要封鎖之成員頭像，便可將其封鎖。

7 若想要重新加入已封鎖的成員，可在「黑名單」列表中點擊該名成員頭像。

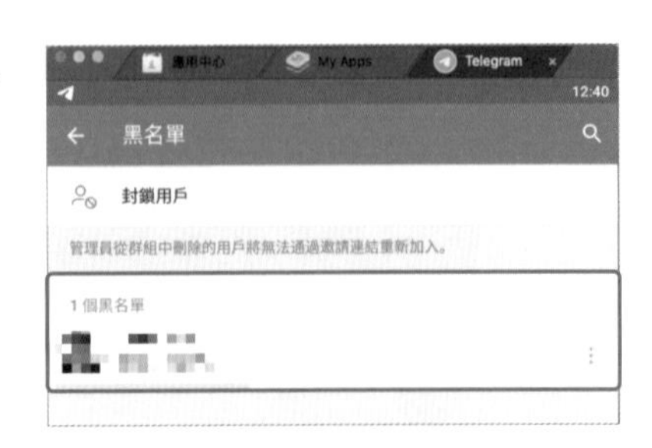

8 跳出選單中有兩個選項：

- **新增至群組**：將已經封鎖的成員重新加入到群組中。
- **從列表中刪除**：將該名成員從黑名單中移除，但不代表重新加入群組。

Telegram for **iOS / iPhone / iPad**

1 點擊上方「群組名稱」。

2 點選右上方「編輯」。

❸ 找到「權限」功能，點擊進入。

❹ 找到「黑名單」，點擊進入。

❺ 點選「封鎖用戶」。

❻ 可看到群組中成員，點擊想要封鎖之成員頭像，便可將其封鎖。

7. 若想要重新加入已封鎖的成員，可在「黑名單」列表中點擊該名成員頭像。

8. 跳出選單中有三個選項：

- **查看用戶資訊：**可觀看成員帳號之基本資料。
- **新增至群組：**將已經封鎖的成員重新加入到群組中。
- **刪除使用者：**此動作是將該名成員從黑名單中移除，但不代表重新加入群組。

D 群組使用權限 / 限制管理

先前在「黑名單」設定時，我們會先進入「權限」的功能畫面，有些人可能會和「管理員」權限搞混，特別說明一下，「權限」裡的設定功能，是針對「成員」在使用群組聊天時的權限，例如聊天時，可不可以發送貼圖、傳送檔案，或是多久可以發訊息一次；而「管理員」權限則是針對「管理員」本身在管理群組時，可以擁有的權限，例如可不可以新增其他人為管理員、設定黑名單、邀請與加入新成員等。對照如下：

群組權限畫面	管理員權限畫面

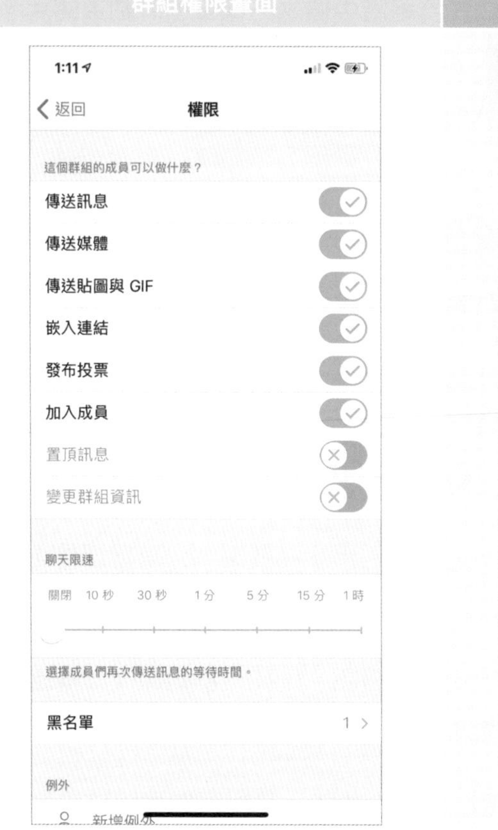

在群組「權限」中，可以設定的功能與說明如下：

- **傳送訊息：**成員是否可以傳送訊息到群組中。如果將此功能關閉，基本就和「頻道」是一樣，所有成員不能傳送訊息，只有管理員可以發送訊息。當然在群組中，你不一定要將所有人權限都關閉，可以針對特定成員個別設定權限，這個是 Telegram 群組很特別也很實用的功能。若有些成員違規、屢勸不聽，便可以用此功能暫停其發言權限一段時間。
- **傳送媒體：**成員是否可以在群組當中傳送檔案（影片、照片、音訊等）。
- **傳送貼圖與 GIF：**成員是否可以在群組當中傳送貼圖或 GIF 動畫圖片。這項功能筆者個人覺得蠻實用的，如果成員太多，一直狂傳貼圖造成洗版問題時，就可以先關閉此功能，成員只能傳送文字訊息，但是不能傳送貼圖類型的訊息。
- **嵌入連結：**限制成員是否能夠發布網址連結。可避免有人誤傳詐騙連結。
- **發布投票：**成員是否可以自行發布投票活動。
- **加入成員：**成員是否可以自行邀請其他成員加入。這功能就要看群組運用的目的，如果是公開群組當然就不用限制，如果是私人群組就建議關閉，一率由管理員邀請、加入成員，管理上才會比較方便！
- **置頂訊息：**成員是否可以設定置頂訊息。預設為關閉，只有管理員可以設定！
- **變更群組資訊：**成員是否可以變更群組資訊。例如：群組頭像、群組基本介紹資料、群組名稱。預設一樣為關閉，通常也不建議開啟。
- **聊天限速：**這是 Telegram 群組最特別的功能，可以限制群組成員發言的頻率，每次發言必須間隔幾秒，可以有效的降低洗版問題。

Telegram 手機版本的設定操作步驟，參考如下。

動手做做看

Android	在 Telegram 對話列表中 →找到並進入「你的群組」 →點選上方「群組名稱」後 →選擇右上方「鉛筆圖示」 →便可以看到「權限」功能
iOS ｜ iPhone ｜ iPad	在 Telegram 對話列表中 →找到並進入「你的頻道」 →點選上方「群組名稱」後 →接著點選右上方「編輯」 →即可看到「權限」功能

Telegram 群組的「權限」功能，可以針對特定成員設定不同的群組使用權限。

若需要針對特定成員設定群組使用權限，可以在群組管理「成員」中找到相對應的功能與設定，詳細操作可以參考 3.3.3 節「頻道權限管理 – B：管理成員篇」。

3.3.4 頻道連結討論群組：創造社群雙向交流

在前面章節中，曾經提到 Telegram 頻道 + Telegram 群組的經營方式，Telegram 頻道為一對多的經營方式，缺少消費者和經營者間的互動，因此可以結合 Telegram 群組功能，增添頻道間成員的互動。Telegram 預設就有一個特別的「頻道」與「群組」連結的功能，讓經營者可以在頻道中增添一個快速捷徑按鈕，讓頻道成員可以快速轉到群組聊天畫面，提高互動增進交流。

若「頻道」有連結「群組」，在頻道畫面下方會多一個「討論」按鈕，當訂閱者點擊「按鈕」就會切換到「群組」中，方便大家可以發言、交流討論。

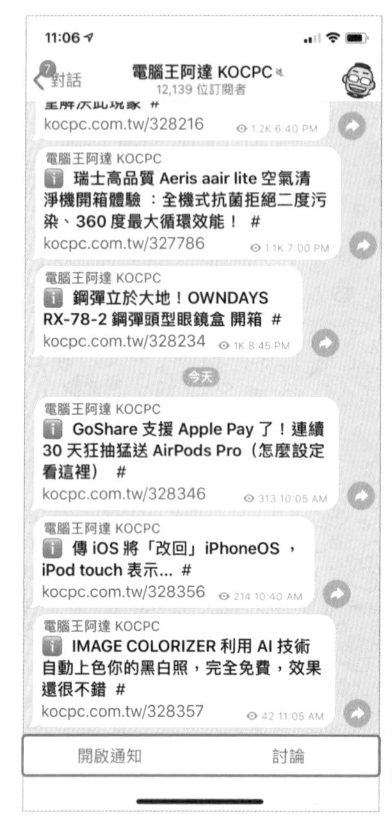

接著來看如何將「頻道」連結「群組」。在開始之前，如果你還沒有成立群組，建議先參考 3.3.1 節「建立 Telegram 群組」，建立一個群組。

Telegram 頻道連結群組設定，並沒有限制群組類型，「公開群組」、「私人群組」都可以和頻道綁定在一起。

同樣地，Telegram 頻道類型無論「公開頻道」或「私人頻道」也都可以連結一個群組。

一個頻道只限定連結一個群組。

Ⓐ 頻道連結討論群組

動手做做看

Android	在 Telegram 對話列表中 →找到並進入「你的頻道」 →點選上方「群組名稱」後 →可以看到「鉛筆」圖示，請點選 →找到「討論」選項，進入即可看到連結群組
iOS ｜ iPhone ｜ iPad	在 Telegram 對話列表中 →找到並進入「你的頻道」 →點選上方處「頻道名稱」後 →選擇右上方「編輯」選項 →找到「討論」選項，進入即可看到連結群組

❶ 點選上方「頻道名稱」。

❷ 點選右上方「鉛筆」圖示。

❸ 找到「討論」，點擊進入。

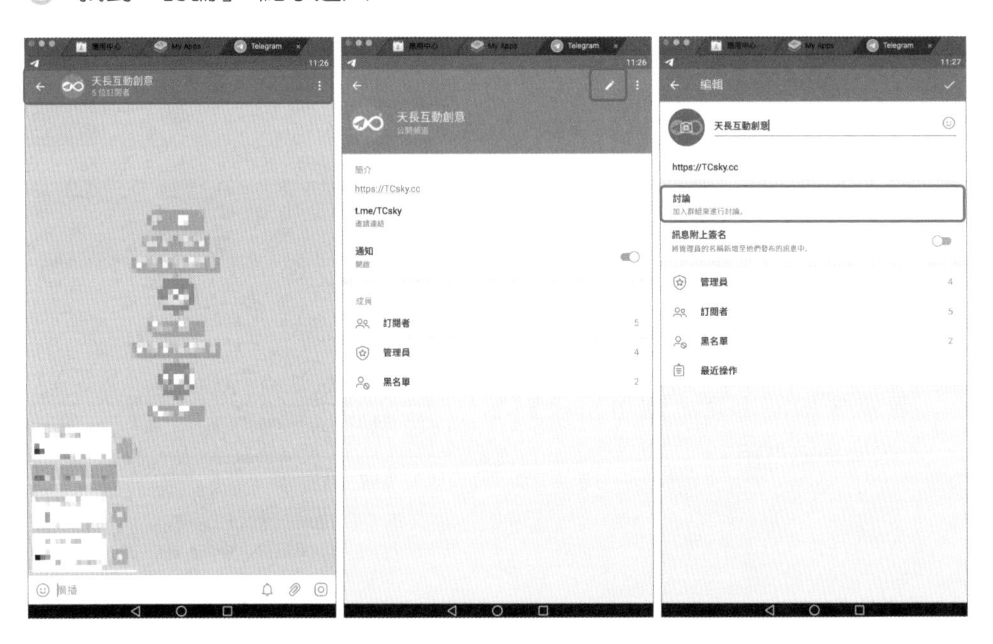

④ 預設會看到由你創建的群組名稱，從中挑選一個想要綁定在頻道的群組。

若無群組，則可點擊「建立新群組」創立一個新的群組做為綁定之用！

⑤ 選擇綁定的群組後，會跳出確認畫面，請點選「連結群組」按鈕即可綁定。

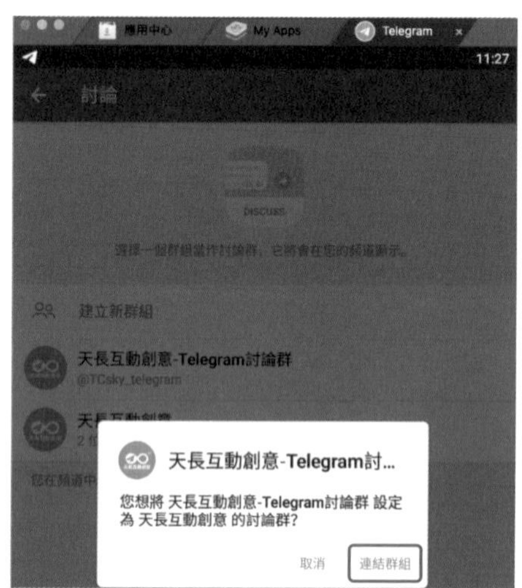

⑥ 綁定後回到上述的「討論」功能中，便可以看到你選擇綁定的群組名稱。如果回到「頻道」畫面，便會在頻道下方看到「討論」按鈕。

若需要取消綁定，則可直接點擊「取消連結群組」。

Telegram for **iOS / iPhone / iPad**

1. 點擊上方「頻道名稱」。
2. 請點選右上方「編輯」。
3. 找到「討論」，點擊進入。

4. 預設會看到由你創建的群組名稱，從中挑選一個想要綁定在頻道之中的群組。

   若無群組，則可點擊「建立新群組」創立一個新的群組做為綁定之用。

❺ 選擇綁定的群組後，會跳出確認畫面，請點選「連結群組」按鈕即可綁定。

❻ 綁定後回到上述的「討論」功能中，便可以看到你選擇綁定的群組名稱。如果回到「頻道」畫面，便會在頻道下方看到「討論」按鈕。

若需要取消綁定，則可直接點擊「取消連結群組」。

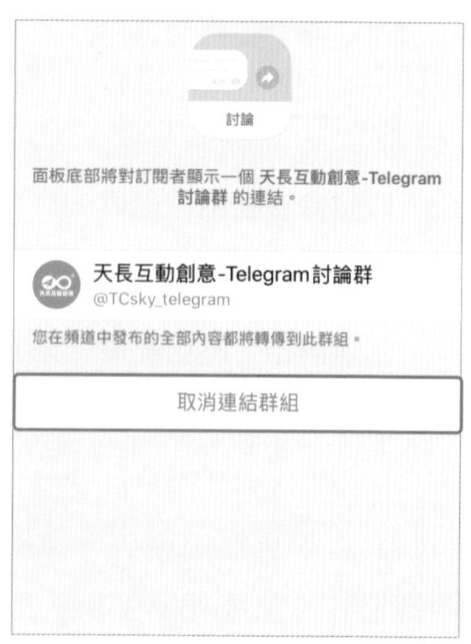

3.4 頻道與群組訊息發送功能介紹

Telegram 訊息發送功能不僅多元化且具互動性，例如可以發送影音、圖片、聲音訊息與所在地點位置資訊，更有投票互動功能，對於企業、店家經營的小編而言，最方便的是不管在手機、電腦隨時都可以操作，並且能夠預約訊息發送時間。許多小編過往在使用 LINE 官方帳號時常遇到發錯訊息卻無法收回，造成企業損失或是客訴問題，現在使用 Telegram 就不用再擔心這些問題囉，Telegram 訊息發送後，不僅有「刪除」功能，也可以直接「修改」/「編輯」訊息，如此一來便有補救的機會，不用在每次發訊息時都覺得膽顫心驚、壓力很大。

接著，就來看看 Telegram 訊息發送有哪些功能以及操作步驟如何設定。

3.4.1 群發訊息格式與操作介紹

Telegram 發送訊息有兩種方式，最簡單直覺的方式，就是像平常我們直接在聊天視窗中輸入文字、傳送照片一樣，直接在頻道或是群組的聊天對話框中，輸入文字與照片即可發送。

而另外一種方式則是「先儲存、再發送」，這種方式聽起來就「比較複雜」。所以有些人會想說，那幹嘛不直接發送就好了呢？如果你自己是店家老闆，經營 Telegram 都是透過自己，發送訊息就不用這麼麻煩，但如果是中小型企業，或是大企業、品牌公司，就能透過「先儲存、再發送」的方式，讓小編在寫完文案、設定訊息時，「先儲存」在「儲存訊息」聊天畫面中，待主管審核、看過沒有問題，「再發送」訊息到頻道或群組中。這樣也可以減少訊息發送錯誤衍伸的修改或其他問題。

雖然 Telegram 在訊息發送後仍可隨時修改，但在第一時間就傳遞正確的訊息給消費者還是比較好，可避免不必要的困擾與爭議。

Ⓐ 訊息發送方式一：直接發送

下圖為不同版本的「聊天對話框」畫面，最簡單的做法就是直接在「聊天對話框」中輸入文字、照片、影片，即可發送。

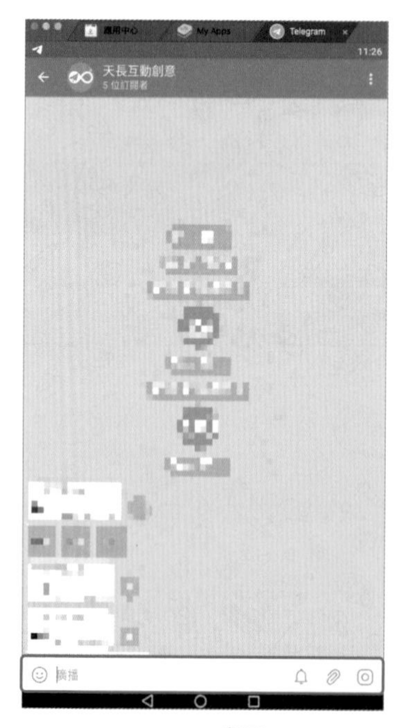

Android 畫面

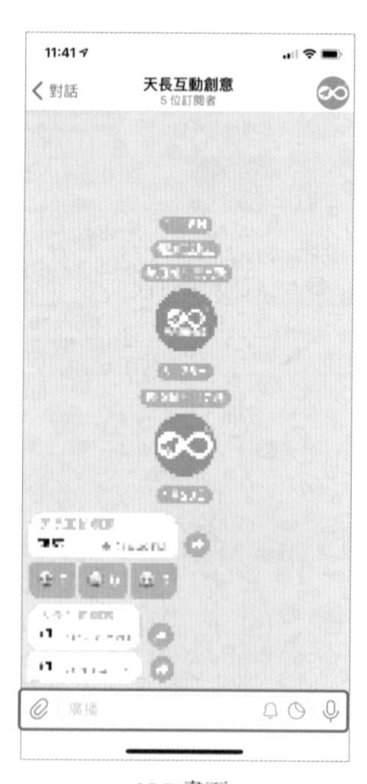

iOS 畫面

B 訊息發送方式二：先儲存再發送

先進入 Telegram 的「儲存的訊息」的功能畫面當中，下圖為不同版本 Telegram「儲存的訊息」[3] 畫面。

Telegram for Android

1. 點擊左上角「三條橫線」。
2. 在下拉選單找到「儲存的訊息」。

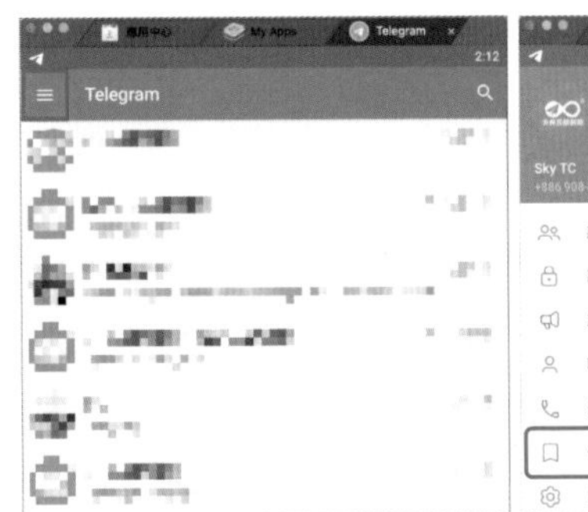

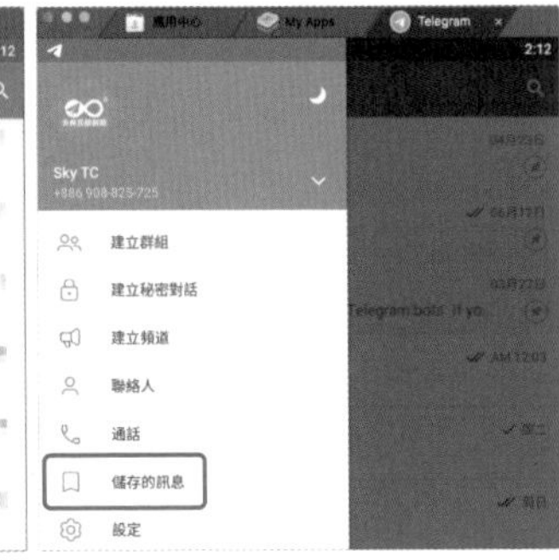

Telegram for iOS / iPhone / iPad

點擊右下角「設定」，找到「儲存的訊息」。

3 關於「儲存的訊息」詳細用途與功能，可參見 2.6 節「雲端空間」。

找到「儲存的訊息」後，如同一般發送訊息一樣，在「儲存的訊息」下方的「聊天對話框」中，輸入訊息並儲存。

Android 畫面　　iOS 畫面

如果要「轉傳」訊息，Telegram 手機版只要在要轉傳的訊息上「長按」（按著停留幾秒），就能看到轉傳功能與選項。

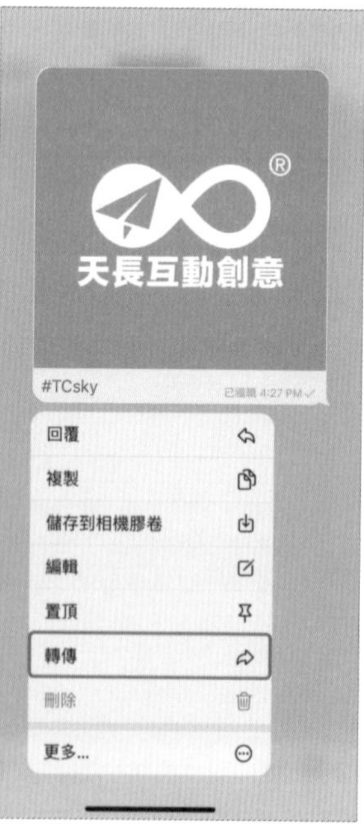

Android 畫面　　iOS 畫面

Ⓒ 訊息輸入框 / 聊天對話框功能

- 從下圖中可以看到，Telegram 各個版本的訊息輸入框 / 聊天對話框，介面和圖示大同小異。

Android 畫面

iOS 畫面

- 中間為文字輸入的部分，如果只是要傳送文字訊息，在此輸入訊息即可！

- 輸入完訊息後，點擊右邊「藍色箭頭」(紙飛機)圖示，即可發送！

Android 畫面

iOS 畫面

- 此為「表情符號」、「貼圖」訊息功能，點擊後可以看到可以使用的貼圖。Telegram 可以使用靜態貼圖、GIF、動態貼圖做發文。

- 此為「無聲訊息」功能，點擊鈴鐺按鈕可切換此功能的開啟與關閉。關閉時仍舊可以發送訊息，但訂閱者接收到訊息時，不會發出「叮咚」訊息通知聲音。

- 點擊「迴紋針」圖示，則可傳送影音檔案（相簿、檔案、位置、投票、音樂）。

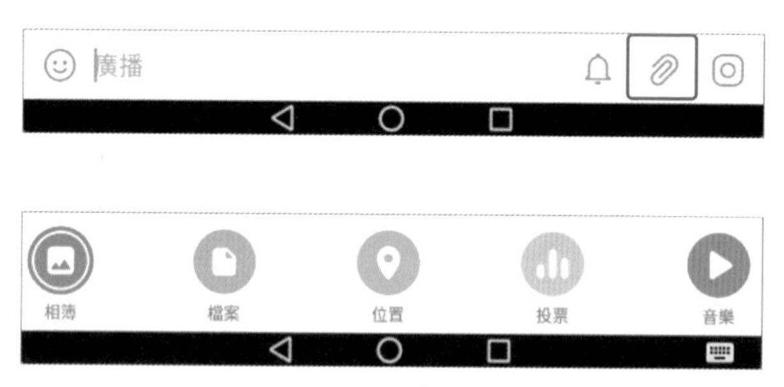

Android 畫面

iOS 畫面

此為「錄音」/「錄影」功能，點擊可切換不同功能。「按住不放」即可開始「錄音」/「錄影」，放開則停止！

D 排程訊息：預約發送管理好輕鬆

不管是 Telegram 頻道還是群組，甚至是你跟好友的對話，都可以設定「排程訊息」。這項功能對於小編來說真的非常方便，可以預約安排發文的時程，針對活動檔期、宣傳活動，預先設定好要發送的訊息，還有許多人將此功能拿來當作是「備忘錄」、「提醒事項」功能。善用「排程訊息」功能，可以讓管理頻道、群組的流程變得更輕鬆。

「排程訊息」使用上也非常簡單，只要在訊息發送前，多做一個小步驟，就可以達到訊息排程的功能。原先設定好訊息後，點擊聊天訊息框右邊「藍色箭頭」（紙飛機）圖示，就會「直接」將訊息發送出去，如果要做到「排程訊息」功能，在 Telegram 手機版：請「長按」「藍色箭頭」（紙飛機）圖示；在 Telegram 電腦版：請在「藍色箭頭」（紙飛機）圖示上，按「滑鼠右鍵」。

Android 畫面

iOS 畫面

 Telegram for **Android**

1. 長按「藍色箭頭（紙飛機）圖示」，便會跳出「排程訊息」選項，點擊。
2. 會出現「日期 / 時間」選項，選擇你要發送訊息的預約時間後，點擊下方藍色傳送按鈕，便可完成預約排程！
3. 預約完成後會跳出「已排程的訊息」的畫面，在此你也可以將訊息刪除或重新編輯。

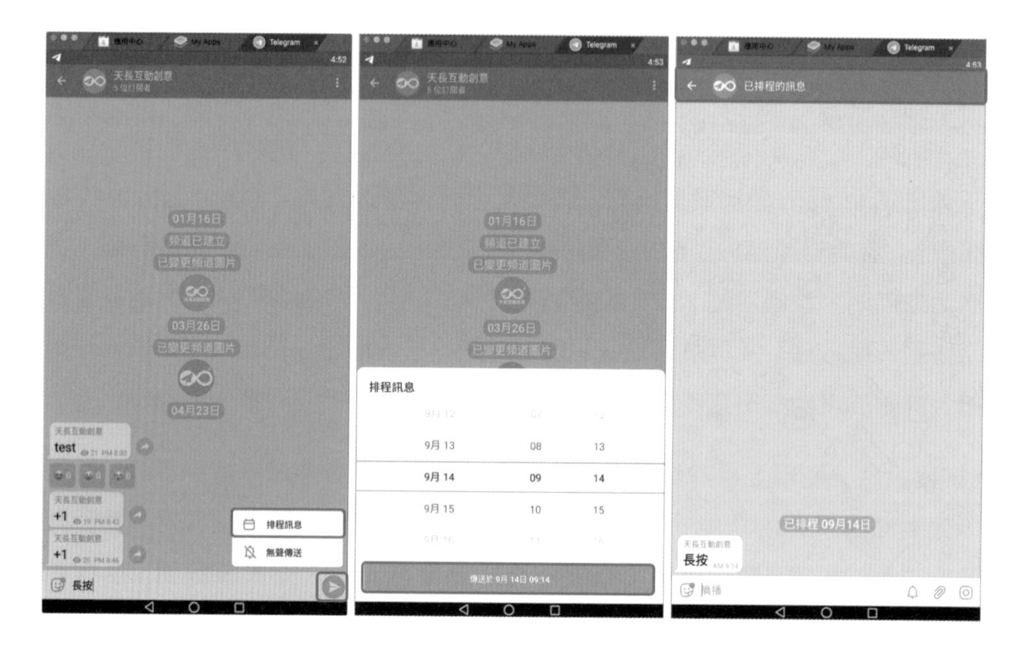

4. 回到「頻道」或「群組」畫面時，可看到原來對話框的地方，多出一個「月曆」的圖示，代表該「頻道」或「群組」中有設定「排程訊息」，點擊則可進入到「已排程的訊息」的畫面，瀏覽已經設定的排程訊息。

❶ 長按「藍色箭頭（紙飛機）圖示」，便會跳出「排程訊息」選項，點擊。

❷ 會出現「日期 / 時間」選項，選擇你要發送訊息的預約時間後，點擊下方藍色傳送按鈕，便可完成預約排程。

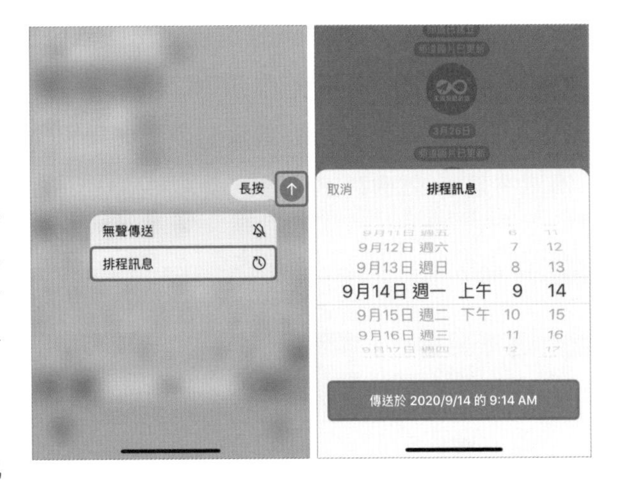

❸ 預約完成後會跳出「已排程的訊息」的畫面，在此你也可以將訊息刪除或是重新編輯。

❹ 回到「頻道」或「群組」畫面時，則可以看到原來對話框的地方，多出一個「計時器」的圖示，則代表該「頻道」或「群組」中有設定「排程訊息」，點擊則可進入到「已排程的訊息」的畫面，瀏覽已經設定的排程訊息。

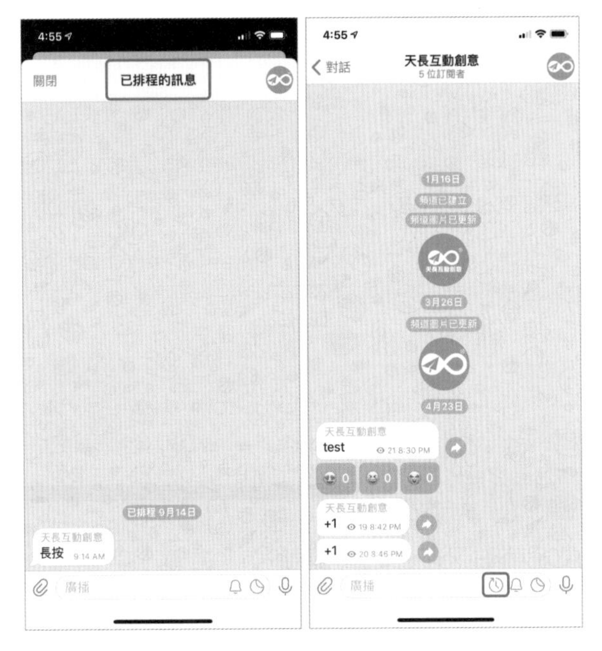

Android 和 iOS 在聊天畫面中的「排程訊息」圖示並不相同。Android 為「月曆」圖示；iOS 則為「計時器」圖示。

E 編修已發送訊息

Telegram 最方便的地方就是送出訊息後若發現有錯誤，隨時都可以刪除或者是編輯修改。如果想要修改或刪除訊息，在 Telegram 手機版：只要在該則訊息上，「長按」，就會看到編輯選項；如果是 Telegram 電腦版：則在訊息上按「滑鼠右鍵」，就會跳出編輯選項。

Telegram for **Android**

1. 選擇要編輯的訊息，「長按」訊息。
2. 右上角便會出現相關編輯選項。

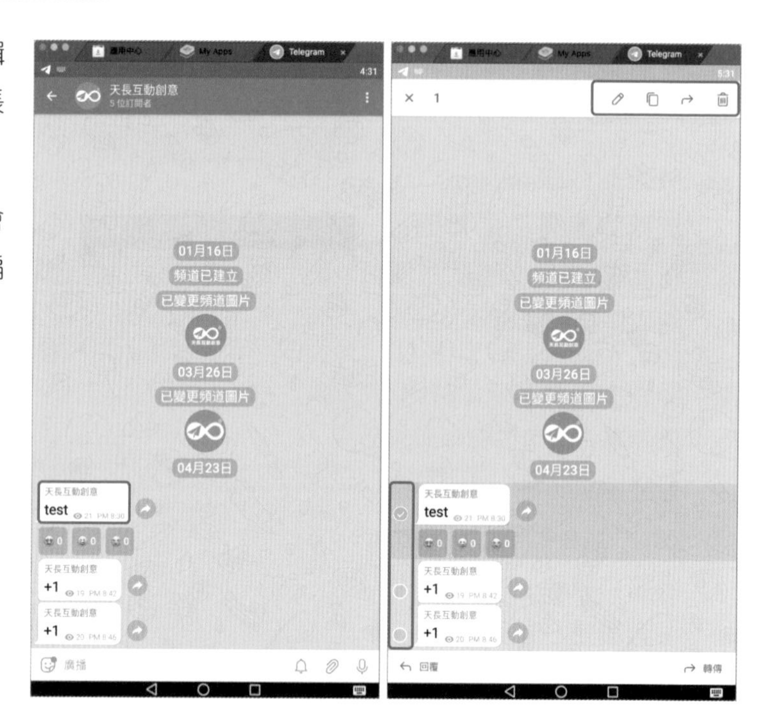

由左而右，依序為「編輯」、「複製」、「轉傳」、「刪除」。

「編輯」、「複製」功能，每次只能針對一則訊息編輯。
「轉傳」、「刪除」功能，則可針對多則訊息（綠色勾選）。

③ 點選「編輯」，便會如同一般在編輯訊息時，直接在對話框編輯修改，設定完成點擊「藍色打勾」圖示即可。

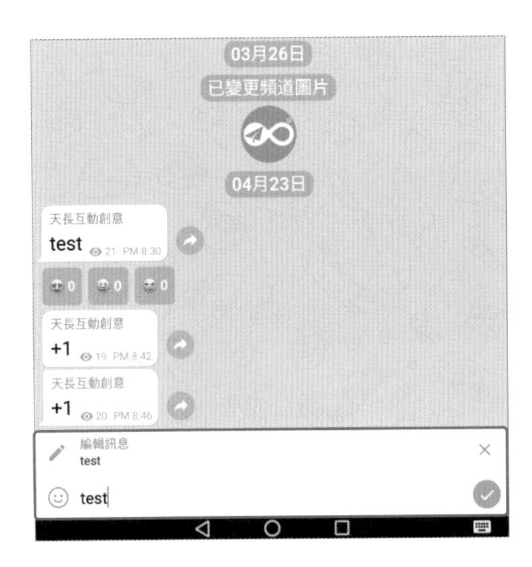

④ 編輯過的訊息，在聊天畫面當中，會出現「已編輯」的文字。因此訂閱者便會知道該則訊息已經編輯修改過。

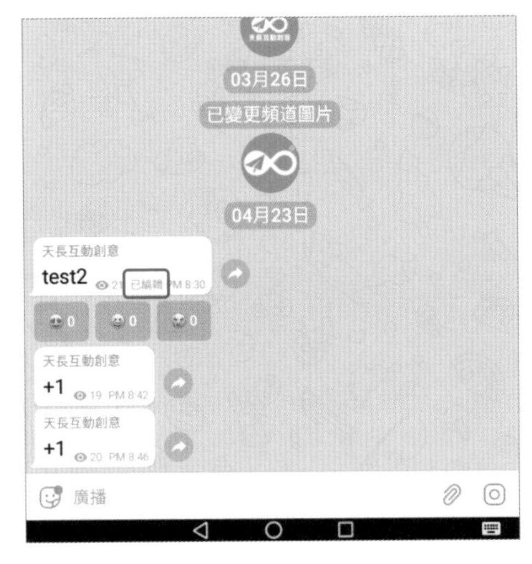

⑤ 管理員可在「最近操作」功能畫面中，看到異動詳情！

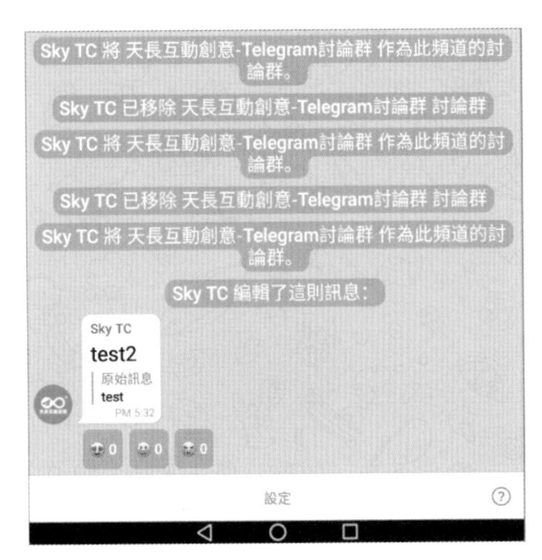

如果有多位管理員，擔心有人惡意修改或刪除訊息嗎？不用擔心！管理員可以在「最近操作」功能中，查詢所有異動！參閱 3.2.3 節「頻道權限管理」。

❶ 選擇要編輯的訊息，「長按」訊息。

❷ 便會出現相關編輯選項，點選「編輯」則可編輯該則訊息！

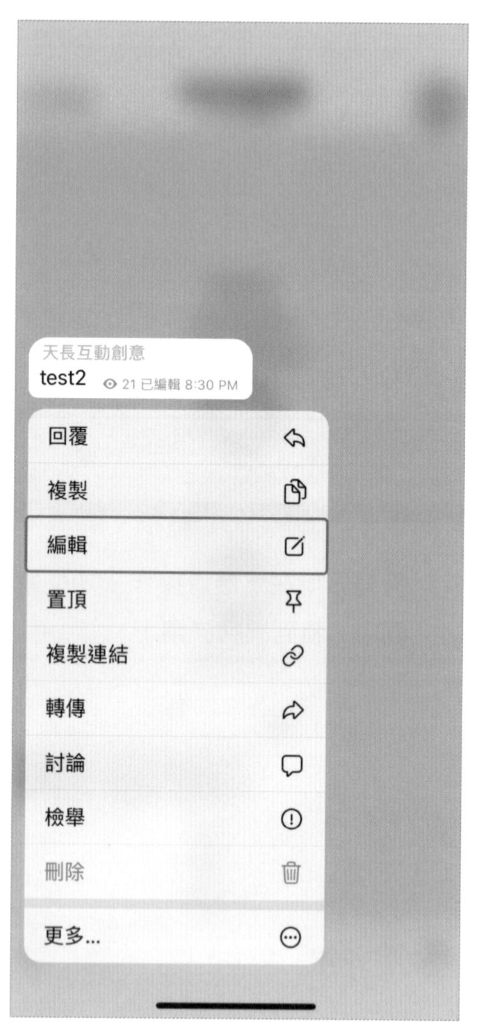

如果是 Telegram 電腦版，在要修改或刪除的訊息上，按「滑鼠右鍵」便會出現相關編輯選項如：編輯、轉傳、刪除等。

F 設定置頂訊息 / 公告：訊息不漏接

Telegram「頻道」和「群組」和 LINE 群組一樣能將重要訊息設定為「置頂訊息」，置頂訊息將會固定在聊天視窗的最上方，不會隨著其他訊息而捲動。因此如果有重要訊息、活動或是公告，就可以善用「置頂功能」。

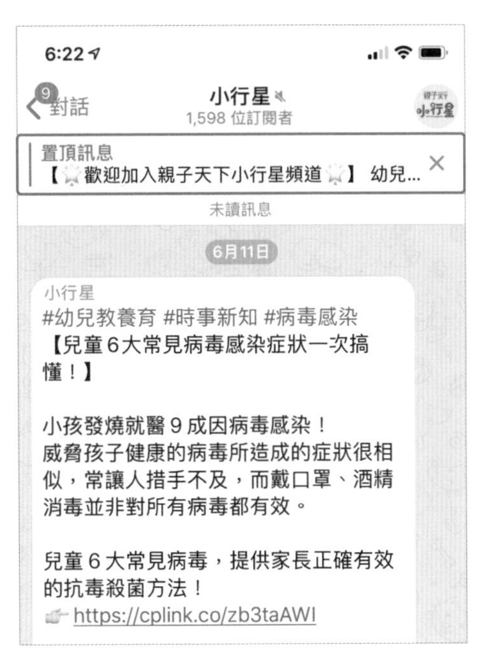

「置頂功能」的設定方式非常簡易：

- **Telegram 手機版：**在要設定「置頂」的訊息上，Android 版本輕點一下／iOS 版本長按，便會出現「置頂」功能。
- **Telegram 電腦版：**則直接在訊息上，按滑鼠右鍵，即可看到「置頂訊息」功能。

Android 版本如果是長按：則會進入編輯模式；輕按、輕點才會出現「置頂功能」，要特別注意！

Telegram for **Android**

❶ 長按訊息。

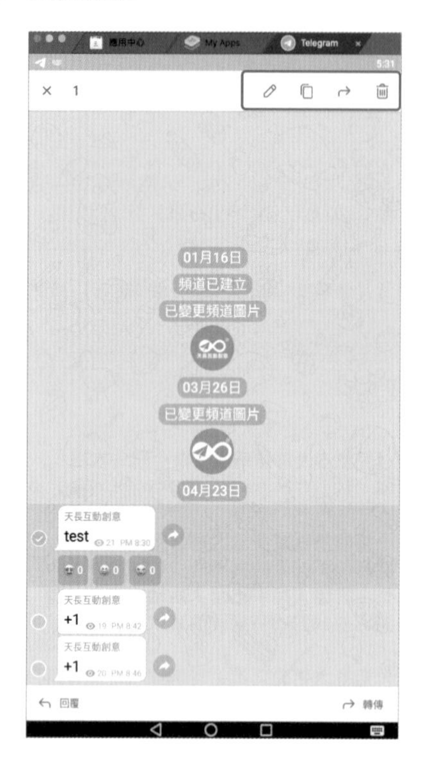

❷ 輕按（輕點）訊息。

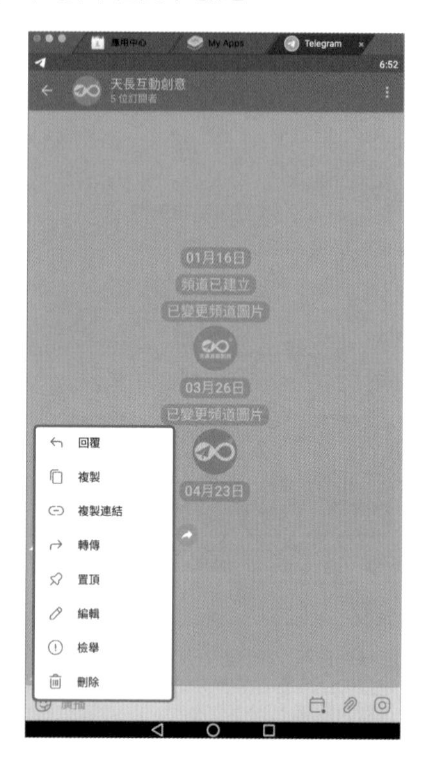

G 頻道設定發文顯示 / 隱藏管理員名稱

Telegram 頻道中還有一個特殊功能：可以在發文時附上管理員署名／簽名。在頻道中發文時預設並不會出現「管理員名稱」，若是多人共同管理時，想要讓好友知道現在是誰在跟他們對話，藉此拉近關係的話，則可以「開啟」這項功能。

動手做做看

Android	在 Telegram 對話列表中 → 找到並進入「你的頻道」 → 點選上方處「頻道名稱」後 → 可以看到「鉛筆」圖示，請點選 → 即可看到「訊息附上簽名」功能
iOS ∣ iPhone ∣ iPad	在 Telegram 對話列表中 → 找到並進入「你的頻道」 → 點選上方處「頻道名稱」後 → 選擇右上方「編輯」選項 → 即可看到「訊息附上簽名」功能

Android 畫面

iOS 畫面

「訊息附上簽名」功能僅限「頻道」使用。

3.4.2 群發訊息趣味與互動形式

前面我們已經介紹過發送訊息時，在聊天對話框點擊「迴紋針」圖示（如下圖），就可以發送影音訊息（照片或影片、檔案、位置、投票、音樂）。接著，介紹不同形式訊息的差異以及操作方式。

點擊「迴紋針」圖示，則可傳送影音檔案（相簿、檔案、位置、投票、音樂）。

Android 畫面

iOS 畫面

Ⓐ 相簿（照片或影片）和檔案差異

許多人一開始會有一個疑問，傳送檔案和傳送照片、影片，不一樣嗎？不是都是傳送「檔案」嗎？的確，都是傳送檔案，但是在 Telegram 聊天畫面中，顯示的形式會有所不同，尤其是照片！例如下圖：

上方的訊息傳送方式是使用「相簿」/「照片或影片」的選項，可以看到在聊天畫面當中，會將整張圖片呈現出來。

下方則是使用「檔案」的方式傳送，因為是「檔案」，所以可以看到「縮圖」、「檔名」、「檔案大小」等資訊。

所以一般如果是要傳遞商品訊息時，圖片當然是用「相簿」/「照片或影片」傳輸，能夠呈現出整張圖片效果。

但是如果是要傳輸 DM 傳單或是訂購單時，不妨使用「檔案」方式傳輸。

那麼影片也是同樣的方式嗎？我們來看下圖：

看得出哪個是用「相簿」/「照片或影片」，哪個是用「檔案」的方式傳輸呢？

如果你上傳的是「影片」格式，如果是「mp4」或是「mov」，不管你是用哪種「相簿」/「照片或影片」或是「檔案」，都會自動轉成「影片」可播放的形式呈現。

反之，如果你上傳的影片格式是不支援「影片」播放「mpg」、「avi」、「flv」等格式，則會自動轉換為「檔案」的形式呈現。甚至像「flv」的影片格式，則只能選擇「檔案」的傳輸模式。但不管是何種檔案格式，雖然不一定能使用「影片」模式，用「檔案」傳輸方式絕對沒有問題。因為 Telegram 本來就支援任何檔案格式傳輸喔！

B 優異影音錄製視覺效果

Telegram 的影音錄製功能非常有趣，Telegram 錄製的影片並不是一般長方形格式，而是像自拍式的「圓形視窗」形狀，這樣的拍攝形式更容易聚焦在所要拍攝的重點上。

ⓐ 按住「錄影」圖示不放，則可開始錄影。若看到是「麥克風」(錄音)圖示，則可輕點一下切換至「錄影」模式。

ⓑ 右下角按住不放可持續錄影。若是要長時間錄影，則可點擊上方「鎖定」按鈕。

ⓒ 點擊左側「相機鏡頭」圖示，則可切換手機前、後鏡頭錄影。

點擊「停止」圖示，則停止錄影，並且會跳出簡易剪輯畫面。

ⓓ 點擊左側「垃圾桶」圖示，會將錄製好的影片刪除。

中間部分，可左、右拖拉，剪輯想要的影片片段。

設定完成後，可以點擊右側「藍色箭頭」按鈕，即可發送出影片訊息。

ⓔ 如果要發送「聲音」訊息，輕點「錄影」圖示即可切換為「錄音」模式。

Ⓒ 不能不知的相簿訊息格式

當你同時傳送多張圖片或影片時，它們會自動集合成「相簿」，合併成一則訊息，而非一張圖片就是一則訊息。每個相簿最多可以有 10 張相片或影片，並以美觀的排列縮圖顯示在聊天中。接收方僅會收到一則通知，而不是十則，這樣才不會在傳送多張照片或影片時，造成訊息干擾。

左圖為單獨每則圖片訊息傳送形式，而右圖為「相簿」訊息格式，會自動將多張圖片合在一起，但使用者依舊可以點擊單張圖片，打開閱讀照片。

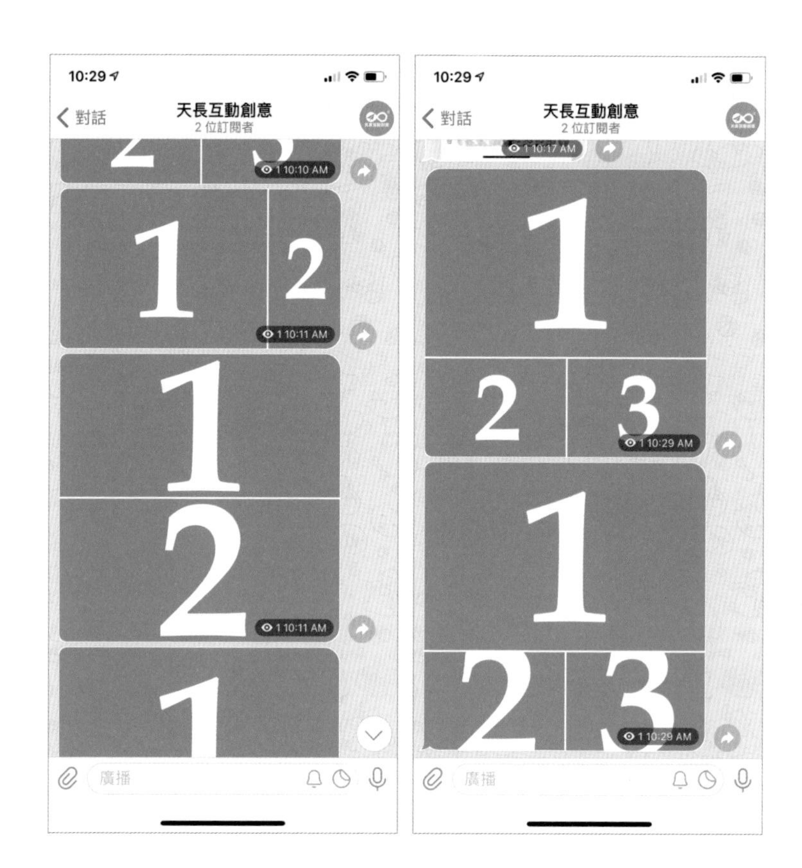

根據不同的張數以及尺寸比例，相簿編排的方式都不盡相同，因此建議如果要使用「相簿」的訊息形式時，可以先將訊息發布到「儲存的訊息」中，即可達到「預覽」的效用，否則在聊天對話框中點選傳送，便會直接將訊息發送出去。

不過，其實也不用太在意「相簿」的編排方式，因為即使你的手機「預覽」非常美觀，但是不同手機型號都有不同的螢幕解析度，也會因為 Android 和 iOS 作業系統不同而有不同的呈現方式。不過話雖如此，還是有一個技巧可以掌握，當你在設計圖片時，想呈現的重要元素，例如文案、折扣價格、商品圖片此類重要訊息，可以編排在圖片「中間、置中」，這樣在相簿編排顯示時，比較不會被「切掉」。

圖片中的重要設計元素、文案，盡量放在圖片中央。

Telegram 手機版：當你選擇多張照片或影片時，會「自動」採用「相簿」訊息模式，無法選擇「逐一單張」發送。若要單張獨立發送，則要一張一張選擇，逐次發送。

Telegram 電腦版：則可以選擇要使用「相簿」或是「單張照片」傳送，甚至可以選擇「以檔案格式」傳送（Mac 版則還可以將多張照片壓縮成 zip 壓縮檔傳送）。

在 Telegram 手機版操作如下：

點擊「迴紋針」圖示，則可傳送影音檔案（相簿、檔案、位置、投票、音樂）。

Android 畫面

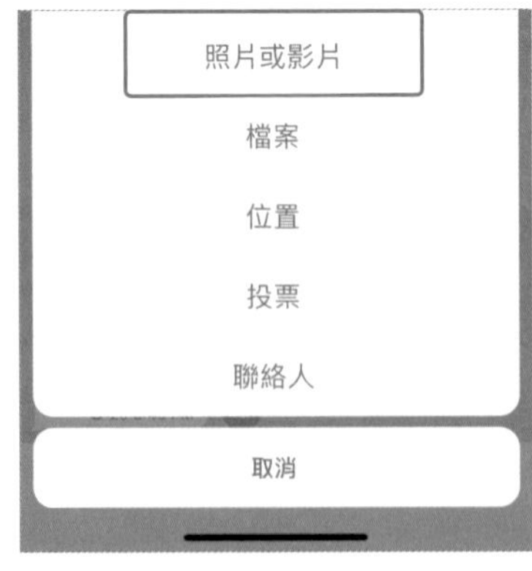

iOS 畫面

點擊聊天對話框中的「迴紋針」圖示，選擇「相簿」/「照片或影片」，便會跳出照片選擇畫面：

- 你可以隨意控制每張照片「傳送的順序」。當你選擇照片都會顯示它的順序。如此一來，你可以更輕鬆地確認傳送的先後順序，圖片將會以正確的順序傳送。
- 第一張照片通常會佔據相簿較大的篇幅和比例，因此建議第一張一定要選擇最能夠表達你想傳遞訊息的照片。
- 選擇完畢後，點選「傳送」，便會立即發送訊息。
- 如果你擔心相簿的排列不如預期，建議先在「儲存的訊息」中發布「相簿」訊息，確定是你喜歡的「相簿」編排形式後，再用「轉傳」的方式發送到「頻道」或「群組」當中。

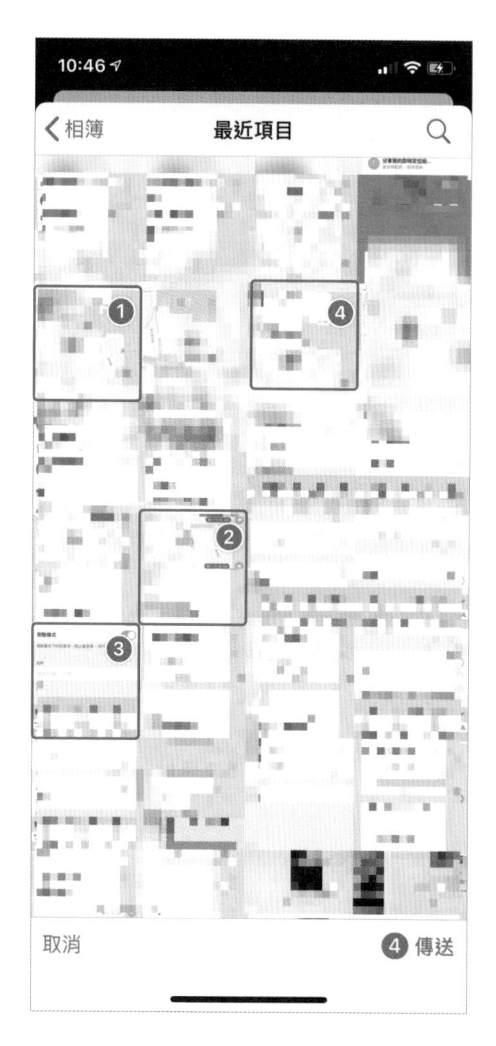

D 發送地圖位置格式訊息

有時候店家舉辦活動在傳送訊息時，除了透過文字傳送地址，也可以直接傳送地圖位置，當使用者收到地圖位置訊息時，直接點選，便能夠跳出地圖資訊，對於使用者來說更為方便，不用額外再去搜尋地址。

要發送「地圖位置」訊息，可以在聊天對話框中，點選「迴紋針」圖示，便能看到「位置」選項，點選位置選項後，便會跳出地圖畫面。

點擊「迴紋針」圖示，則可傳送影音檔案（相簿、檔案、位置、投票、音樂）。

Android 畫面

iOS 畫面

ⓐ 預設地圖會預設在你所在位置。如果地址無誤，則可以直接點選「傳送目前位置」，傳送出地圖位置訊息。

ⓑ 若想變更位置，可直接拖拉移動你的「頭像」，拖拉移動時，圖像會變更成「大頭針」圖樣。如果不想用拖拉的方式，也可以點擊右上方「放大鏡」圖示，即可使用「搜尋」功能或直接輸入地址。

移動完成後，請點擊「傳送選定的位置」，即可傳送地圖位置訊息。

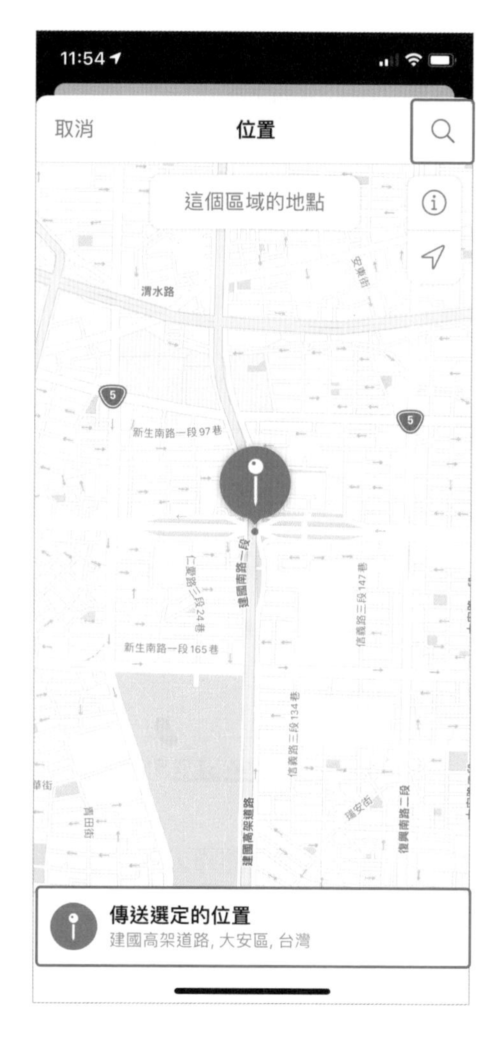

Telegram 還有一個有趣的功能：「分享我的即時定位給…」，這個功能可以即時更新你的位置資訊，當你移動時，地圖訊息會即時更新你的所在位置。

你可以自行設定「即時分享的時間期限」，設定完成後，會在聊天畫面顯示如下圖：

- 在此可以看到「分享我的即時定位給…」的地圖資訊，較一般的地圖資訊多了「即時定位」的文字，右下角的數字即為分享的「剩餘時間」，而頭像的部分，會是「頻道」或是「群組」的頭像，而不是預設的大頭針圖像。

- 若設定「分享我的即時定位給…」後，分享期限前想要中止，可以點選「地圖訊息」，畫面中的「停止分享即時定位」按鈕選單，點選後就會中止分享。而聊天畫面中的「地圖位置」則會顯示停在你最後所在位置。

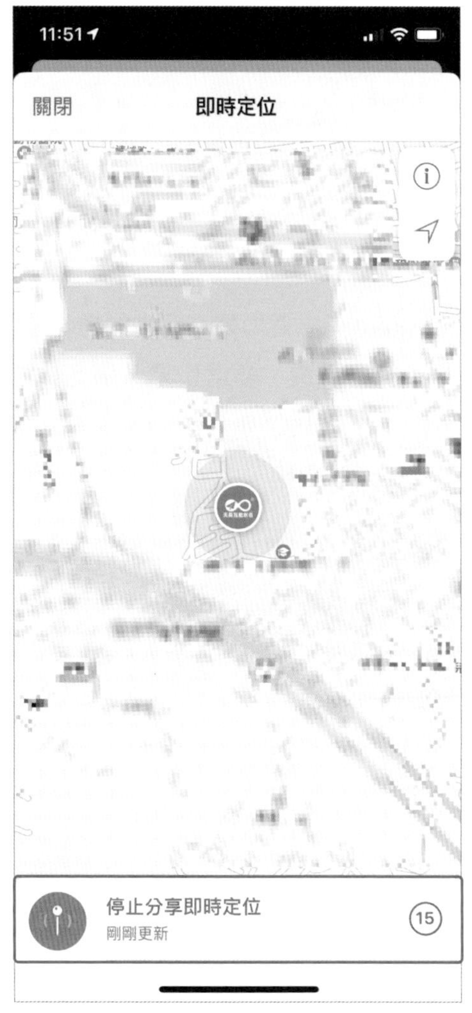

「即時定位」的地圖資訊停止後，顯示的頭像會是「頻道」或是「群組」的頭像，和一般「地圖資訊」的大頭針圖像不一樣。

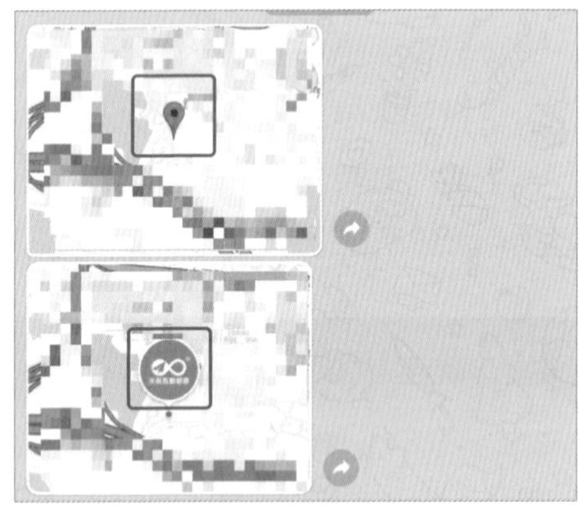

Android 畫面

iOS 畫面

E 建立投票與測驗訊息格式

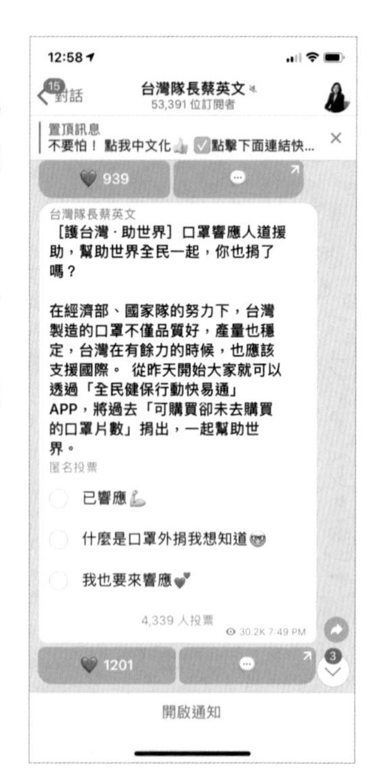

Telegram 有一個與好友互動的趣味功能：「投票」。不僅能夠單選、多選投票，還可以選擇匿名或記名投票，除此之外，還有人用來設定測驗題，提供學生測驗之用。

更棒的是，投票功能可以推播群發、設定置頂訊息，還可以轉發到各個頻道、群組或是其他好友，有效增加曝光度，增加許多社群活動操作互動的空間與彈性。

我們先來看看最簡單的投票功能怎麼設定：

點擊聊天對話框中的「迴紋針」圖示即可找到「投票」功能。PC 版是點選右上角「三個點點」(直式)後，在下拉選單中可以找到「建立投票」功能。

點擊「迴紋針」圖示，則可傳送影音檔案(相簿、檔案、位置、投票、音樂)。

Android 畫面

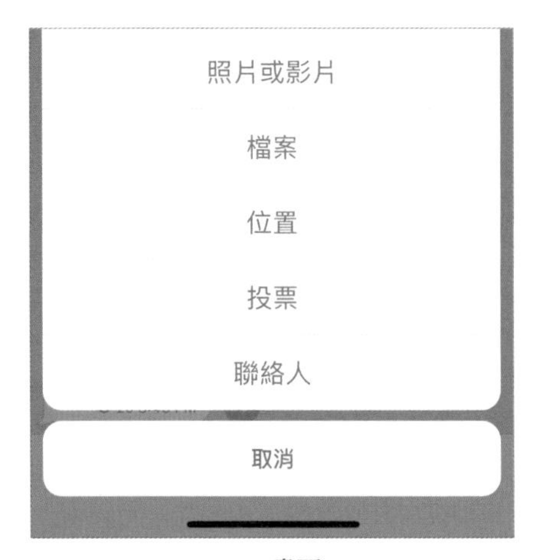

iOS 畫面

投票功能預設皆為「匿名投票」，而「記名投票」功能則限定「群組」使用；「頻道」則只能使用「匿名投票」。

頻道 - 投票功能畫面

群組 - 投票功能畫面

匿名投票

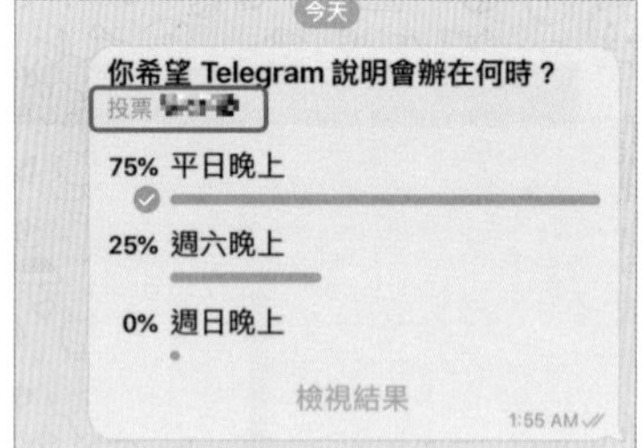

記名投票

在「投票訊息」上會顯示「匿名投票」，若為「記名投票」則會在「投票訊息」顯示已投票者的頭像，如果想要看投票結果，也可以點選「檢視結果」觀看詳情，如下圖：

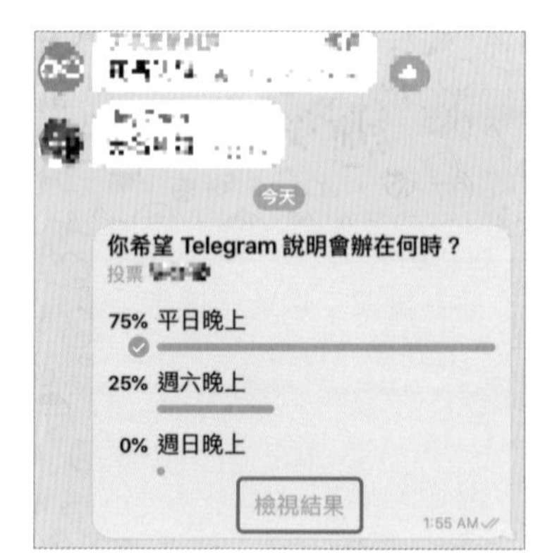

在投票選項中你也可以開啟「複選」功能，成員投票時便可以選擇多個選項。

投票功能最多可以設定「10 個」選項！

如果要設定測驗題，可在設定投票時選擇「測驗模式」，選擇測驗模式後，會請你從選項中選擇一個項目作為正確解答，如下圖：

在設定測驗時有一個「說明」選項，這是當使用者選擇錯誤答案後會出現的說明文字，你可以在此輸入正確解答的說明，讓使用者知道何為正確答案以有助學習。

目前投票功能的「測驗」，只支援「單選題」，選擇「測驗」不能選擇「複選」模式。

測驗答錯時畫面

測驗答錯時會出現設定的「說明」文字！

測驗答對時畫面

測驗答對時會出現撒花的畫面，恭喜你答對喔！

Telegram 提供許多訊息格式，包含文字、照片、影音、地圖位置甚至是投票功能，經營者如何善用、活用這些訊息格式與使用者建立互動關係，才是真正值得思考的問題，而不是一味的發送商品訊息喔！

舉例來說，文字訊息可以用來玩「填空遊戲」，讓消費者填空搶答、有獎徵答；相簿功能則可以用來募集好友照片作為活動之用；地圖位置的即時分享定位訊息，可以用來玩「捉迷藏」、「躲貓貓」；投票則可以作為調查使用者意向以及測驗，工具本身是「死」的，而創意是「活」的，多想想如何跟消費者「互動」經營關係，而不要只是將關注點放在宣傳商品，才能夠讓訊息工具運用得更有價值喔！

善用 Telegram 聊天機器人增進互動性

Telegram 擁有強大的功能與便利性，除了前述介紹的「頻道」和「群組」之外，最重要且不容錯過的就是聊天機器人（Chatbot）的功能。Telegram 是一款免費且具開放性、彈性十足的通訊軟體，提供許多應用程式介面（API, Application Programming Interface），方便程式開發者自行開發與擴充 Telegram 功能。因此使用 Telegram 一定要嘗試使用聊天機器人，你將可以體驗 Telegram 更多有趣以及強大的功能。不過許多人聽到「聊天機器人」、「程式開發」，可能已經昏頭轉向，大家不用擔心，在此我們並不想介紹「如何開發聊天機器人？」畢竟這個主題已經足夠用一本專書來作為介紹了。

本章將介紹一些開發者已經設計好且實用的聊天機器人功能，你不用懂任何程式設計與開發流程，只要跟著書中的介紹一步步操作，便能夠直接套用聊天機器人功能在你的頻道或群組當中，有效增進你與使用者間的互動性，以及強化頻道、群組功能。

4.1 愛上 Telegram

首先要介紹的便是「歡迎訊息」。如果你希望好友加入群組時，可以收到一則親切的歡迎訊息，以及告知相關公告、版規或中文化連結，可以透過「歡迎訊息聊天機器人」來實現。常見的有 Group Help Bot（@GroupHelpBot）、Group Butler（@GroupButler_bot）以及 Welcome Bot（@jh0ker_welcomebot），在此我們將介紹「Group Help Bot」。

不過，先別急著進入聊天機器人的設定，「好的開始是成功的一半」。在開始分享「歡迎訊息」聊天機器人設定前，我們可以先來規劃「歡迎訊息」。

如下圖，可以發現「歡迎訊息」分成兩部分：「歡迎訊息文字部分」以及「按鈕連結」。先想好歡迎訊息內容以及想要的按鈕連結，才能達到「事半功倍」之效。

4.1.1 歡迎訊息內容設定三大要領

歡迎訊息是你與客戶的第一次親密接觸，設定的好，可以快速拉近關係；設定不好，不僅達不到效果，還會讓客戶覺得厭煩，甚至封鎖（還不如不要設定。）歡迎訊息內容設定上建議依循以下三大要領：

一 親切口吻

許多店家在設定歡迎訊息時，都非常的「制式」、「官腔」，常見的就是：「歡迎你加入○○○官方帳號好友，未來有任何問題都歡迎跟我們聯繫！」○○○通常都是填上公司名稱、品牌名稱，這樣一來就好像在跟一個「公司」、「品牌」對話，感覺就很生硬。

歡迎訊息內容最好以「一對一聊天」的口吻來設定內容，當作是「你」這個「人」在和某「一個」消費者對話。大家好、你們好這一類針對廣泛人群地用語，大多數的消費者都不會有「感覺」，通常就會忽略歡迎訊息。如果可以改成：「你好，歡迎加入，我是○○○的 ANDY，很高興認識你，未來有任何問題，都可以直接私訊給我！」這樣一來就會增進親切感、互動性，讓消費者感覺有「一個人」在跟他互動，而不是跟一個帳號對話。

二 服務項目簡短扼要

歡迎訊息除了親切問候之外，必須讓消費者了解加入群組或頻道會有什麼好處，店家有何種服務對他是有幫助、會用到的！要特別注意的是，不用一口氣將所有的好處以及服務項目都列出來，反而會讓歡迎訊息內容過長，造成不好的觀感。建議用「條列式」的方式，且控制在三個項目以內，這樣能夠更清楚、扼要地強化重點服務。

三 連結功能以消費者為導向

在歡迎訊息中可以設定「連結按鈕」，引導消費者連結到官網、社群平台或是相關服務，許多店家在設定「連結按鈕」時，都以自己「店家」的角度出發，連結都放上「官網」、「社群平台」等連結，問題是這些對於消費者有「吸引力」嗎？而且如果我已經加入 Telegram 就可以獲得店家訊息，又為何要加入其他社群平台呢？要以「使用者」角度去思考，放置哪些連結對於消費者有幫助、有吸引力！

例如，前頁的群組是以「電影」、「美劇」為主題，加入者通常是對於「追劇」有興趣，因此其歡迎訊息的連結按鈕則是設定為「韓劇」、「日劇」、「Netflix 片單」；再以服飾業者為例，歡迎訊息的連結按鈕，可以設定為商品的分類項目：「丹寧褲」、「針織」、「洋裝」等，而不是設定為「Facebook」、「LINE」、「Instagram」等按鈕。

歡迎訊息按照上述三個原則設定好後，便可以開始進行「歡迎訊息」聊天機器人設定！

若你對於歡迎訊息是否設定得當或需要修改有疑問的話，歡迎將你設定的歡迎訊息丟到本書 Telegram 討論群組中，一起交流和討論。

天長互動創意 -Telegram 討論群：https://t.me/TCsky_telegram（@TCsky_telegram）。

4.1.2 三步驟讓機器人幫你設定好歡迎訊息

當我們要應用聊天機器人強化「群組」或「頻道」功能時，必須將「聊天機器人」設定為「群組」或「頻道」的「管理員」，開放相關的權限，如此聊天機器人才能有正確的權限（例如發送訊息給群組成員），也才能正常運作喔！因此第一步驟就是要先將聊天機器人加入群組當中，並設定為管理員。

Ⓐ 設定聊天機器人權限

以 Group Help Bot 聊天機器人為例。首先，將 Group Help Bot 聊天機器人加為好友。可以搜尋 @GroupHelpBot 此 ID 名稱，找到聊天機器人加入好友，也可以直接透過連結加入好友。

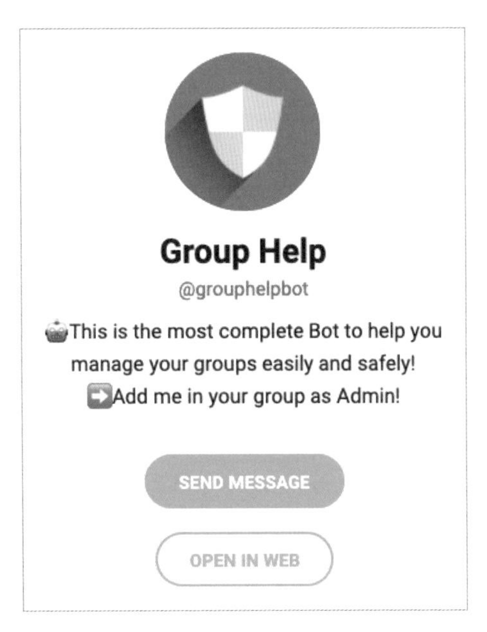

Group Help Bot：https://t.me/grouphelpbot

❶ 第一次加入 Group Help Bot 聊天機器人時，請點選「開始」，以進行設定。若沒有看到「開始」，可直接輸入「/start」，開始設定。

❷ 接著會有相關說明，告知將聊天機器人加入群組當中。請點選畫面中的「Add me to a Group」。

❸ 接著會跳出你已經成立的群組，選擇你要增加歡迎訊息功能的群組。

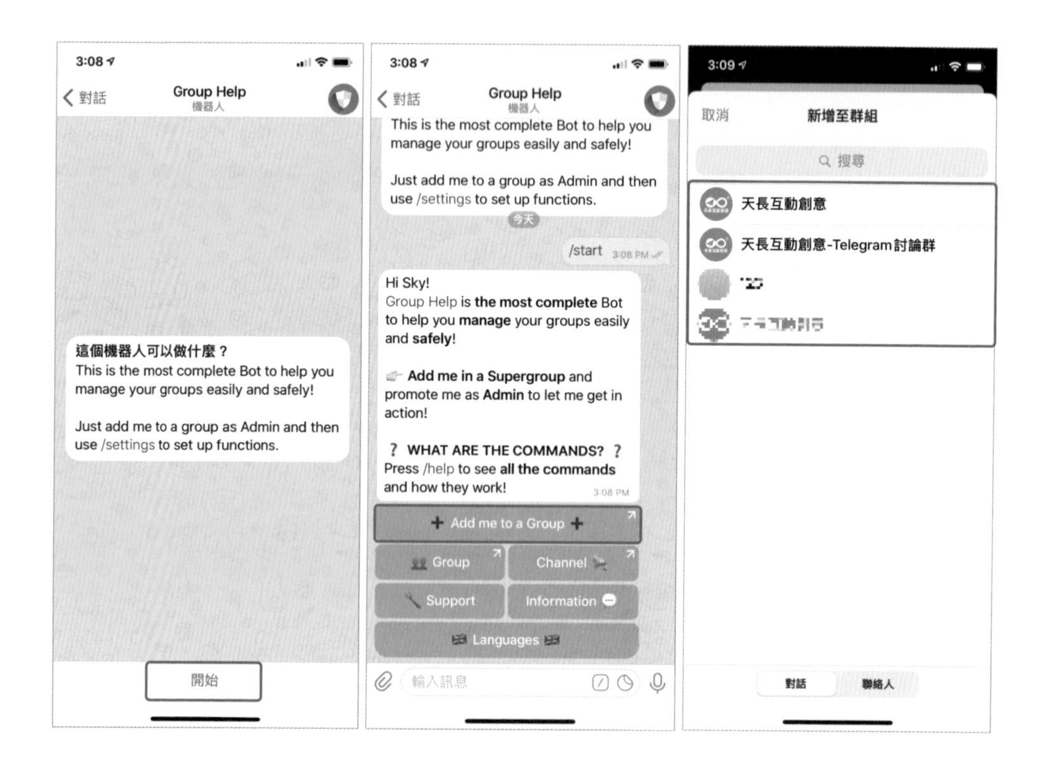

④ 加入聊天機器人後，會出現如右畫面。要注意的是，這個步驟只是將聊天機器人加入好友，還必須將聊天機器人設定為「管理員」。

⑤ 管理員權限設定採用預設即可。

Ⓑ 設定歡迎訊息內容

設定好管理員權限後，接著回到群組聊天畫面，可以看到下面訊息：

① 如果要開始設定，請點選「Settings」。

右圖的黃框處會看到一段訊息，這段訊息可以不用理會，supergroup 的概念在新版 Telegram 已經不再使用，唯一要確認的就是聊天機器人權限有設定即可！

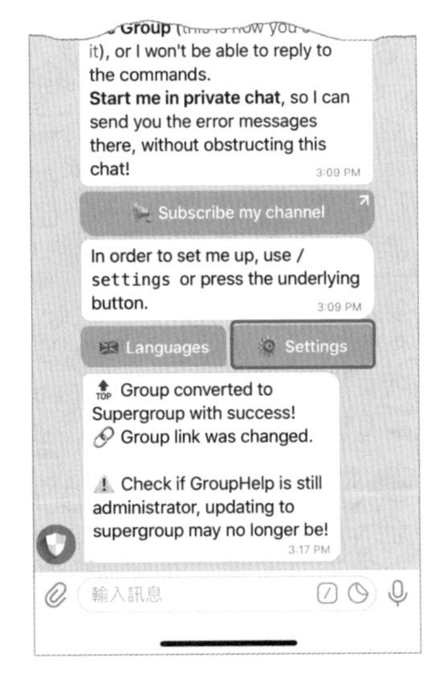

② 聊天機器人會詢問你想要在哪邊開啟設定選單？

這裡有兩個選項：

- Open in Private Chat（個人聊天室）
- Open here（群組聊天畫面）

在此建議直接點擊「Open here」，不用額外再開啟聊天視窗，比較不容易亂掉或權限錯誤。

點擊「Open here」後，便會跳出聊天機器人的設定選單畫面。

③ 點擊「Welcome」便可以進行歡迎訊息相關設定。

④ 預設歡迎訊息狀態為關閉，請點擊「On」打開，如果有新人加入群組時，便會收到歡迎訊息。

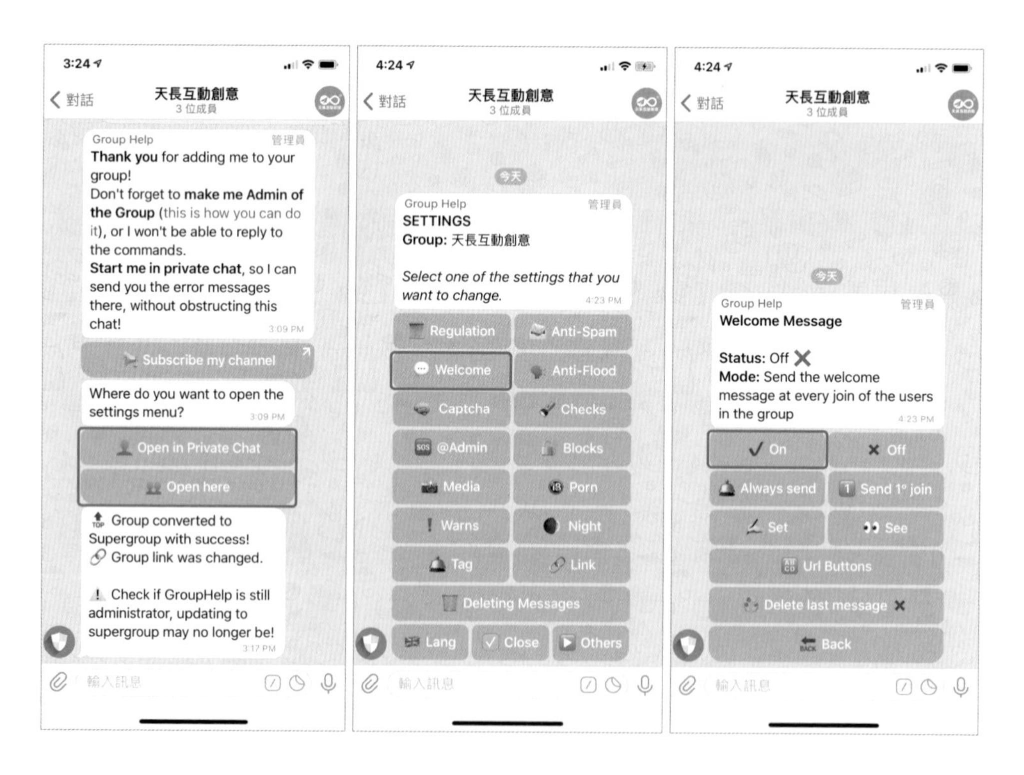

⑤ 接著點選「Set」便可開始設定「歡迎訊息」內容。

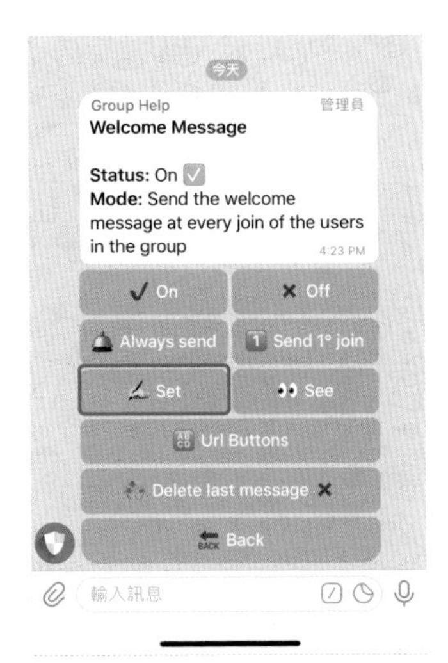

⑥ 請在聊天對話框輸入要設定的「歡迎訊息」內容即可，上方有相關參數可以參考。例如，內容中若包含 {NAME} 就會替換成新成員的名字。

相關參數說明：

- {ID} = user ID（使用者的原始 ID）
- {NAME} = new user name（名稱）
- {SURNAME} = new user surname（姓）
- {NAMESURNAME} = name and surname（名字和姓）
- {LANG} = new user language（語言）
- {DATE} = join date（加入日期）
- {TIME} = join time（加入時間）
- {MENTION} = link to the user profile（點擊後可連接到用戶個人資料）
- {USERNAME} = username（使用者名稱「@英文」）
- {GROUPNAME} = group name（你的社群名稱）

⑦ 完成設定後，當好友加入你的群組後，便會看到設定的歡迎訊息，其中的「參數」則會替換成新好友的相對應資訊。

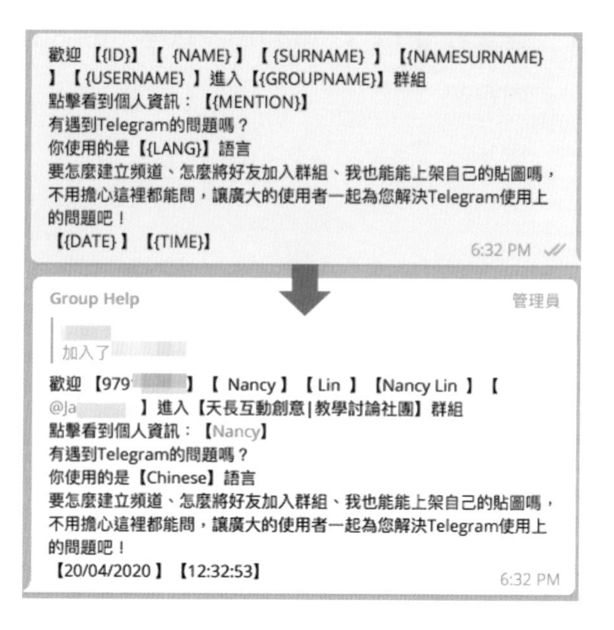

Welcome 中相關設定選項功能說明：

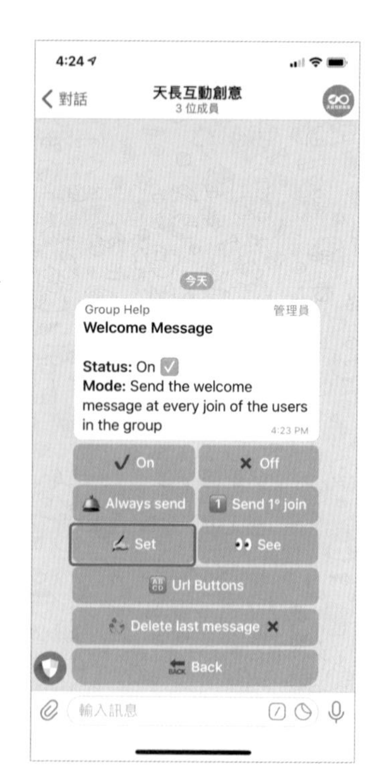

- On：開啟
- Off：關閉
- Always send：不論這個人是第幾次加入群組，都會說歡迎訊息。
- Send 1° join：只有「首次」加入群組時會有歡迎訊息
- Set：進入歡迎訊息內容設定
- See：預覽
- Url Buttons：進入連結按鈕設定
- Delete last message：清除最後一則歡迎訊息
- Back：返回上一層畫面

清除最後歡迎訊息：建議打開才不會造成群組中有許多歡迎訊息。每次都清除最後歡迎訊息，就只會保留最新的一則歡迎訊息。

Ⓒ 設定歡迎訊息連結按鈕

❶ 請點選「Url Buttons」。

❷ 點擊「Set」，進入連結按鈕設定。

❸ 在聊天輸入框中，按照範例說明輸入「連結按鈕」之文字設定。

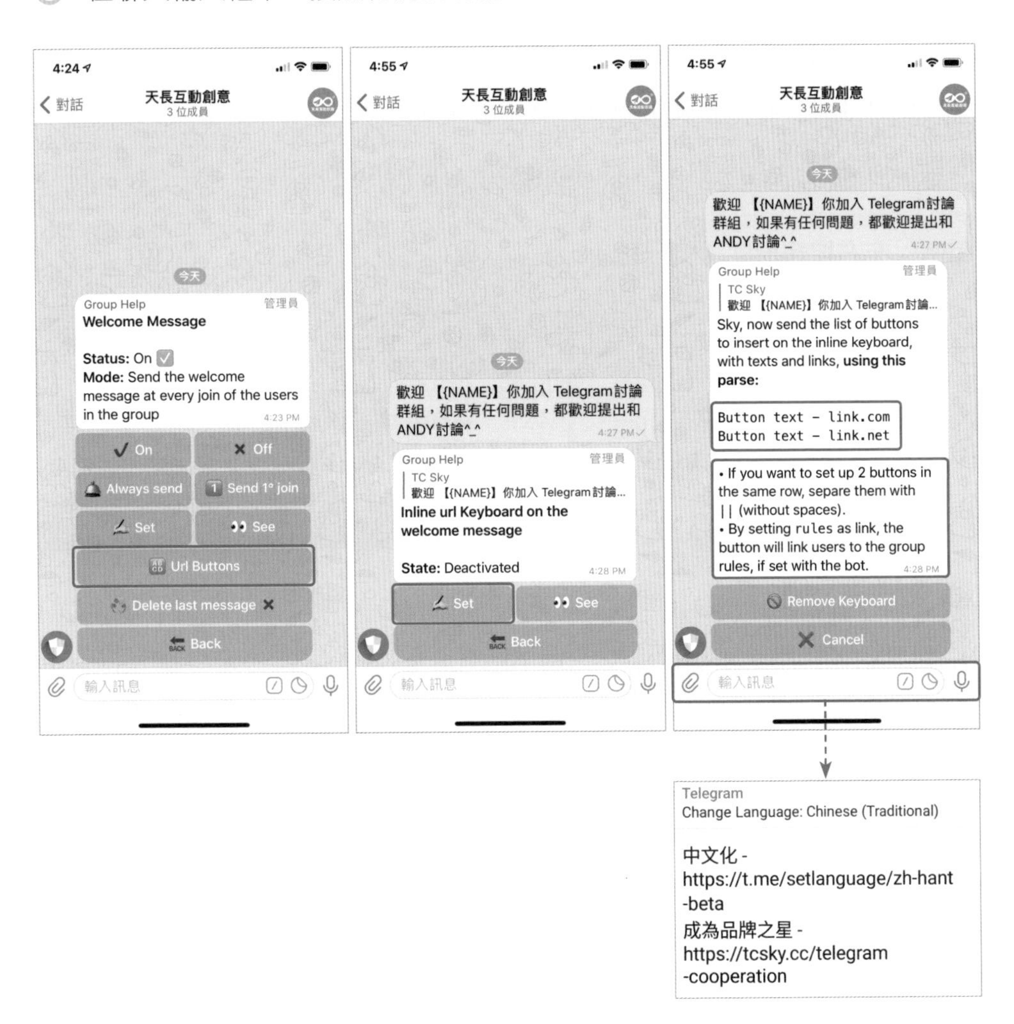

範例：上下按鈕形式

text 1 - link 1

text 2 - link 2

例如：

中文化 -https://t.me/setlanguage/zh-hant-beta

成為品牌之星 -https://tcsky.cc/telegram-cooperation

範例：左右按鈕形式（同一行）

text 1 - link 1 || text 2 - link 2

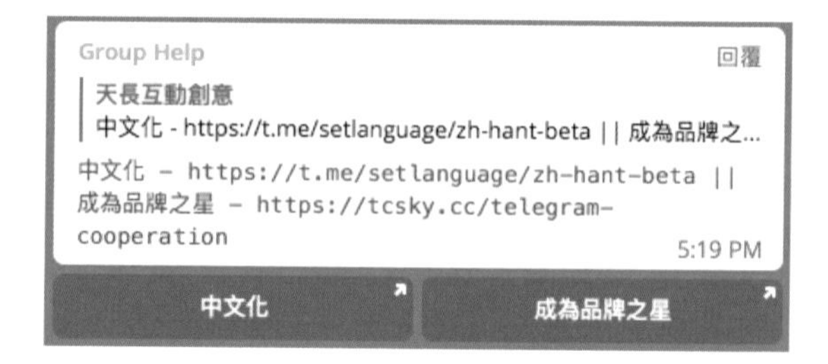

例如：

中文化 -https://t.me/setlanguage/zh-hant-beta || 成為品牌之星 -https://tcsky.cc/telegram-cooperation

- 聊天機器人設定完成後，可以將之前設定的對話訊息刪除，以免群組聊天畫面太過混亂。
- 如果需要再次設定聊天機器人時，可以在聊天對話框輸入：【/settings@GroupHelpBot】，重新呼叫出 Group Help 聊天機器人。

4.2 製作可按讚又可留言的互動貼文

在進入此章節前，先來看看下列這幾張圖片：

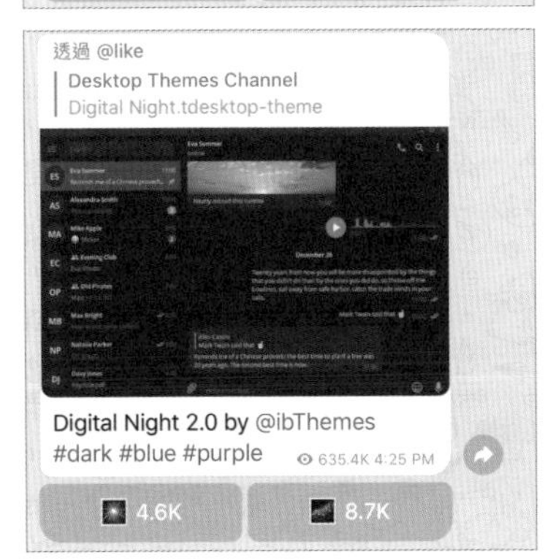

是否能從這些圖片中看出些端倪呢？在使用 Telegram 頻道時，如果只是單純的發送文字、連結和圖片就有點單調，加上頻道原先就設計是一對多發布訊息，使用者無法直接在頻道中發送訊息給經營者，進行詢問或互動，如此便讓訊息更顯得「單調」、「無聊」，但若是在文章底下加上「按讚」、「留言」按鈕，或是客製化圖示的按鈕時，則會讓發文訊息增添一絲趣味，訂閱者也能夠透過按鈕進行互動，讓我們知道文章有多少人閱讀、多少人按讚、多少人按了愛心，同時也能夠點選「討論」按鈕，針對該則訊息留言、討論互動，為頻道創造多一點趣味與互動。

接著要介紹一個可以為頻道訊息增添「按讚」、「討論」互動按鈕，又能追蹤相關點擊數據的實用聊天機器人：Like and Comment Bot。

A 設定聊天機器人權限

以 Like and Comment Bot 聊天機器人為例，首先，請將 Like and Comment Bot 聊天機器人加為好友。可以搜尋 @likecombot 此 ID 名稱，找到聊天機器人加入好友。也可以直接透過連結加入好友。

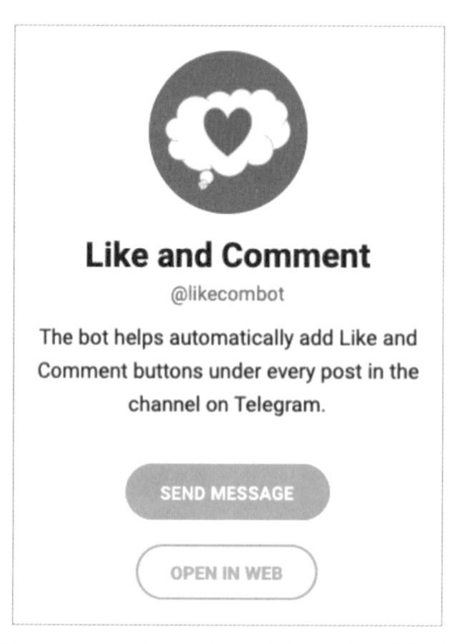

Like and Comment Bot：https://t.me/likecombot（@likecombot）

① 第一次加入聊天機器人時，請點選「開始」進行設定。若沒有看到「開始」，可直接輸入「/start」，開始設定。

② 接著會有相關說明，告知將聊天機器人加入群組當中。

③ 接著返回你要增加功能的「頻道」之中，並且將 Like and Comment Bot 設定為管理員。

權限部分使用預設即可，但此聊天機器人主要只會用到「編輯別人的訊息」權限，因此你只要將這個權限開放亦可。

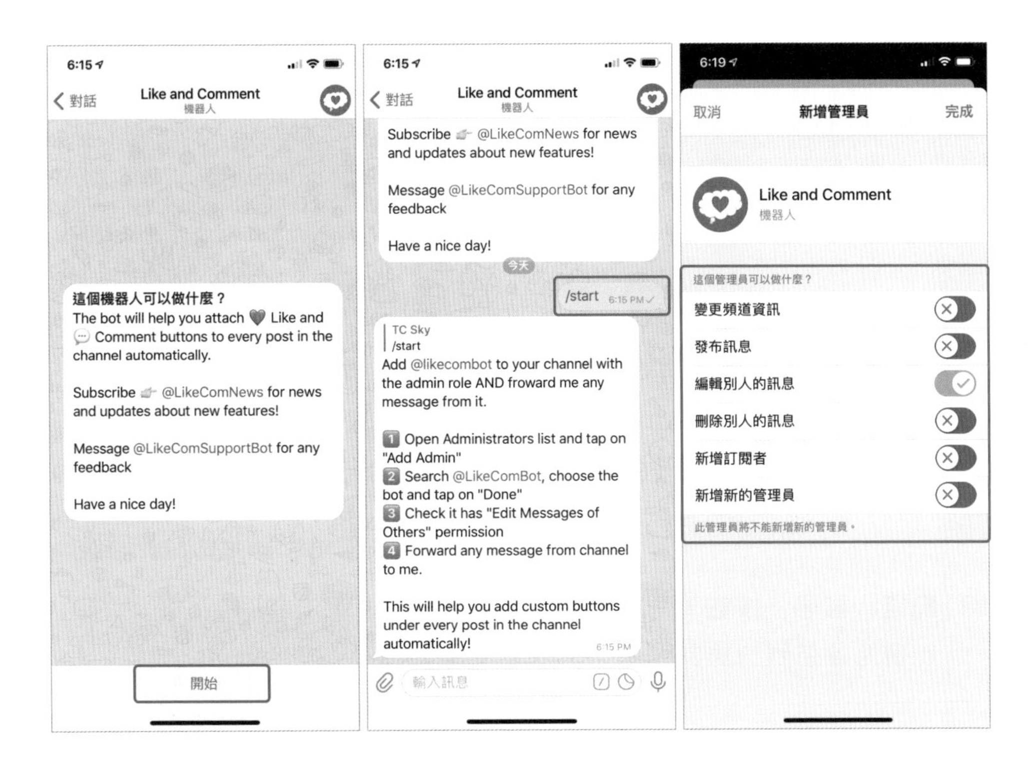

B 測試發文與檢視功能

完成 A 步驟後，Like and Comment Bot 就已經默默地開始運作囉！這時候你只要回到「頻道」中隨意發一則訊息，便會看到訊息底下已經加上「愛心」和「討論」互動按鈕。

❶ 點選「愛心」按鈕。

❷ 「愛心」則會出現數字，代表多少人按過「愛心」。

❸ 點選「討論」按鈕，則會另外開啟視窗連結到討論頁面。

④ 第一次點擊「討論」按鈕時，會出現「授權」畫面，因為「討論」功能是仰賴另一個 Comments Bot 聊天機器人而有的功能。

⑤ 進入到「討論」畫面後，使用者便可以針對該訊息發言討論。

若有好友針對訊息留言回覆時，Comments Bot 也會即時通知。

「討論」功能是給「訂閱者」用來討論之用，因此只要點擊時，使用者同意授權即可使用回覆留言功能。頻道管理者無須額外設定或將 Comments Bot 設定為管理員。

Ⓒ 修改 / 增加按鈕表情符號形式

或許有些人不滿足於「愛心」和「討論」按鈕與樣式，是否有辦法修改呢？當然是可以的！

要修改按鈕表情符號形式或是增加按鈕，必須先將「頻道」和「聊天機器人」串連起來，串連方式非常簡單，只要先到「頻道」中隨便找一則訊息，使用「轉傳」的功能，將訊息轉發到「聊天機器人」當中即可。操作步驟如下：

1. 在頻道中隨便找一則訊息，點選「轉傳」功能。
2. 將訊息轉傳到 Like and Comment 聊天機器人當中。
3. 傳送後，進到 Like and Comment 聊天畫面中，便可以看到「Open Dashboard」功能。

④ 第一次進入「Like and Comment Dashboard」管理後台，必須先取得「授權」，點選「開啟」即可。

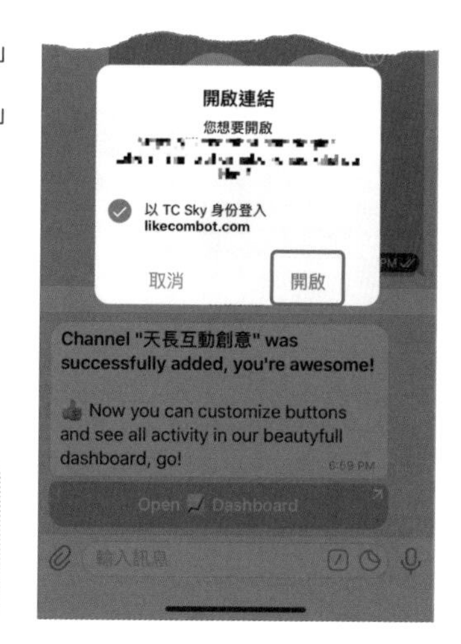

「Like and Comment Dashboard」為管理後台，不僅可以調整按鈕樣式設定外，還能看到相關按鈕點擊數的數據資料！

以下圖為例，是使用手機裝置進入「Like and Comment Dashboard」，你會發現整個畫面字體很小，在閱讀與使用上較為不便，建議如果要使用「Like and Comment Dashboard」可透過電腦裝置管理，比較容易進行設定與操作。

如果我們要修改按鈕的表情符號形式以及增加或減少修改按鈕，操作步驟如下（以下以電腦畫面為主）：

1. Settings → 2. Actions → 3. Btn1/Btn2/Btn3/Comments → 4. Update

❶ 點選首頁左側的「Settings」選項。

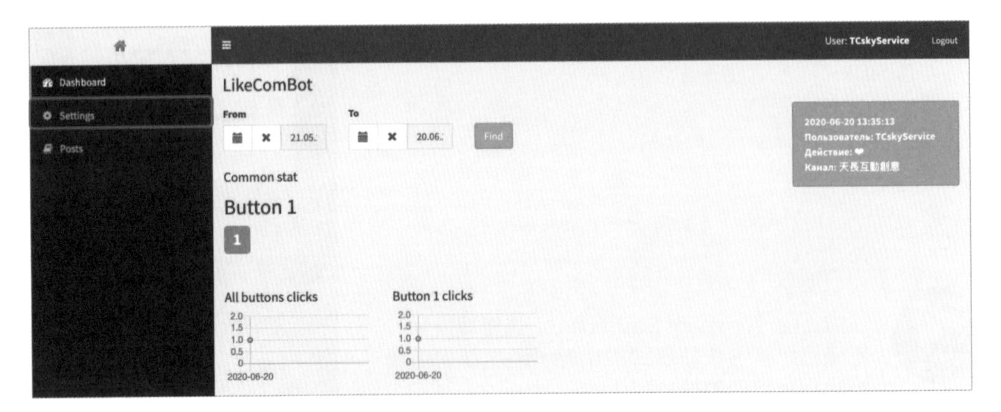

❷ 找到你的頻道，在 Actions 欄位下，點選「鉛筆」按鈕。

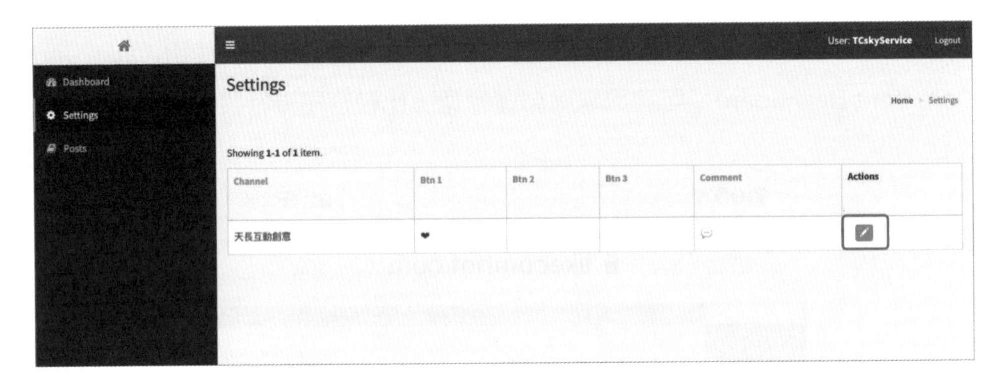

❸ 可以看到 4 個欄位 Btn1, Btn2, Btn3 和 Comments。

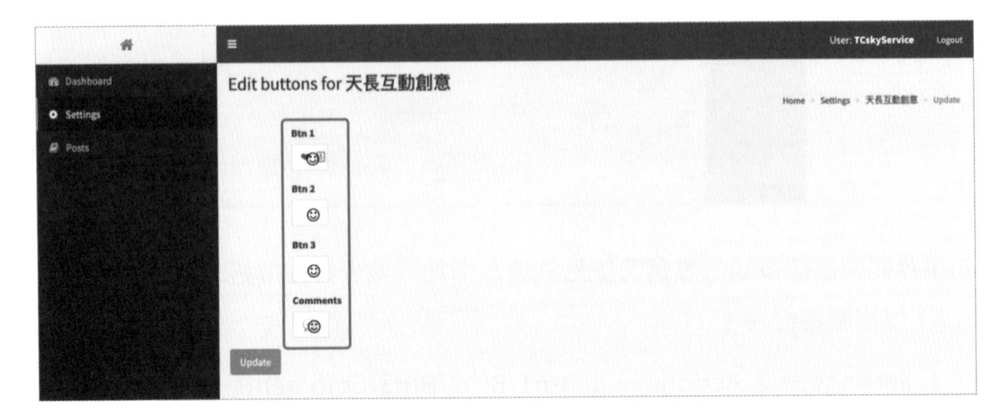

④ 點選欄位，則會跳出表情符號選項，選擇你想要替換的表情符號，點選後，點擊「Update」即可更新！

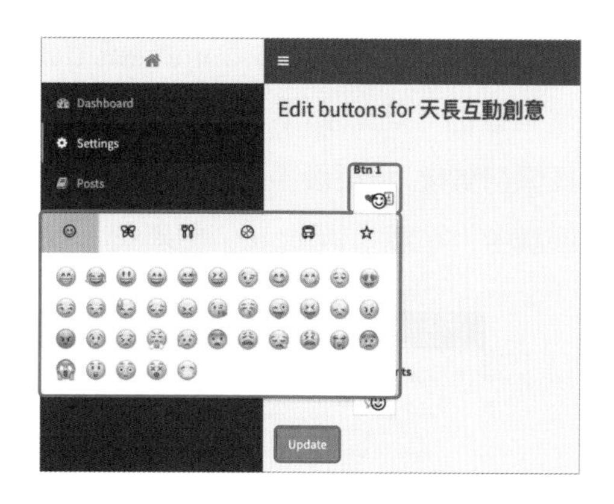

⑤ 更新後回到頻道發文，可以看到按鈕表情符號已經變更，如右：

- 可編輯修改的「表情符號」按鈕有三個欄位，不一定要全部設定，不想設定的欄位保持空白即可。
- 要修改的部份，可直接從「笑臉」符號裡尋找，或在網路找出想要的表情符號「複製、貼上」亦可。
- 第四個欄位：Comments，是固定綁定 Commentbot，作為「討論」功能，提供好友針對發文訊息討論與交流，建議不要變更「討論」表情符號。

如果你覺得「Like and Comment Dashboard」預設的表情符號太少，找不到你喜歡的，可以到下列網站：Get emoji—https://getemoji.com/ 找到喜歡的表情符號後，「複製」並「貼上」到「Like and Comment Dashboard」後台欄位當中，點擊「Update」更新後，就能夠看到新的表情符號按鈕喔！

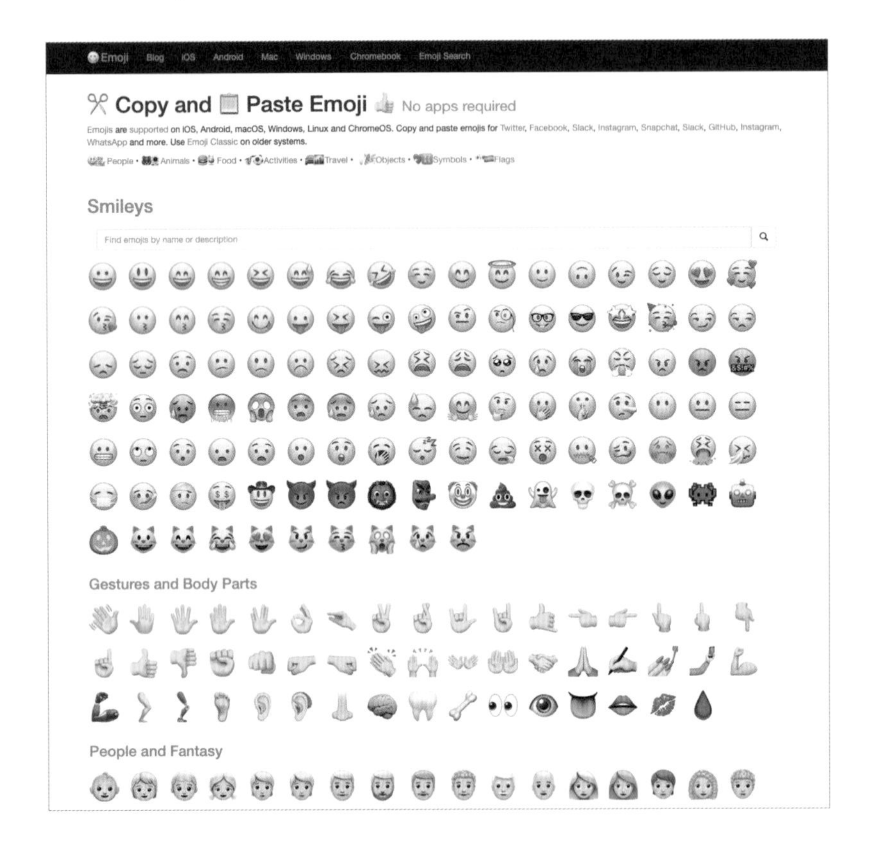

D 按讚數據統計

「Like and Comment Dashboard」不僅能夠讓我們修改按鈕的表情符號樣式以及增加或減少按鈕項目，更可以觀看「愛心」的按讚數。

在 Dashboard 頁面當中可以根據日期區間篩選出想要的資料，透過此功能分析檔期活動區間的成效如何，以及看到各種不同表情符號按鈕點擊情況如何，非常方便追蹤與統計活動成效。

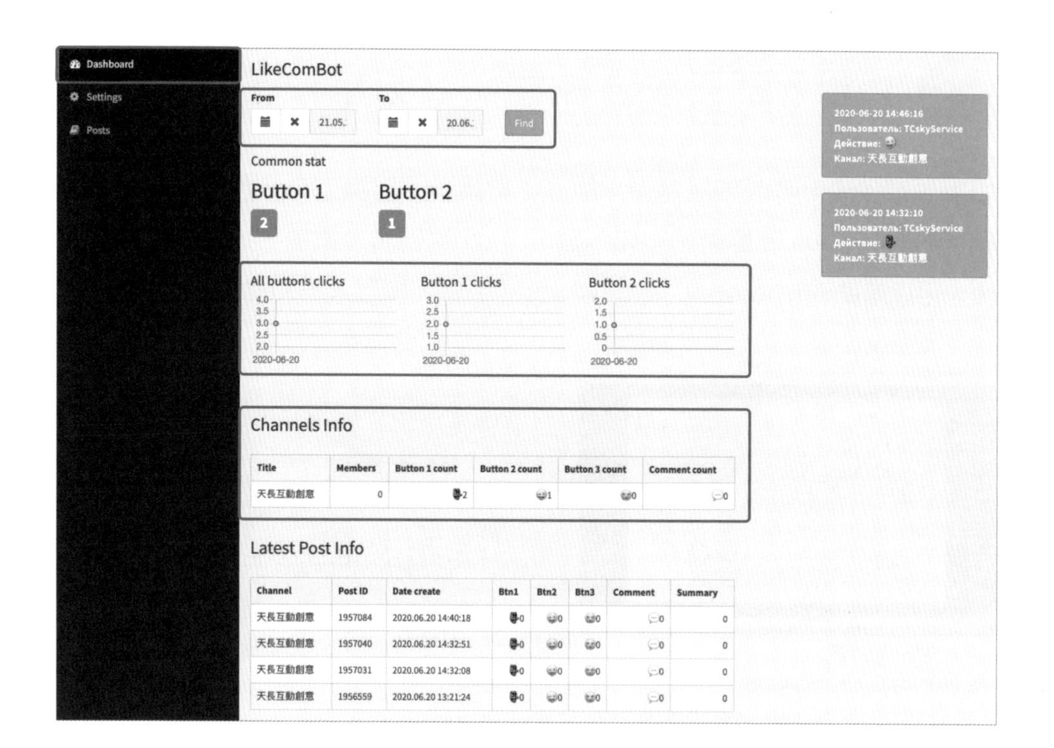

在此也可以看到「Latest Post Info」的欄位中，所有發文訊息的表情符號都一樣，因為當你在「Like and Comment Dashboard」設定當中修改按鈕表情符號後，後台的紀錄中會連同先前發送貼文的「表情符號」一起更動，造成在後台看到的所有貼文的表情符號都一樣，因此，在修改按鈕表情符號前，建議先到後台備份數據，避免統計數據紊亂、不易分析與紀錄。

常常修改按鈕的表情符號也容易造成使用者不熟悉介面，無法得知按鈕實際的代表意義，導致統計數據無法反映出真實狀況。

- 如果不想每篇文章都有「愛心」按鈕，或是發表某篇文章時，不想出現「愛心」、「討論」按鈕，可以到「管理員」權限中，將 @LikeComBot 的權限「暫時」全部關閉，再發送訊息即可。待要使用時再將權限恢復即可！
- 如果「完全」不想再使用「愛心」、「討論」功能，則只要將 @LikeComBot 管理員權限移除即可！

4.3 善用社群擴散分享力：FB 分享按鈕製作

如果你希望使用者收到訊息時，除了「按讚」、「討論」外，也可以直接「分享」到 Facebook 社群網站（如下圖），藉此達到訊息擴散，增進曝光機率的話，可以借助 AnyComBot（@anycombot）聊天機器人的功能做到。

AnyComBot（@anycombot）僅適用於「公開頻道」，「私人頻道」無法正確顯示「分享」、「討論」按鈕。

A 設定聊天機器人權限

以 AnyComBot 聊天機器人為例，首先，將 AnyComBot 聊天機器人加為好友。可以搜尋 @anycombot 此 ID 名稱，找到聊天機器人加入好友。也可以直接透過連結加入好友。

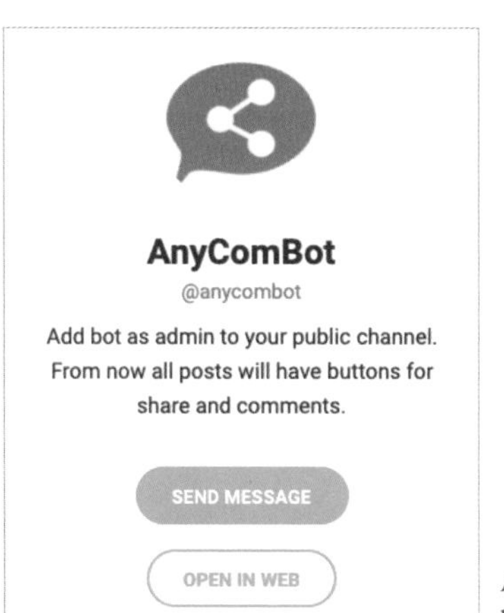

AnyComBot：
https://t.me/anycombot（@anycombot）

❶ 第一次加入聊天機器人時，請點選「開始」，以進行設定。若沒有看到「開始」，可直接輸入「/start」，開始設定。

❷ 接著會有相關說明，告知將聊天機器人加入群組當中。

❸ 接著返回你要增加功能的「頻道」之中，並且將 AnyComBot（@anycombot）設定為管理員。

權限部分使用預設即可，但此聊天機器人主要只會用到「編輯別人的訊息」權限，因此只要將這個權限開放亦可。

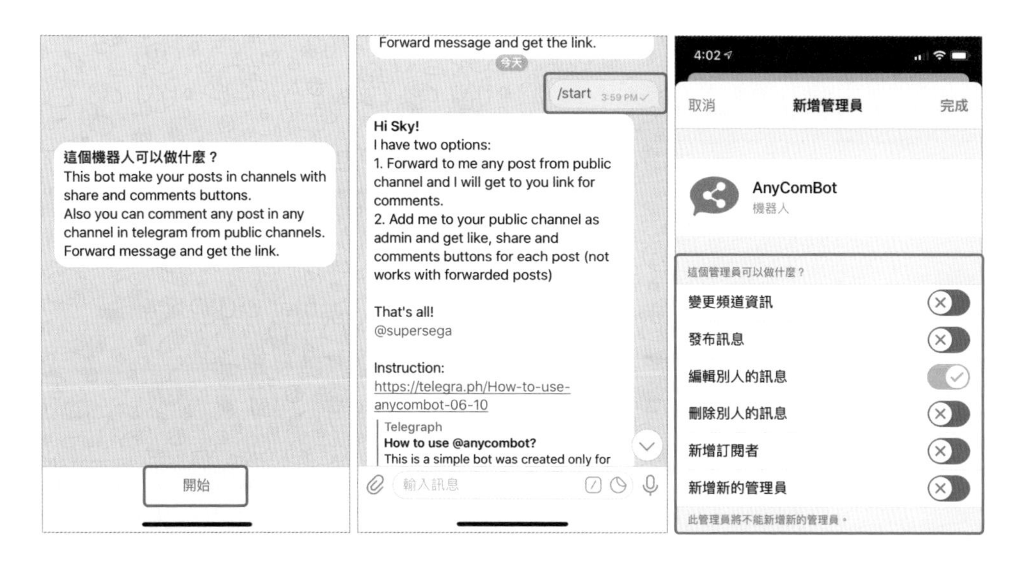

B 測試發文與檢視功能

其實完成 A 步驟後，AnyComBot 就已經默默地開始運作囉！回到「頻道」中隨意發一則訊息，便會看到訊息底下已經加上「社群分享」按鈕以及「討論」按鈕，如下圖：

1. AnyComBot 聊天機器人預設社群分享按鈕為「Facebook」、「Twitter」、「VK」「按讚」、「討論」按鈕，目前無法自訂。
2. 點選「Facebook」分享按鈕後，會出現 Facebook 文章分享頁面，輸入相關分享內容後，則可直接發布到 Facebook 中。

要特別注意的一點是：AnyComBot 和 Like and Comment 的功能類似，無法同時使用，如果將兩個聊天機器人都加入到頻道中就會造成衝突喔！是否有可以將這兩者功能整合在一起的聊天機器人功能呢？接下來我們就來介紹「Controller Bot」聊天機器人。

來點表情符號又有連結按鈕的趣味訊息

上一章節中已經討論過如何在發送訊息增加「愛心」按讚和「討論」功能，接著來看看按鈕還可以怎麼進化？

如果我們希望消費者看到商品訊息後，便能夠連結到商品網頁或是導購頁面，除了使用「文字連結」外，是否可以將連結也改為按鈕的形式呢？例如下圖將課程、商品資訊，設定為連結按鈕，也可以將下載 APP 連結設定為連結。

要達到上述這些功能，可以透過 Controller Bot 這個聊天機器人做到。Controller Bot 主要功能是為頻道訊息建立按讚、評論、連結等按鈕，與 Like and Comment Bot 最大的差異，便是多了「連結」按鈕功能，可以讓我們自行設定按鈕到要連結的網址。可以說是 Like and Comment Bot 的進化版。Controller Bot 的功能強大，但設定上也比較複雜，因此可以視自己需求而定。如果不需要用到太複雜的功能，建議使用 Like and Comment Bot 即可。

Controller Bot 在使用和設定上無法獨立存在，它必須透過一個你創建的聊天機器人當作中介媒體，串接 Controller Bot 和頻道之間的溝通。概念上像是：

「Controller Bot → 你創建的聊天機器人 → 你的頻道」

為何要多一個中介的聊天機器人呢？最主要是作為「緩衝」之用。例如，Like and Comment Bot 是直接加入到頻道之中，因為每篇文章都是加上一樣的「愛心」、「討論」按鈕，因此聊天機器人的動作很單純，只要抓取每一篇文章，並自動加上「愛心」、「討論」按鈕即可。但是現在我們希望做到的是可以針對每則訊息的商品資訊，設定專屬商品介紹網頁或是導購頁面的連結按鈕，如此一來，每則訊息的設定就不會完全一樣，如果將 Comment Bot 聊天機器人直接加在頻道當中，便只能像 Like and Comment Bot 做到都是同樣功能按鈕，這並非我們想要的功能。所以 Comment Bot 的運作原理，是先透過一個中介聊天機器人，設定好要發送的訊息內容和連結按鈕後，再透過 Comment Bot 將該則訊息發送到頻道之中，這也是為何稱作「緩衝」的原因！

如果覺得上述說明看起來很複雜，沒關係，只要跟著接下來的步驟，還是可以輕鬆地做出趣味訊息喔！

Ⓐ 創建 Telegram 聊天機器人

前面提到 Controller Bot 運作原理必須透過一個中介機器人才能正確地運作，因此第一步驟就是要先創建一個聊天機器人。

在 Telegram 當中要創建聊天機器人，流程比起創建 Facebook、LINE 官方帳號聊天機器人容易許多，不需要額外權限、授權步驟，簡單填寫資料就可以申請完成！在 Telegram 中要創建聊天機器人必須向 BotFather（@BotFather）申請！顧名思義：所有聊天機器人的父親。如同 BotFather 的英文介紹：

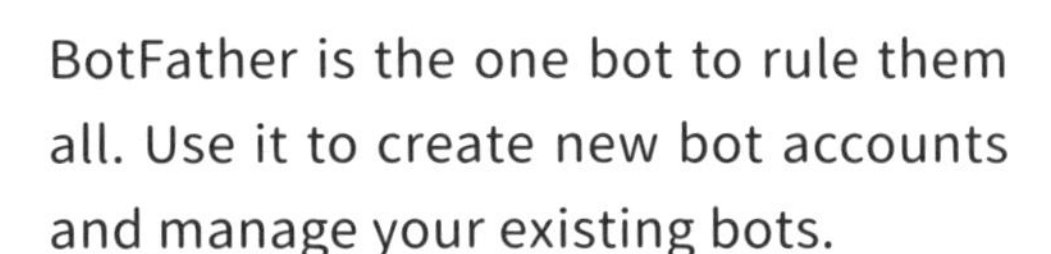

BotFather is the one bot to rule them all. Use it to create new bot accounts and manage your existing bots.

BotFather 是管理、統治所有聊天機器人的聊天機器人。你可以運用它創建新的聊天機器人並管理已經存在的聊天機器人。

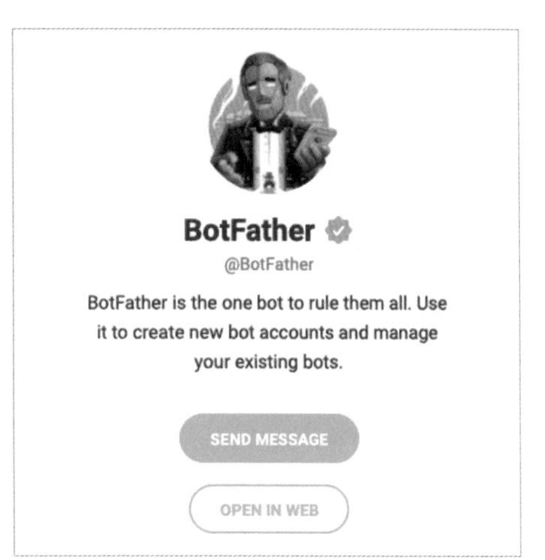

BotFather：https://t.me/BotFather（@BotFather）

❶ 首先加入 @BotFather 為好友，並在聊天畫面中點選「開始」！

❷ 若沒有看到「開始」，可以直接在聊天對話框輸入「/start」。

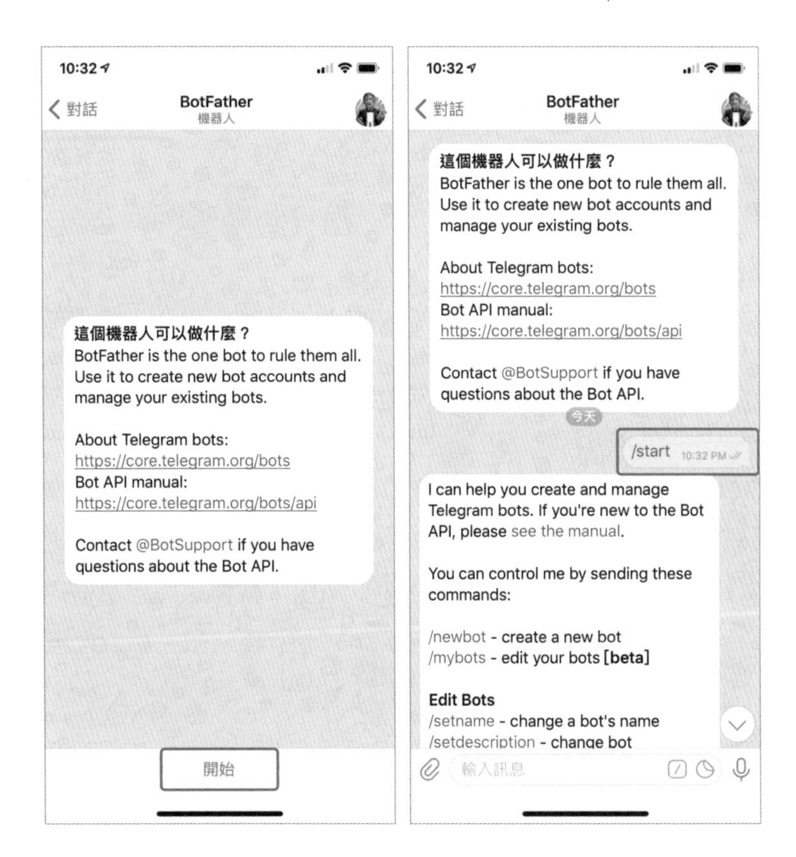

③ 在 Telegram 當中創建聊天機器人非常簡單，只要輸入三個指令：

- 「/newbot」：代表你要創建一個新的聊天機器人。
- 「Name」(**取名**)：會詢問你想為聊天機器人取什麼名字？名稱可以使用中 / 英文。
- 「Username」：「Username」可以理解為 ID，命名規則只能英文和數字，並且結尾一定要是 bot 或是 _bot 結尾。例如：tcskybot 或 tcsky_bot。

填完這三個指令，聊天機器人就申請好了，不可思議的簡單吧！

- Username 是先搶先贏的概念，如果名稱已經有人使用，則不能重複命名！因此可以想像成是 ID 的概念。
- Name 設定後仍可修改；Username 設定後就無法修改，請特別注意！

向 BotFather 申請新的聊天機器人後，請特別注意畫面中會有一個「HTTP API」的資訊，這組 API 編碼一定要記住並且不要外流。在後續設定聊天機器人時，都會用到這組 API 編碼。建議也可以運用「轉傳」將訊息傳送到「儲存的訊息」，比較不會忘記。但如果真的不幸、不小心忘記，該怎麼辦呢？可參考 4.5 節「Ⓑ：聊天機器人 API Token 查詢、撤銷與重發」。

B 設定 Controller Bot 權限

1. 先加入 @ControllerBot 為好友，並在聊天畫面中點選「開始」！
2. 若沒有看到「開始」，可以直接在聊天對話框輸入「/start」。一開始會請你先選擇「語言」，除非你有偏好，不然直接點選「English」即可。

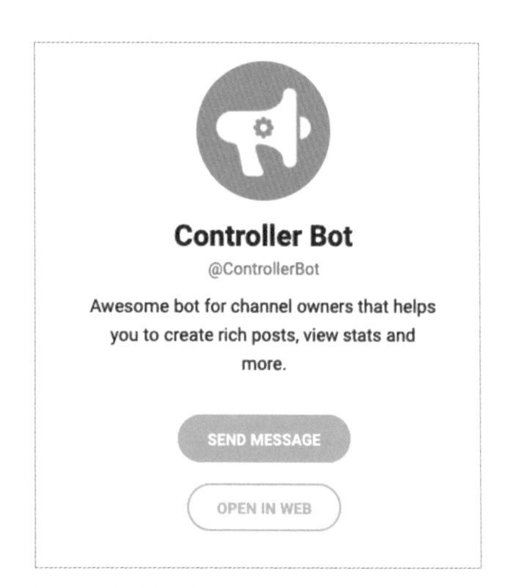

Controller Bot：
https://t.me/ControllerBot（@ControllerBot）

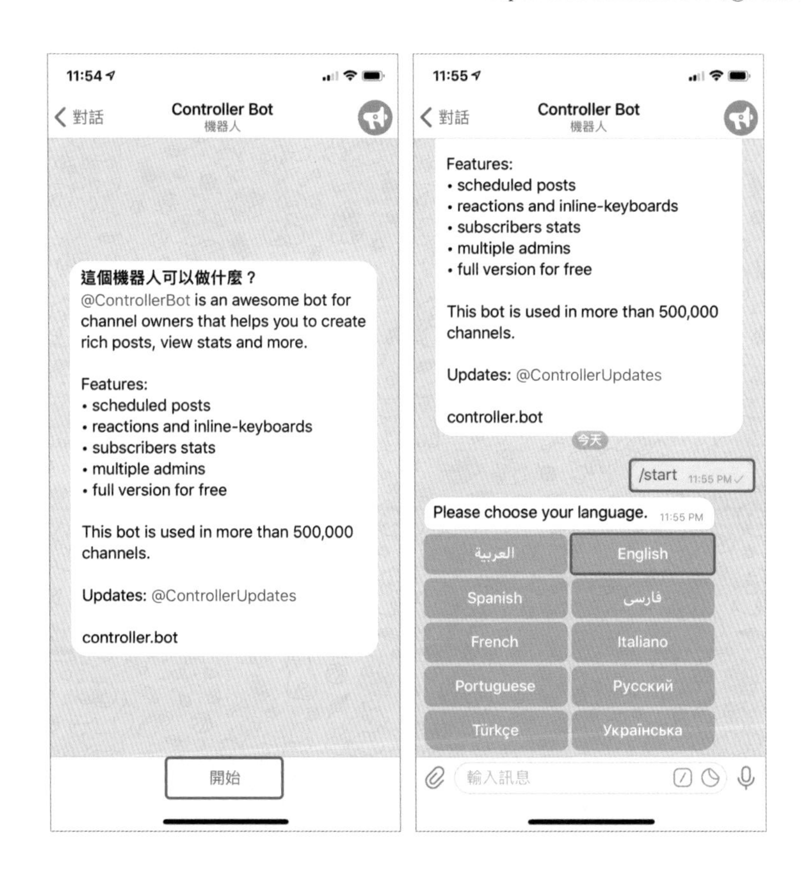

③ 接著要設定頻道的串接，直接點選「/addchannel」，或是直接輸入也可以！

④ 接著會跳出一長串「教學文章」，告訴你如何在 @BotFather 中創建一個聊天機器人，我們在前一個 A 步驟已經完成，可直接忽略捲動到下方即可。

⑤ 捲動到最下方後，請貼上先前創建聊天機器人時獲得的「HTTP API」。

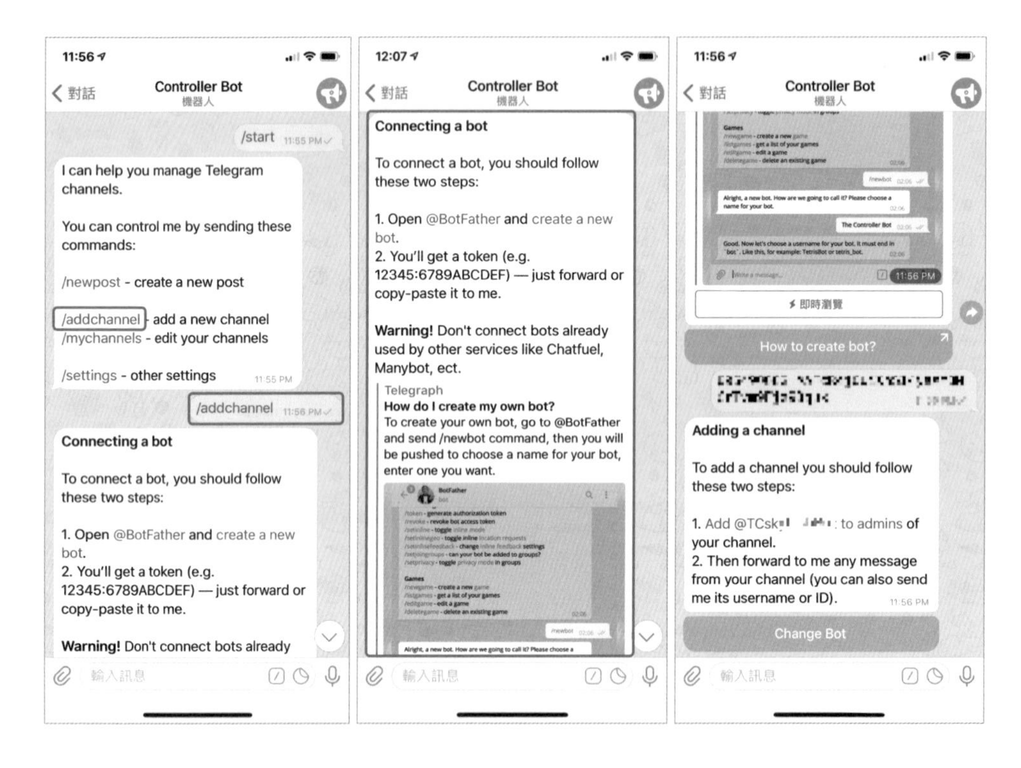

輸入後還需要最後兩個步驟：

1. 將剛剛你創建的聊天機器人加入你的頻道，並設定為管理員。
   特別注意：並不是將 @ControllerBot 加入你的頻道之中喔！

2. 轉發一則頻道的訊息到 @ControllerBot 之中，作為頻道與聊天機器人串連之用！（也可以直接貼上 username 或 ID）

接著回到「頻道」中完成上述兩個步驟：1. 將創建的聊天機器人設定為頻道「管理員」；2. 轉發「頻道」中的一則訊息到 @ControllerBot。

❶ 將剛剛創建的聊天機器人設定為頻道的「管理員」，權限部分則只要開放「發布訊息」即可。

❷ 在頻道中隨便找一則訊息，點選「轉傳」功能。

❸ 將訊息轉傳到 @ControllerBot 聊天機器人當中。

❹ **注意**：請返回 @ControllerBot 聊天畫面，此時會要求你設定「時區」。

時區的設定非常重要，這會影響未來設定「排程訊息」的時間準確與否。

⑤ 時區部分如果是在台灣，輸入「Taipei」即可，接著會出現確認訊息，確認為「GMT +8」即可。

若時區設定無誤，請點擊「Yes, It's Right」！

⑥ 接著就會出現「Success! …」，代表已經設定完成 @ControllerBot 和頻道的串接。點選「Create Post」便可以開始創建訊息囉！

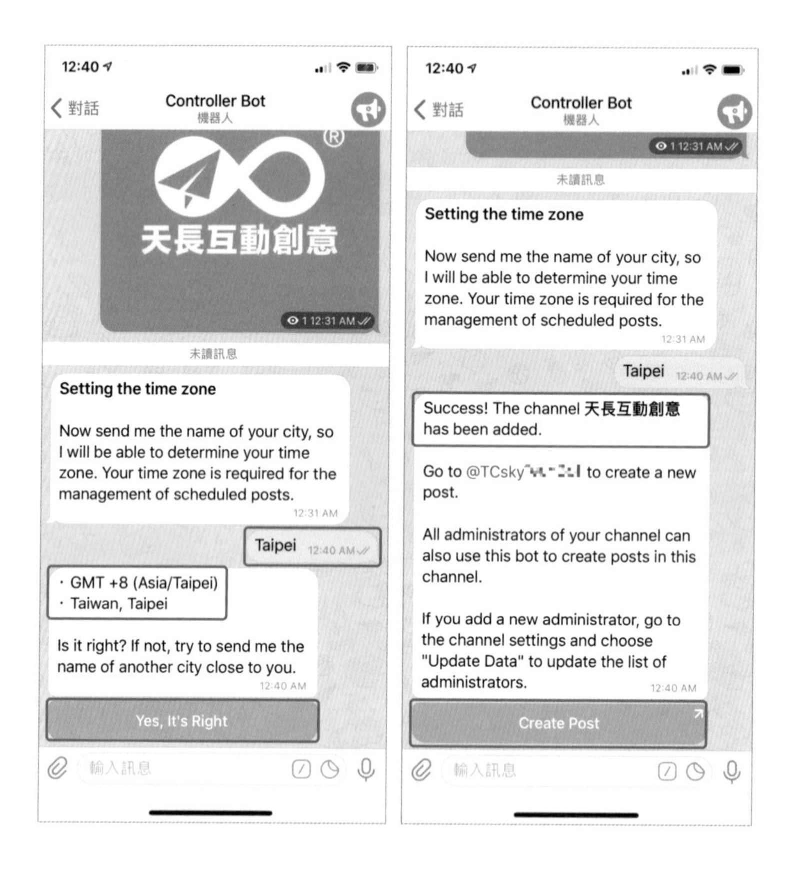

Ⓒ 建立第一則訊息（增加媒體 / 按讚 / 連結按鈕）

完成前面兩個步驟後，終於可以開始建立訊息：

1. 點選「Create Post」，會跳至我們先前創立的聊天機器人畫面當中。
2. 點選「開始」，若沒有看到「開始」，可以在聊天對話框輸入「/start」。
3. 詢問是否要更改設定的對話框，此部分維持預設，直接點選「Continue >>」繼續下一步驟即可！

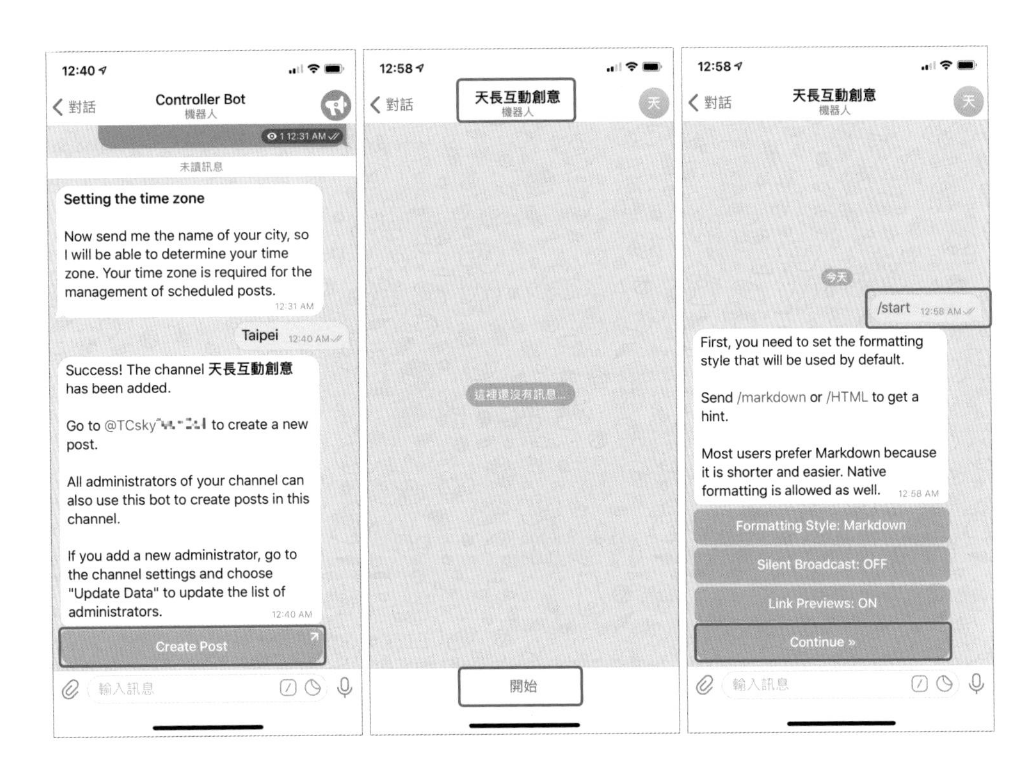

④ 緊接著在聊天機器人畫面下方會出現四個按鈕，告訴你可以開始發送訊息給聊天機器人。

聊天對話框下面的四個按鈕作用如下（後續還會再介紹）：

Delete All	刪除：按下後會刪除全部訊息。
Preview	預覽：預覽目前尚未發送出的訊息。
Cancel	清除：按下後會清除訊息，並出現讓你選擇建立訊息、排程訊息、編輯訊息、頻道統計及設定等功能按鈕。
Send	送出：按下後會讓你選擇立即送出訊息還是排程訊息。

現在試著傳送訊息到聊天機器人當中：

① 在聊天對話框中輸入要發送的訊息。

② 送出後，會發現在訊息下方，出現六個按鈕選項。

這六個按鈕選項便是最重要的環節，能夠讓我們為訊息加上「影音檔案」、「討論按鈕」、「連結按鈕」等功能，詳細功能介紹如下：

Attach Media	增加一個媒體檔案附件，例如照片、影片或 GIF 圖檔（如果原先發送的訊息是傳送圖片、影音，則不會再出現此按鈕）。
Add Comments	增加「討論」按鈕
Add Reactions	增加具有表情符號「按讚」按鈕
Add URL buttons	增加「連結」（網址）按鈕
Delete Message	刪除訊息
Show Actions	按下後，會出現更多功能按鈕： 1. Notify（通知按鈕） 2. Link Previews（連結預覽按鈕）

接著，為訊息增加一個影片檔案：

❶ 請點擊「Attach Media」為訊息增加一個影音附件。

② 跳出訊息「Send me a link, image, GIF or video（up to 5 MB）」。

可傳送連結、照片、影片或 GIF 檔案，上限 5MB。請點擊「迴紋針」圖示選擇上傳檔案。

③ 上傳照片、影片等附件檔案後，請稍待一會兒，等待聊天機器人處理影音檔案，完成後會出現：**原來文字訊息 + 影片附件的預覽畫面**。

④ 看到「The media attached」便代表檔案已經上傳成功。

訊息下方一樣會出現剛剛的六個功能按鈕，你可以繼續編輯訊息。

若檔案上傳錯誤，則可以點擊「Delete Attached Media」，刪除檔案！

完成文字訊息和影片附件後，接著為訊息增加「討論」按鈕：

1. 點選「Add Comments」，便可為訊息增加「討論」按鈕。
2. 「討論」按鈕必須等到正式發送訊息時才會看到，因此點擊後如果看到「Add Comments」變更為「Delete Comments」，便代表已經增加成功！

「討論」按鈕在聊天機器人畫面中不會顯示，必須等到正式發送訊息時才會顯示。如果看到「Delete Comments」按鈕，則代表已經加上「討論」按鈕功能；如果看到「Add Comments」按鈕，則代表尚未加上「討論」按鈕功能。

接著，我們可以進一步來為訊息增加表情符號「按讚」按鈕，請點擊「Add Reactions」：

➊ 點選「Add Reactions」，便可為訊息增加表情符號「按讚」按鈕。

➋ 聊天機器人會跳出一張教學圖片，告訴你如何設定表情符號「按讚」按鈕。

只要在聊天對話框中傳送「表情符號」，聊天機器人便會自動產生表情符號「按鈕」。輸入幾個「表情符號」，就會自動生成幾個按鈕。

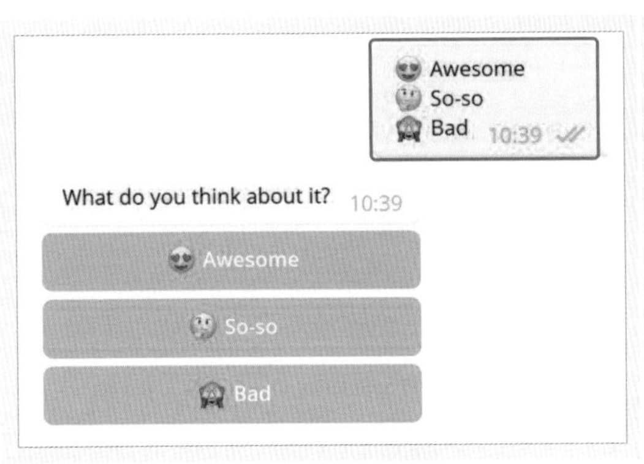

如果你想為按鈕增加文字，則輸入「表情符號」+「文字」。

換行則代表每行會產生一個按鈕！

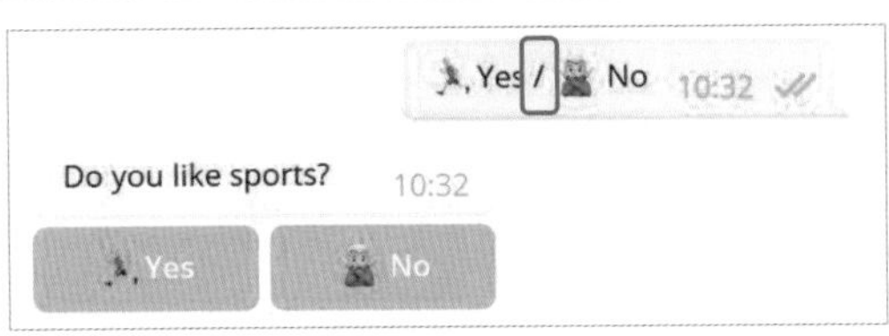

請注意，如果按鈕有附上文字，想在同一行中有多個按鈕，輸入時必須用「/」分隔「表情符號」。否則便會將所有表情符號和文字合成一個按鈕。

左圖案例則是生成兩行按鈕，每行皆有兩個按鈕。

③ 為訊息增添三個在同一行的「表情符號」「按讚」按鈕！

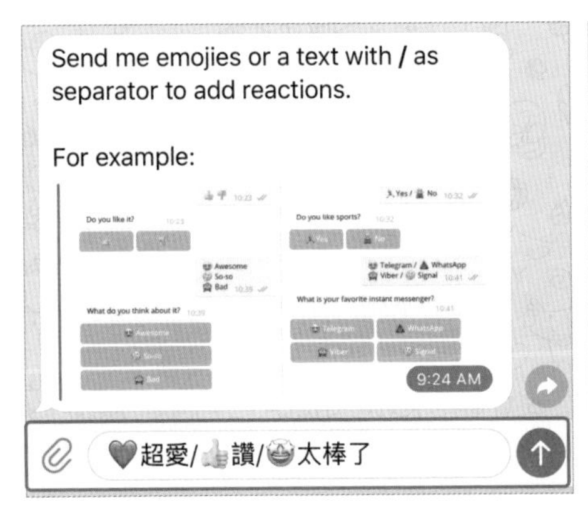

在 Android 和 iOS 中，分別輸入「表情符號」的位置參考：

如果你想要更多不一樣的「表情符號」，可以到 Get emoji 網站搜尋。

Get emoji：https://getemoji.com/

使用方式：找到想要的表情符號，「複製」後直接「貼上」到聊天對話框即可。

接著要進一步為訊息增加額外的「連結」按鈕，讓使用者可以直接點選按鈕，連結到網站或是商品介紹、導購頁面。請點擊「Add URL Buttons」按鈕。

① 點選「Add URL Buttons」，便可為訊息增加「連結」按鈕。

② 接著聊天機器人會跳出「說明」。如果要取消操作，則點擊「Cancel」，可以返回上一層選單。

雖然點選「Add URL Buttons」，畫面中會跳出「教學說明」，但是相信大家有看沒有懂。所以，讓我們來詳細看看「連結」按鈕要怎麼設定。首先，必須先了解「連結」按鈕的組合元素包含連結顯示文字與連結網址。以下圖為例，按鈕上的文字「Add URL buttons」便是「連結顯示文字」，點選後連結到的網址或頁面，則是「連結網址」。

了解「連結」按鈕的組成元素後再來看教學說明：

Button text 1 - http://www.example.com/ | Button text 2 - http://www.example2.com/
Button text 3 - http://www.example3.com/

「Button text 1 - http://www.example.com/」可以理解為：

「連結顯示文字 1 – 連結網址」

因此，可以轉換為下列說明：

連結顯示文字 1 – 連結網址 | 連結顯示文字 2 – 連結網址（換行）

連結顯示文字 3 – 連結網址

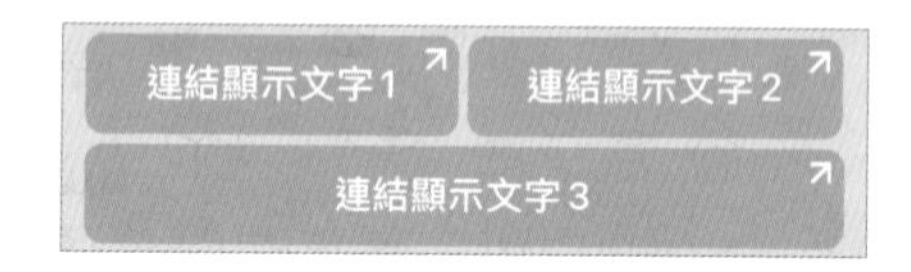

注意：連結網址不會顯示，必須點擊按鈕之後才會連結到設定的網址頁面。

連結顯示文字和連結網址中間要用「-」符號隔開，按鈕與按鈕之間則使用「|」符號隔開，「換行」則代表要將連結放到下一行。因此上面的案例有兩行按鈕，第一行兩個按鈕（連結 1& 連結 2）、第二行則只有一個按鈕（連結 3）。

要注意連結顯示文字和連結中間的「-」或是按鈕間的「|」區隔符號，前後都需要保留「一格空格」，不然上傳便會失敗、無法正確顯示。

例如：連結顯示文字 1（空格）–（空格）連結網址（空格）|（空格）連結顯示文字 2（空格）–（空格）連結網址。

到此為止已經完成設定一則訊息，且擁有影音內容、表情符號「按讚」按鈕以及「連結」按鈕，如果確認沒有問題後便可以直接發送。若是有任何選項想要修改、刪除，可以在對應的功能按鈕上看到「Delete Attached Media」、

「Delete Comments」和「Delete Reactions」等選項，點後後便可以刪除並且重新設定。

若是確定無誤，點擊聊天對話框底下的「Send」按鈕即可發送訊息。

❶ 點選聊天對話框下方的「Send」按鈕，便可發送訊息到頻道當中。

❷ 點擊「Send」後，會有三個選項供你選擇：

- Set Self-Destruct Timer：發送後過一段時間，自行刪除訊息。
- Send Now：立即發送訊息
- Enqueue：設定排程訊息

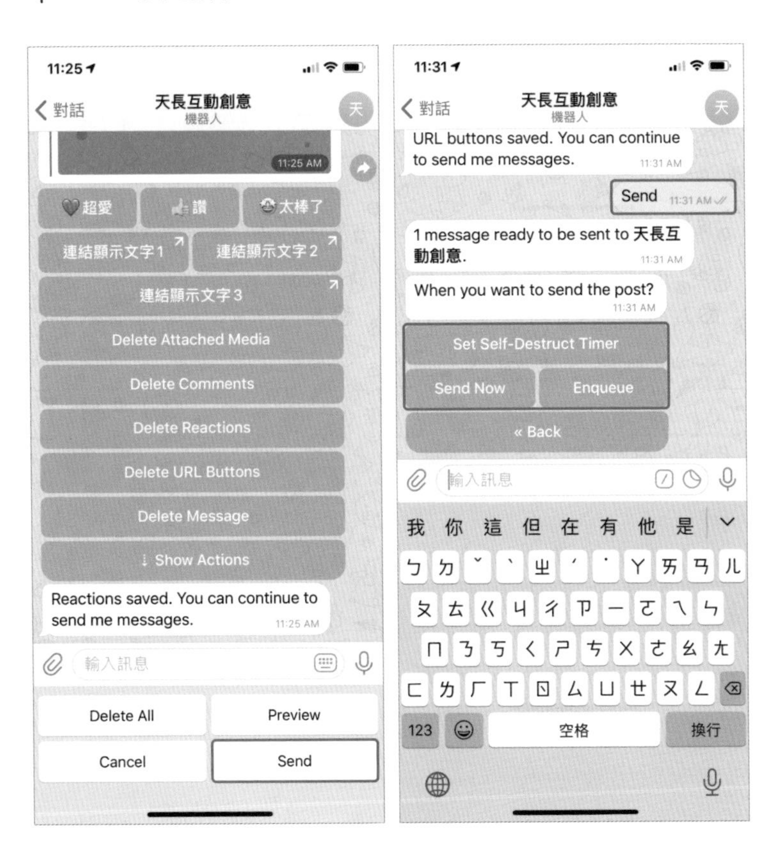

先來看最簡單的模式：「Send Now」：立即發送訊息。如果你確定設定的訊息無誤後，便可以點擊「Send Now」，接著會出現確認訊息，確認後訊息便會立即發送到頻道當中。

① 點選「Send」後，會再次跳出確認訊息，如果確定沒有問題，點擊「Send」，便會將訊息發送到「頻道」當中。發送完成後，會出現「Done!」的訊息提示。

② 這時返回「頻道」即可看到剛剛的發文訊息！

接著來看一下「Set Self-Destruct Timer」功能，此功能主要目的是當你將訊息發送到頻道之後，隔一段時間後會自動刪除文章。這項功能很適合運用在「快閃促銷活動」，活動結束後便讓訊息自動刪除，也可以節省人力的負擔。

當你點選「Set Self-Destruct Timer」後，會出現「時間」選項，如下：

1. 點選「Set Self-Destruct Timer」後，會看到「時間」選項按鈕，你可以設定訊息要在幾小時後刪除。最久可以設定「24h」(24 小時)。

2. 設定完成後會返回上一層，可以看到在「Set Self-Destruct Timer」文字後面會增加你設定的「時數」，你可以選擇「Send Now」(立即發送)或是「Enqueue」(排程發送)。

接著來看如何設定「Enqueue」(預約排程訊息)。

❶ 點選「Enqueue」,即可進入預約排程設定。

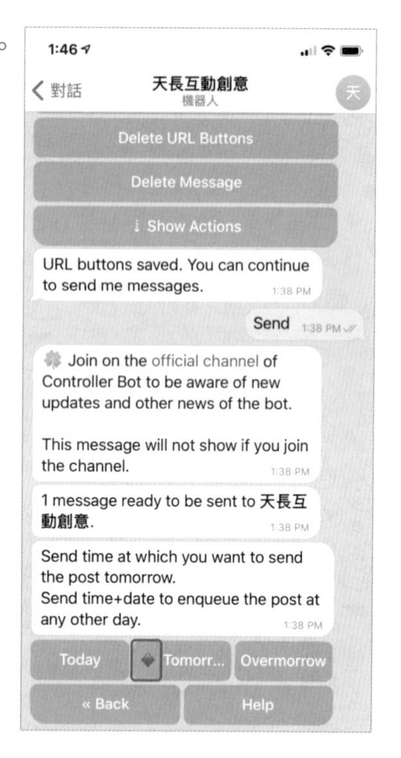

❷ 可選擇「Today」、「Tomorrow」、「Overmorrow」(今天、明天、後天)。藍色點點代表你目前選擇的日期。

在此要特別注意，當你選擇「Today」、「Tomorrow」、「Overmorrow」後，設定還沒有完成。你還必須在聊天對話框中輸入訊息發送「時間」，才算是完成整個排程訊息的設定喔！例如我在聊天輸入框中輸入「10:30」。

❶ 此範例：選擇「Tormorow」，時間設定「10:30」，點擊「藍色箭頭」圖示，傳送之後便可看到。

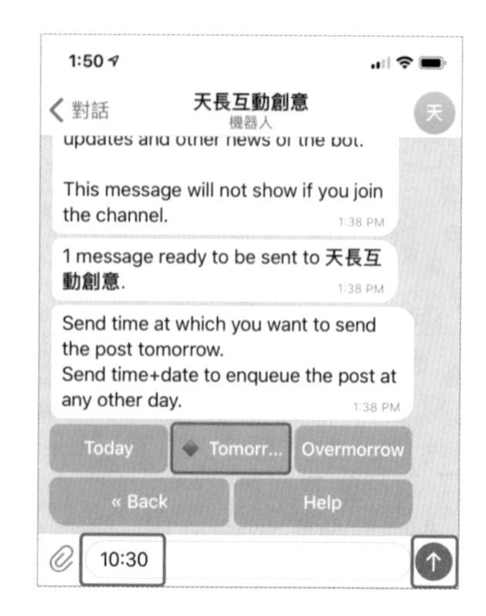

② 訊息將在 2020/06/22, 10:30 傳送！

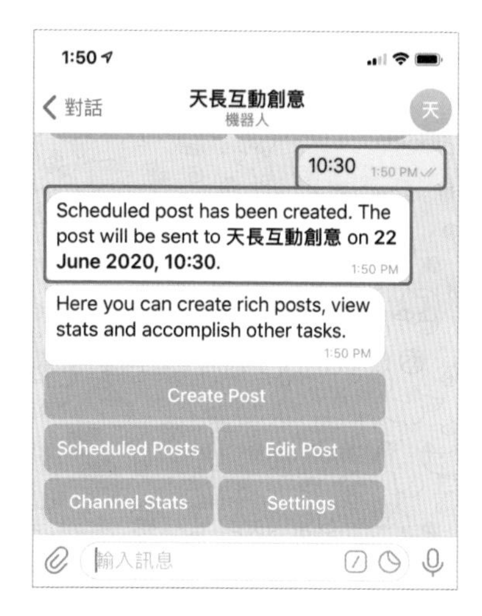

如果你希望的排程日期是在更久以後的時間，可以點選畫面中的「Help」按鈕，將會顯示設定日期／時間的教學指令，依據你要排程的日期 / 時間，在聊天對話框中輸入並送出後便可預約排程發送。

注意在設定日期 / 時間時，格式是先設定「時間」，再設定「日期（日月）」。（時間 + 日期 + 月份）

例如：9 30 14 9
則代表 09:30, 14 日 , 09 月。

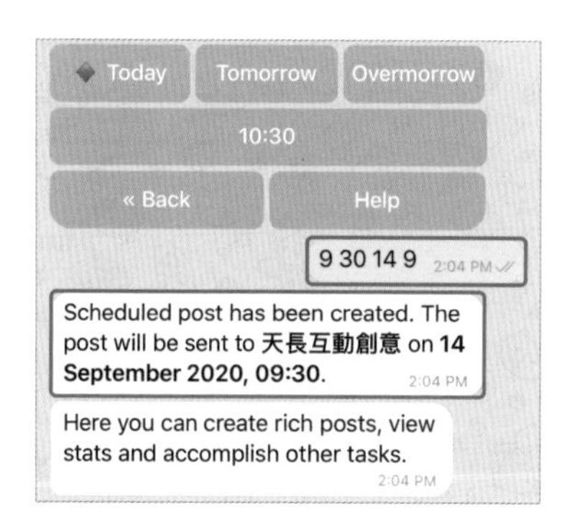

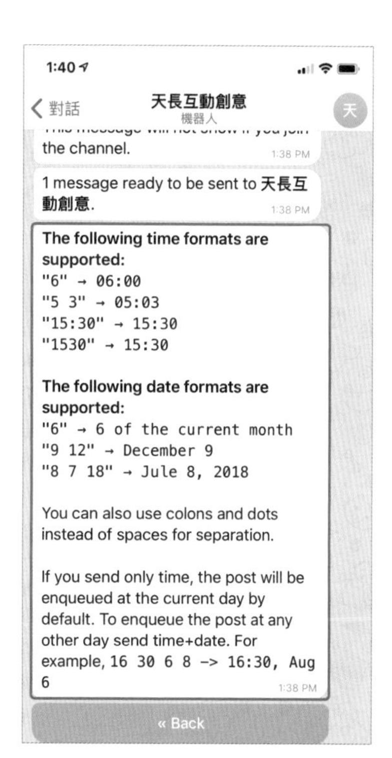

在「Enquene」(排程訊息)設定時，如果是輸入完整的「時間」+「日期」，則不用理會「Today」、「Tomorrow」、「Overmorrow」的選項是選擇哪一個，都不會影響你的設定。

完成上述的訊息發送或是預約排程後，聊天畫面中會出現下列畫面：

- Create Post：建立新訊息。
- Scheduled Posts：排程貼文，如果要更改訊息排程時間，按此可以重新設定。
- Edit Post：編輯已經發出的貼文！按此可修改已發出的貼文。
- Channel Stats：頻道狀態與數據。
- Settings：設定。

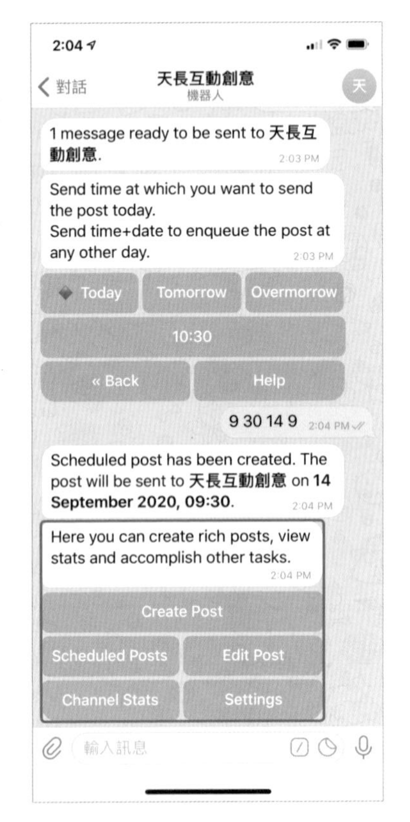

以下介紹兩個最常用到的功能：Scheduled Posts 與 Edit Post。

D 修改 / 刪除訊息排程時間

若遇到設定排程後，想要修改排程時間，或是要刪除排程發文，怎麼辦呢？

❶ 點選「Scheduled Posts」。

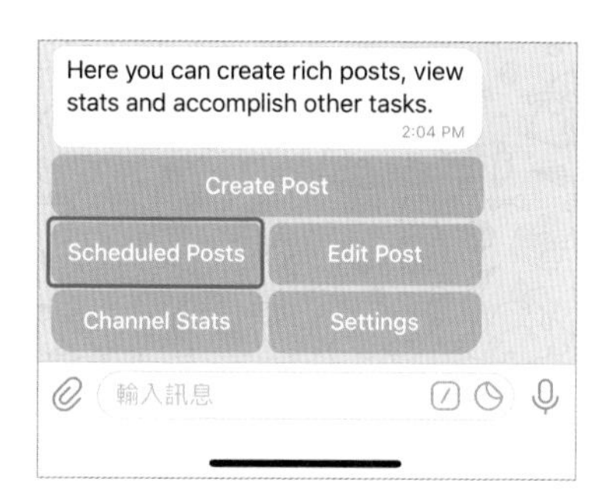

❷ 會出現頻道名稱（若有多個，請選擇你要編輯的頻道），點選進入。

❸ 將會出現已經有排程的訊息列表。請選擇要編輯或刪除的訊息。

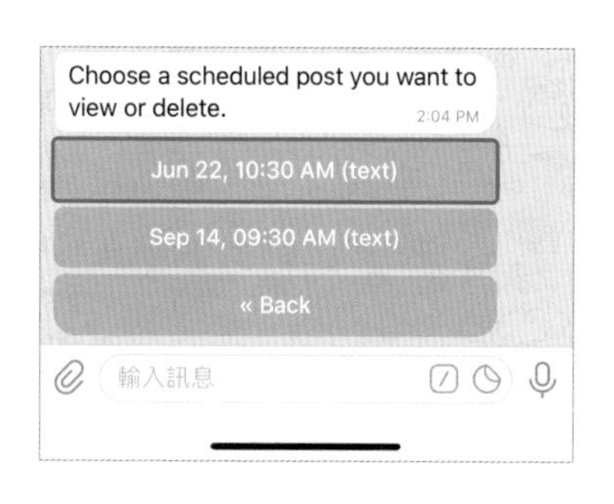

❹ 最上方可以看到原文章的簡易訊息，如果想要預覽訊息可點選「View Post」。如果要修改排程時間則點選「Edit Time」；要刪除文章則點選「Delete Post」，以下以「Edit Time」為例：

❺ 請輸入「time + date」數字格式。注意格式為「時間」+「日」+「月」。

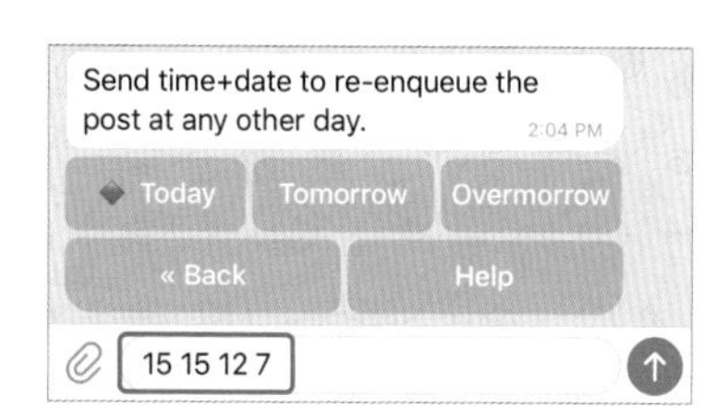

⑥ 送出修改後，你會發現訊息排程日期 / 時間已經更改。點擊「Back」即可返回上一層選單！

「Enquene」(排程訊息) 設定日期 / 時間時，輸入格式為：
「時間 (24 小時制)」+「日期」+「月份」
中間以「空格」隔開即可，例如時間為 9:30 輸入只要輸入 9 (空格) 30。

「Enquene」(排程訊息) 也可以加上「年份」，格式如下：
「時間 (24 小時制)」+「日期」+「月份」+「年份」
例如：16 30 14 9 2021 代表：16:30, 2020/9/14。

- 年份可輸入四位數或兩位數皆可，例如：2021 年可輸入 2021 或 21。
- 排程時間以不超過一年為限。

Ⓔ 修改已發送訊息內容

如果想要修改已經發送到「頻道」中的訊息，請參考以下步驟：

① 點選「Edit post」。

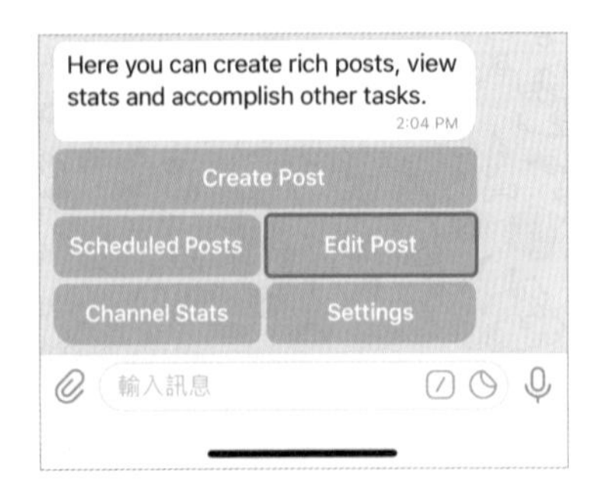

② 會出現「Forward to me a message from your channel you want to edit.」訊息。

這時候請回到「頻道」中，將要修改的訊息，「轉傳」回聊天機器人的聊天畫面。

Forward to me a message from your channel you want to edit. 2:21 PM

« Back

輸入訊息

❸ 選擇要編輯的訊息，選擇「轉傳」功能。

❹ 將訊息發送到你創建的聊天機器人中。

請注意轉傳訊息時，是將訊息轉傳回你創建的聊天機器人中，而不是轉傳到「Controller Bot」聊天機器人當中喔！

❺ 輸入你想要修改的文字訊息。如果要修改照片 / 影片或是「連結」按鈕，都可以直接點擊上方的功能按鈕進行編輯。

❻ 編輯後記得點選「Save Changes」，儲存你所做的變更。之後再回到「頻道」中，就可以看到原來的訊息內容已經修改。

4.5 聊天機器人個性化名稱、大頭貼設定

前面章節介紹了如何向 BotFather 聊天機器人申請創建一個新的聊天機器人，眼尖的人應該有注意到一個特別的地方，為何從前面介紹到 Like and Comments、AnyComBot 和 Controller Bot 都有一個專屬的「頭像」，那我們自己創建的聊天機器人是否也可以有專屬的頭像呢？以及是否可以重新修改名稱呢？這些問題的答案，接下來將為你逐一解答。

先前提到 BotFather 是管理、統治所有聊天機器人的聊天機器人。你可以運用它創建新的聊天機器人並管理現有的聊天機器人。因此若要修改聊天機器人的名稱、頭像以及相關設定，就一定要透過 BotFather 來做設定修改（甚至 Like and Comments 、AnyComBot 和 Controller Bot 這些聊天機器人一樣都要透過 BotFather 做設定和修改）。

A 修改聊天機器人基本設定

先進入到 BotFather（@BotFather）的聊天畫面當中，在聊天對話框中輸入「/mybots」指令，此指令可以讓你查詢目前透過你創建的聊天機器人有哪些，畫面如下圖。

1. 輸入「/mybots」後，會顯示出所有你創建的聊天機器人，請選擇你要編輯的聊天機器人，點擊進入。

❷ 上方可以看到聊天機器人的基本資訊：

1. Name：天長互動創意
2. Username：@TCsky…

你可以先確認資訊是否有誤，是否為你要修改的聊天機器人。確認無誤後請點擊「Edit Bot」。

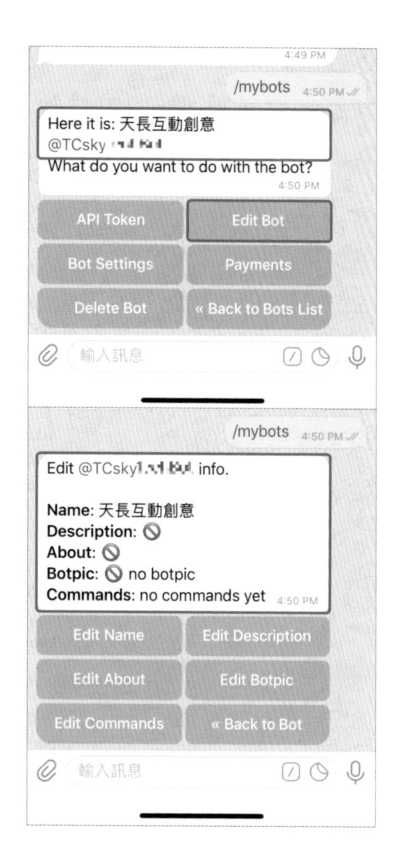

❸ 進入「Edit Bot」後，上方可以看到聊天機器人的基本資訊。先前我們創建聊天機器人時，只有輸入「Name」和「Username」，因此在 Description、About、Botpic、Commands 等資訊皆為「🚫」: 代表尚未設定，沒有資訊。

在此分別介紹各個按鈕之作用：

Edit Name	修改機器人名稱。
Edit Description	修改第一次開啟聊天機器人時，聊天畫面中顯示的說明文字。
Edit About	修改機器人資訊介面的簡介文字。
Edit Botpic	修改機器人的圖片。
Edit Commands	修改機器人的指令列表（可顯示在聊天畫面當中）。

Username（ID）設定後就無法修改！

以此聊天機器人為例：Name：天長互動創意；Username：@TCsky…，天長互動創意名稱可以隨時修改，而 @TCsky…此組 Username（或想成 ID/ 帳號名稱）設定後就不能再修改囉！

最多人搞混的便是「Description」和「About」的差異，如果就「英文」字面上描述，很容易搞混其出現的位置和使用時機點。「Description」指的是當我們第一次加入聊天機器人好友時，聊天機器人的「聊天畫面」中會顯示的文字；而「About」則是聊天機器人資訊介面的簡介文字。

聊天機器人的簡介、介紹頁面：進入聊天機器人的聊天畫面後，點擊上方名稱區域或是右上方頭像部分便可進入。

第一次進入聊天機器人的聊天畫面　　聊天機器人的簡介、介紹頁面

「Description」和「About」設定方式差異不大，接著以「About」作為操作示範。

❶ 請點擊「Edit About」。

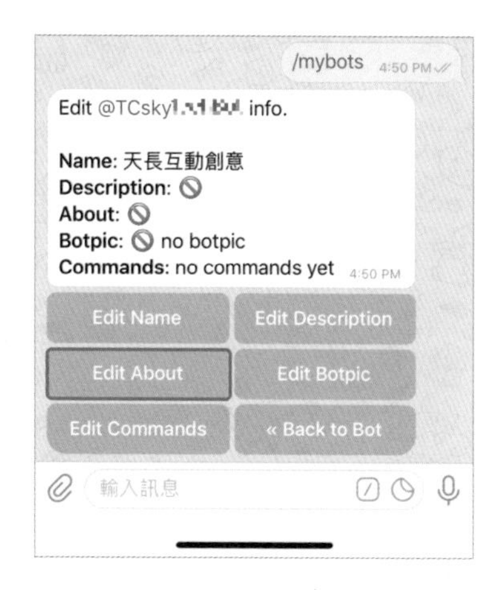

❷ 在聊天輸入框中輸入你想要設定的文字訊息，設定好後送出即可完成設定。

❸ 設定完成後，便可看到「Success! …」訊息。接著可以點擊「Back to Bot」返回聊天機器人編輯選單，或是點擊「Back to Bots List」返回聊天機器人列表。

接著我們來為聊天機器人設定一個專屬的頭像照片，選擇「Edit Botpic」選項（Botpic 即 Bot picture 縮寫）。

❶ 請點擊「Edit Botpic」。

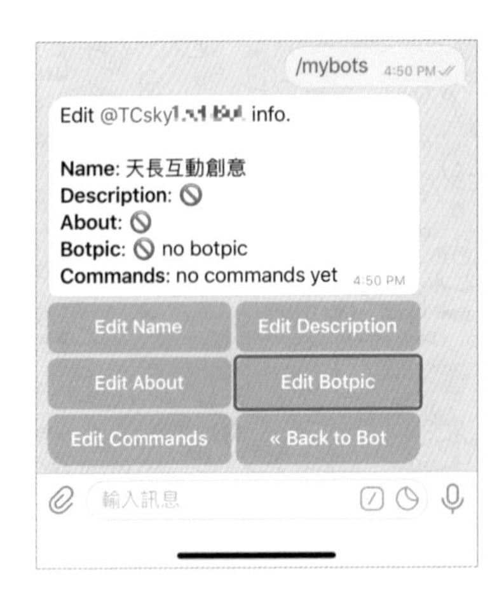

❷ 點擊「迴紋針」圖示，上傳你的聊天機器人頭像照片檔案。

❸ 設定完成後便可看到「Success! …」訊息。接著返回聊天機器人畫面，便可以看到頭像照片已經變更。

頭像尺寸建議為「正方形」，比較不會有裁切、變形的問題。

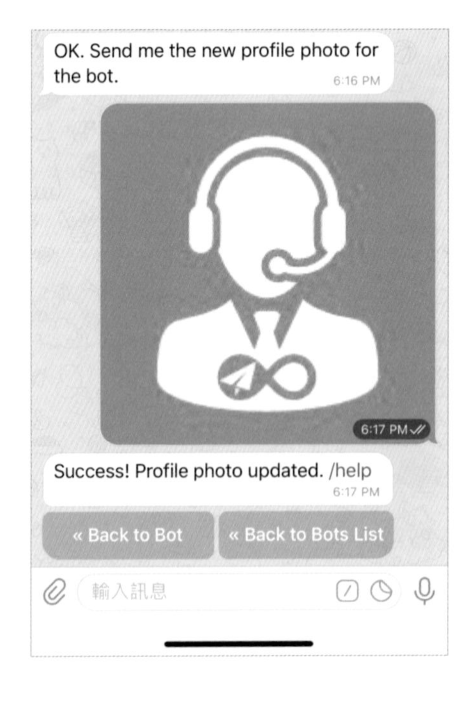

至於「Edit Commands」是什麼呢？我們先來看下圖會比較容易理解：

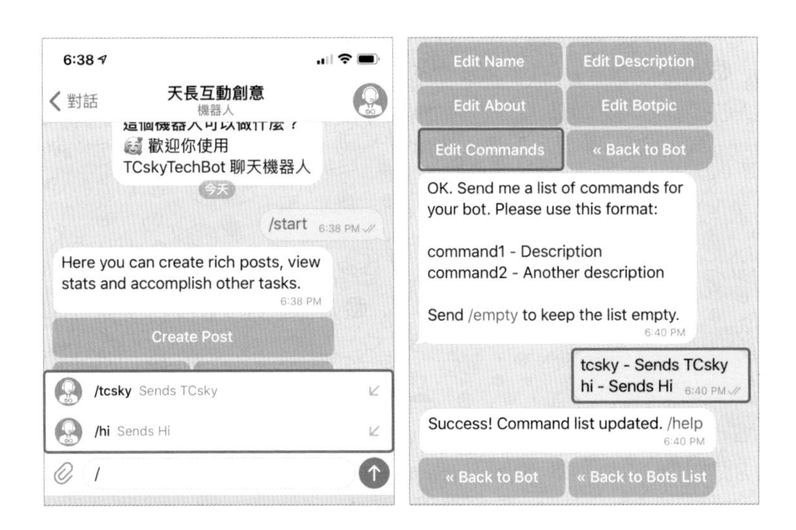

當設定好「Commands」指令時，在聊天機器人的聊天畫面中輸入「/」，便會跳出快捷畫面，直接點選指令即可，不用每次都輸入一次。同時也能做到「指令提示」，當忘記某個指令的用途時，指令後面會有說明文字，告訴使用者該指令之用途。

這部分大概有概念即可，因為實際要搭配開發聊天機器人功能才能夠做到，例如我們先前在 BotFather 聊天機器人中，輸入「/newbot」或是「/mybots」指令時就會出現相對應功能，都是因為程式開發人員已經先撰寫好程式，才能這麼簡單、方便我們輸入指令就能做到創建機器人以及修改機器人設定等功能。

B 聊天機器人 API Token 查詢、撤銷與重發

什麼是 API Token？我們在創建聊天機器人時會有一組「HTTP API」：隨機亂碼產生的金鑰（類似 896490914:ANDYRcjOuiXnSI4ysAY8MKKTvm9Fjz93quk），在 Telegram 當中也稱作 API Token。這組 API Token 非常重要，無論是聊天機器人設定或是未來要開發聊天機器人功能都會用到，因此絕對不能忘記也千萬不要外流，因為有心人士拿到這組金鑰，便可以控制你的聊天機器人喔！

問題是，上面這組亂碼誰記得住啊，一定是儲存下來記載檔案中，但是如果不小心電腦中毒，硬碟壞掉檔案毀損或檔案不見怎麼辦呢？有人說那就存在雲端硬碟、檔案中比較安全，這倒是沒錯。不過，其實不用這麼麻煩，Telegram 本身就有 API Token 查詢的功能，同時，萬一你的 API Token 外流或遭竊，你還可以趕緊將 API Token 撤銷並要求 Telegram 重新發送一組新的 API Token。接著來看操作步驟怎麼進行吧！

首先，一樣是先進入 BotFather（@BotFather）聊天畫面中，然後輸入「/mybots」指令。

1. 輸入「/mybots」後，會顯示出所有你創建的聊天機器人，請選擇你要編輯的聊天機器人，點擊進入。

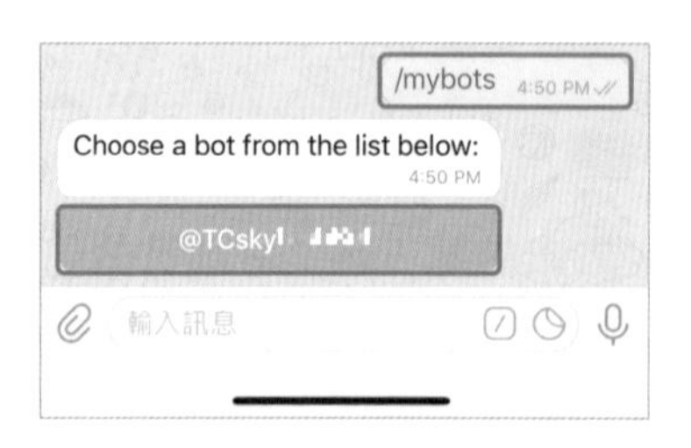

2. 接著點擊「API Token」，便能獲得「API Token」/「HTTP API」資料。

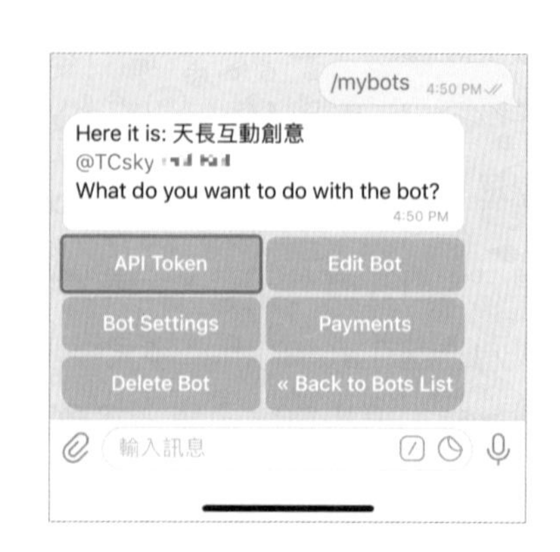

③ 如果你的聊天機器人「API Token」有外流的疑慮，則可以點選「Revoke current token」，便會重新產生一組新的「API Token」/「HTTP API」。

每個聊天機器人只會有一組「API Token」，當你產生新的「API Token」時，舊的「API Token」就會失效，無法再使用！

有關聊天機器人中，「Bot Settings」(設定)和「Payments」(付款)和聊天機器人開發程式、功能較有相關性，因此便不在本書當中討論。

透過本章節的介紹，你可以發現有許多實用、有趣的聊天機器人功能，不過因為書籍篇幅以及每個人和店家的需求都不盡相同，因此無法一一討論、分享，未來若有新開發、實用、有趣的聊天機器人功能，我都會在本書的 Telegram 專屬討論群組中分享，歡迎你的加入！

天長互動創意：Telegram 線上討論群組
https://t.me/TCsky_telegram
或在 Telegram 當中搜尋「TCsky_telegram」

MEMO

打造品牌親和力 - 貼圖運用與擴散

從有通訊軟體以來，貼圖（Stickers）一直都是非常受歡迎的訊息格式。各種可愛、有趣、搞怪、便利的貼圖比起冷冰冰的文字訊息，多了許多趣味性和親和力。每個世代通訊軟體迭代過程中，貼圖都扮演著重要的角色，最早從一位名叫斯考特（Scott Fahlman）美國卡耐基．梅隆大學的語言技術和人機互動研究教授建議用「:-)」來表示「這是一個笑話」開始，這個小東西從此活躍在網路聊天和電子郵件之中，斯考特教授也被公認為「笑臉表情之父」。

從一個小小的笑臉表情到現在的表情符號、貼圖，也讓我們從 ICQ、MSN 進展到 LINE。如今貼圖已經是通訊軟體、社群平台不可或缺的元素，也因為貼圖深受網友喜愛，當 LINE 引進可愛的官方貼圖平台進入台灣之後，不僅許多創作者紛紛投入創作，更吸引許多品牌客戶、企業投入貼圖設計並上架到 LINE 官方帳號中，提供消費者下載使用貼圖，一方面藉此募集好友人數、擴散影響力，一方面也透過貼圖的設計強化品牌印象、好感度與親和力。但是，LINE 官方帳號上架貼圖的費用動輒數十萬、百萬，並不是中小型企業可以負擔的成本，企業、店家若是採用原創貼圖上架的模式，又變成消費者下載貼圖時需要額外付費，不容易推廣。

現在，透過 Telegram 上架專屬品牌的企業貼圖，作為宣傳曝光之用是完全免費的！不僅品牌、企業上架貼圖完全免費，使用者下載貼圖也完全免費。對於品牌、企業和使用者雙方而言都是最好的消息，可以達到雙贏的局面。你是否已經迫不及待想要趕緊上架專屬貼圖呢？接著就來分享貼圖設計、上架的步驟，趕緊跟上，一步一步打造專屬你的品牌、企業貼圖吧！

5.1 製作靜態貼圖要點與上架流程

Telegram 跟 LINE 一樣，貼圖有靜態貼圖和動態貼圖兩種形式，無論使用何種形式貼圖，完全都不用上架費用，而消費者下載使用也完全免費。在此我們先介紹「靜態貼圖」的製作注意要點以及上架流程與步驟。

5.1.1 製作靜態貼圖

A 靜態貼圖格式要求

在上架貼圖前一定要先了解 Telegram 靜態貼圖的規則與要求，才不會在設計好貼圖後，因為不符合規則而必須重新來過。Telegram 靜態貼圖有兩項重要規則必須全部符合，才能夠上架靜態貼圖：第一、尺寸要符合 512 px×512 px（px：pixel 像素）；第二、圖檔格式必須為 PNG 圖檔。

使用 PNG 圖檔有一個最重要的原因：圖片可以有透明底色！一般相機拍照的相片都是 JPG 格式，JPG 圖檔則無法做到透明底色。例如下圖：

乍看之下，兩張圖片看起來一模一樣，沒有任何差別，但是我們將表格背景加上顏色後，會如下圖效果：

這時候就可以看出 JPG 圖檔沒有透明底圖的效果，當底圖和圖檔底色不同時，看起來就會格格不入，除非將 JPG 圖檔的底色改成和背景顏色一樣，才不會看起來怪怪的。但這個跟上架靜態貼圖有什麼關係？我們來看看下圖：

在 Telegram 聊天畫面當中，每個使用者都可以自己定義背景圖片，貼圖的背景顏色要跟使用者背景一樣根本不可能。我們不可能大量產生各式各樣的符合使用者背景的貼圖。因此最好的方式就是讓貼圖的底圖背景是「透明底色」，如此當遇到任何背景顏色，都不用擔心會太過於突兀。

B 靜態貼圖去背處理

前面已經介紹過靜態貼圖的格式要求，PNG 圖檔格式可以有透明背景、透明底圖的功能，但圖片素材該如何能夠做到「透明背景」呢（通常稱為去背：去除背景）？過往要能夠達到去背效果，必須透過專業的影像處理軟體，如 Adobe Photoshop、Affinity Photo 這類軟體，這些專業軟體不僅一般人不容易上手，而且通常需要付費。現在手機功能越來越強大、越來越方便，有許多影像處理 APP 都可以做到去背功能，不僅輕鬆而且許多都是免費，例如 Apowersoft、美圖秀秀、去背 P 圖秀、大神 P 圖等等不勝枚舉。以下要介紹的不是電腦的影像處理軟體，也不是手機 APP，而是一個「網站」。

「Remove.bg」影像去背網站是免費線上去背網站，不用下載任何軟體和APP，簡易操作，五秒鐘就可以幫助你將圖片去背。只要兩個動作就可以完成去背：第一、上傳照片；第二、下載去背照片。

連結到 Remove.bg 網站後，中間可以看到「上傳照片」，你可以直接點擊「上傳圖片」按鈕，選擇一張要去背的照片；或是直接拖拉電腦中的一張照片到網頁畫面中，如下圖。

接著就能夠得到去背的圖片囉！

非常神奇吧！只要透過輕鬆的拖拉照片，什麼事情都不用做就自動幫你處理好去背照片，直接下載處理過的檔案就可以了。不過或許你會發現，有些照片去背的「很乾淨」，有些照片效果差一些些。這是什麼原因造成的呢？照片若要達到較好的去背效果，要符合下列三個原則：

一 高對比

什麼是「對比」？「簡單與複雜」就是一個對比的例子！要去背的照片，背景如果越單純，自然去背就容易、效果也越好，如果照片本身的背景太過於複雜，去背的效果就會比較差。因為高對比的照片主題較清楚、背景單純，就比較容易去背。如果主題和背景的相似度較高，則為低對比的照片，去背效果自然就會較差。

二 高解析

照片本身的解析度也有相當程度的影響，如果你的照片較為模糊，就不容易區隔出主題和背景的差異，這麼一來就會造成去背不易。

三 高留白

通常我們到照相館拍攝證照相，或是電視、電影中看明星在拍照時，背景都會用綠幕或是白色背景，主要的原因就是讓背景的「雜訊」降低、單純化，這樣拍攝出來的照片，就比較容易後製與編修！因此在拍照時，背景如果能夠有較多的留白，去背也會較為容易。

5.1.2 靜態貼圖上架

第四章介紹了許多聊天機器人的用法，而在 Telegram 當中，如果我們要上架靜態貼圖到 Telegram 官方貼圖中讓使用者下載使用，一樣必須要借重聊天機器人。不同的是，這次不是要使用 BotFather 聊天機器人，而是要使用 Telegram 官方另一個專門負責處理貼圖上架的聊天機器人：@Stickers。

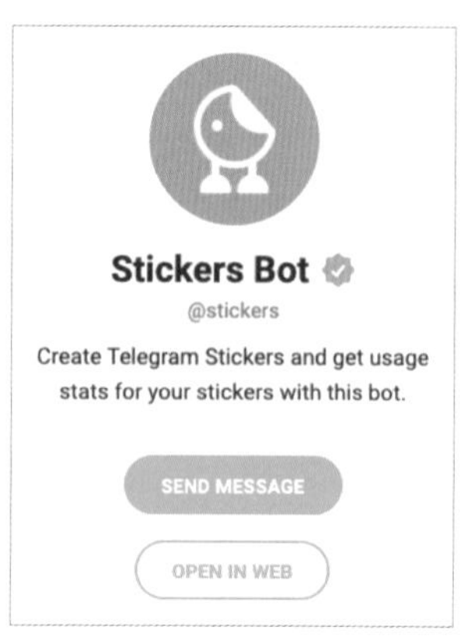

Stickers：
https://t.me/stickers（@stickers）

首先，將 @Stickers 聊天機器人加為好友，你可以搜尋 @Stickers 此 ID 名稱，找到聊天機器人加入好友。也可以直接透過連結加入好友。

❶ 第一次加入聊天機器人時，請點選「開始」進行設定。若沒有看到「開始」，可直接輸入「/start」設定。

❷ 接著點選畫面中的「/newpack」，或是在聊天對話框中輸入亦可！

「/newpack」指令：
代表要新增 / 上架一組貼圖

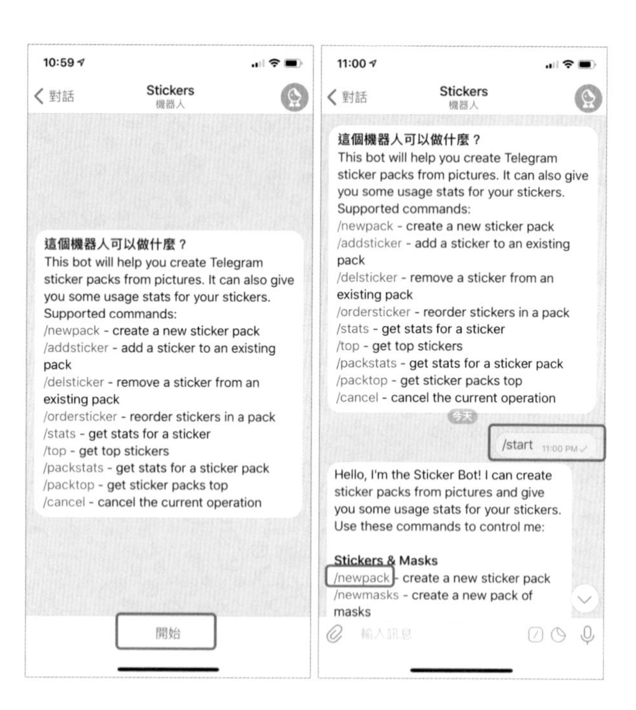

❸ Yay! A new stickers pack. How are we going to call it? Please choose a name for your pack.

輸入「/newpack」後，第一步驟會請你先為貼圖命名。你可以用中文或英文，沒有限制。該名稱會出現在使用者下載貼圖時的畫面。

❹ Alright! Now send me the sticker. The image file should be in PNG format with a transparent layer and must fit into a 512×512 square（one of the sides must be 512px and the other 512px or less）.

接著會出現一段文字，便是提醒你圖片要符合格式：

1. PNG 圖檔

2. 尺寸 512px × 512px

Telegram 還提供一個貼圖的範例檔案，主要是建議貼圖設計上可以使用白色的筆觸和陰影效果。並且建議使用電腦版或是網頁版上傳貼圖。

請點擊「迴紋針」圖示上傳你設計好的貼圖「檔案」。

點擊「迴紋針」圖示，則可傳送影音檔案（相簿、檔案、位置、投票、音樂）。

Android 畫面

iOS 畫面

圖片傳輸形式（錯誤）	檔案傳輸形式（正確）
Please attach the image as a file（uncompressed）, not as a photo.	Thanks! Now send me an emoji that corresponds to your first sticker.
	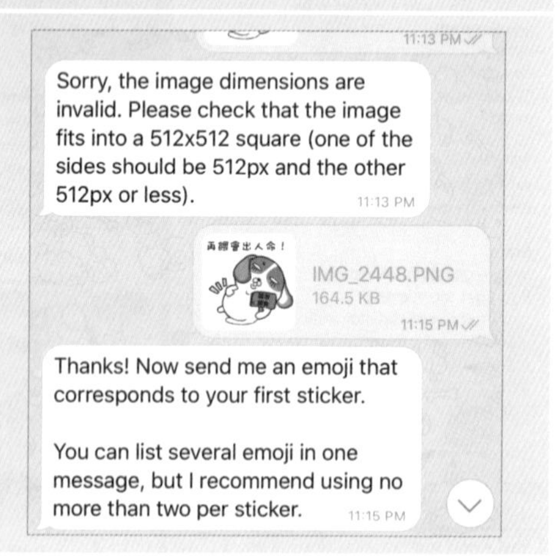

⑤ **請特別注意：**上傳貼圖檔案時，一定要使用「檔案」的傳輸形式，不能選擇「照片」的傳輸形式！

上傳後會出現：
Thanks! Now send me an emoji that corresponds to your first sticker.

主要目的是讓你的貼圖對應到一個指定的 emoji 表情符號，當他人尚未下載貼圖時或是版本不支援貼圖時，仍舊可以看到「表情符號」。

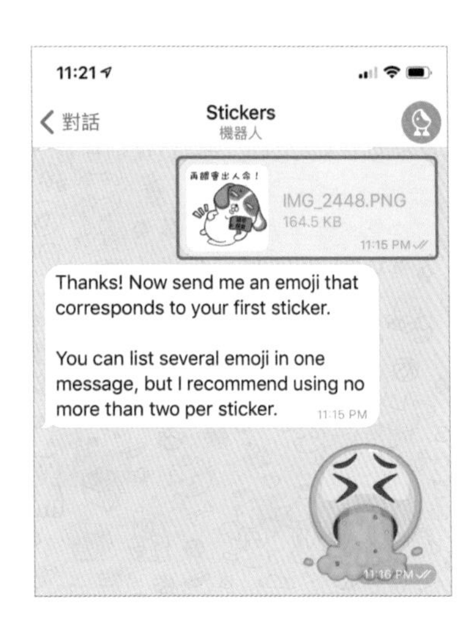

表情符號盡量要選跟你的貼圖表達意思相近的，不要為了省事，隨便選一個表情符號，微笑意境的貼圖卻選了一個哭臉的表情符號，就會造成溝通上的誤會。

⑥ 接著出現「Congratulations. Stickers in the pack」這段話時，便代表你已經成功上傳貼圖。

如果你想繼續上傳貼圖，或是你有多張貼圖，請重複上述上傳貼圖的動作：

1. 點擊「迴紋針」圖示上傳貼圖檔案
2. 選擇對應的 emoji 表情符號

等到所有貼圖檔案都完成上傳，則點擊「/publish」，完成貼圖上傳與發布。

❼ You can set an icon for your sticker pack. Telegram apps will display it in the list of stickers in the sticker panel.

點選「/publish」後，@Sickers 會問你要不要為貼圖設定一個小 icon 圖示。此 icon 主要是顯示在聊天對話框當中，如下圖：

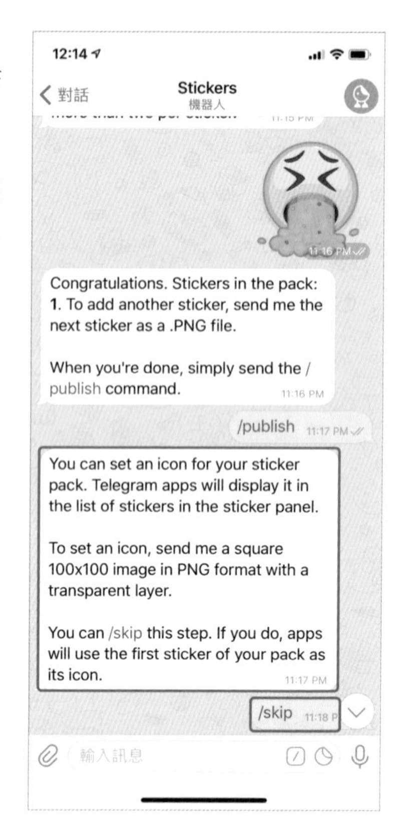

這邊其實可以不用設定，沒有設定的話，Telegram@Sickers 會以你上傳的第一張貼圖當作是預設的 icon 圖示。但如果你比較講究，希望呈現的第一張圖示比較有趣或是吸引人，可以在一開始就將該張貼圖先上傳，就能夠達到這個效果，而不用另外設定 icon。如果是上傳後才想到，便可以使用這個功能上傳一張圖片作為貼圖 icon。

貼圖 icon 圖片尺寸必須符合 100px × 100px，且為 PNG 圖檔。

貼圖圖示部分請直接點擊「/skip」跳過，讓系統自動以上傳的第一張貼圖作為圖示即可。

接著會看到 @Sickers 要求你輸入一個「short name」（短名稱）代表你的貼圖包。此短名稱也將做為你貼圖包的網址。

例如我為貼圖命名為 TCskyFriends

那麼我的貼圖下載網址則為：

https://t.me/addstickers/TCskyFriends

到此你就可以將此網址分享給好友或是傳到社群平台中，供別人下載使用囉！

Stickers
機器人
100x100 image in PNG format with a transparent layer.
You can /skip this step. If you do, apps will use the first sticker of your pack as its icon.
/skip
Please provide a short name for your stickerpack. I'll use it to create a link that you can share with friends and followers.
For example, this set has the short name 'Animals': https://telegram.me/addstickers/Animals
TCskyFriends
Kaboom! I've just published your sticker pack. Here's your link: https://t.me/addstickers/TCskyFriends
You can share it with other Telegram users — they'll be able to add your stickers to their sticker panel by following the link. Just make sure they're using an up to date version of the app.

點擊貼圖下載網址後，便可以看到右圖。點選「新增 1 張貼圖」，便可將貼圖下載，加入聊天對話框中使用！

此範例我只有上傳一張貼圖，因此下載時只能看到一張貼圖！

當我們完成貼圖上架後，難免會想要修改、增加或是刪除貼圖，這部分我們將在 5.3 節詳談。

5.2 動起來更有效！製作動態貼圖要點與上架流程

5.2.1 製作動態貼圖

A 動態貼圖軟體需求

本節製作動態貼圖必須使用 Adobe After Effects 並且搭配 Bodymovin-TG 外掛功能，以便讓 Adobe After Effects 可以匯出符合 Telegram 動態貼圖的「TGS」格式。

所需軟體如下：

Adobe After Effects	製作動畫軟體
ZXP（zxpinstaller）	協助安裝 Adobe After Effects 擴充腳本 （此為 Bodymovin-TG）
Bodymovin-TG	將 Adobe After Effects 動畫匯出為「TGS」 （Telegram 動態貼圖格式）。

軟體下載點：

- Adobe After Effects：
  https://www.adobe.com/tw/downloads.html
- Bodymovin：
  https://github.com/TelegramMessenger/bodymovin-extension/releases
- ZXP（zxpinstaller）：
  https://zxpinstaller.com/
- Telegram 製作動態貼圖官方說明參考：
  https://core.telegram.org/animated_stickers

B 軟體安裝與設定

第一步驟先安裝 ZXP（zxpinstaller），安裝前請先確認 Adobe After Effects 已經關閉。

Windows 版本安裝畫面

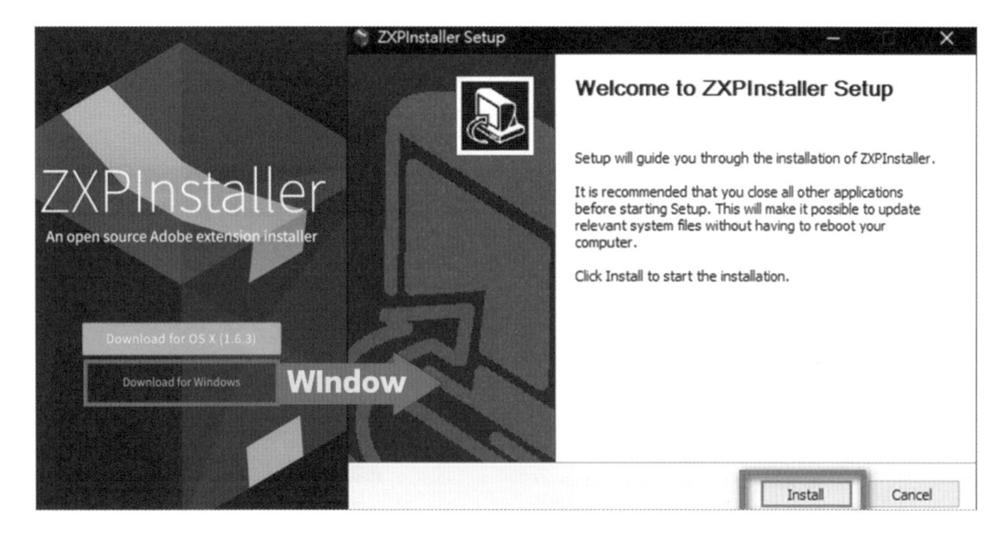

Mac 版本安裝畫面

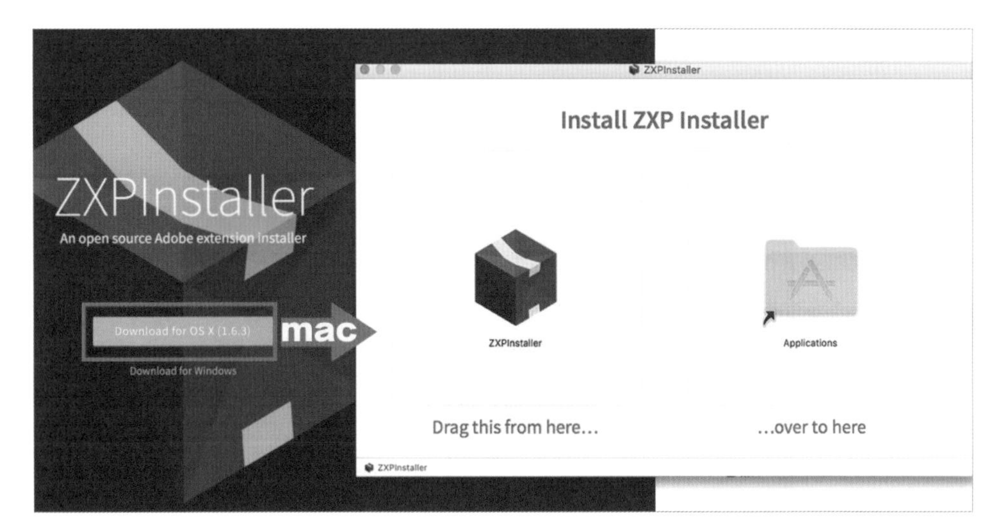

安裝 ZXP 完成後，請下載 Bodymovin。

❶ 進入：https://github.com/TelegramMessenger/bodymovin-extension/releases，點擊「bodymovin-tg.zxp」下載檔案。

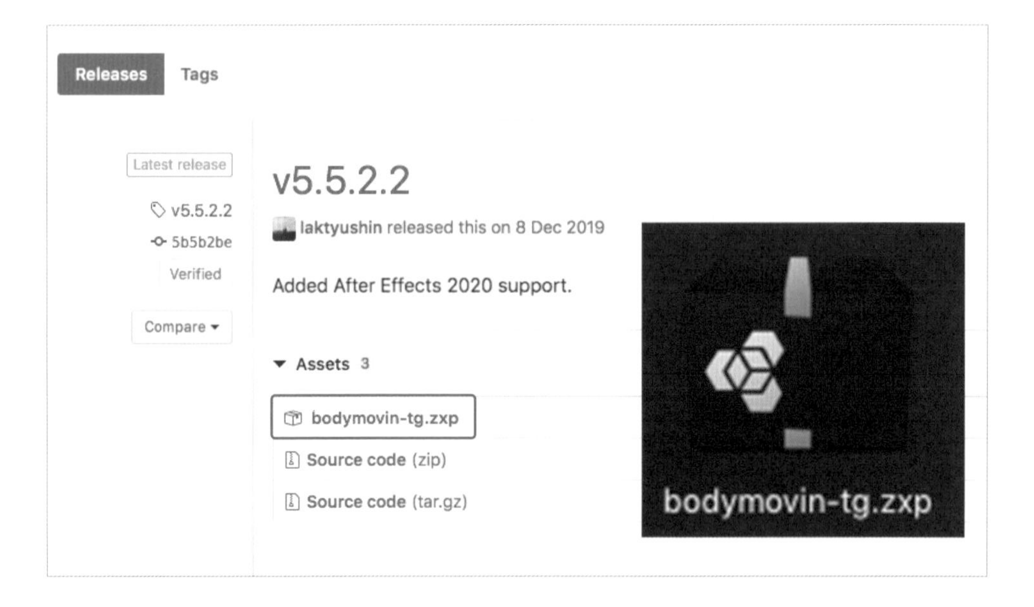

❷ 開啟 zxpinstaller，點擊「Drag a Zxp file or click here to select a file」，選擇剛剛下載的「bodymovin-tg.zxp」檔案，或直接拖拉到視窗中！

❸ 安裝過程會出現「Installing your extension⋯」，請稍候！

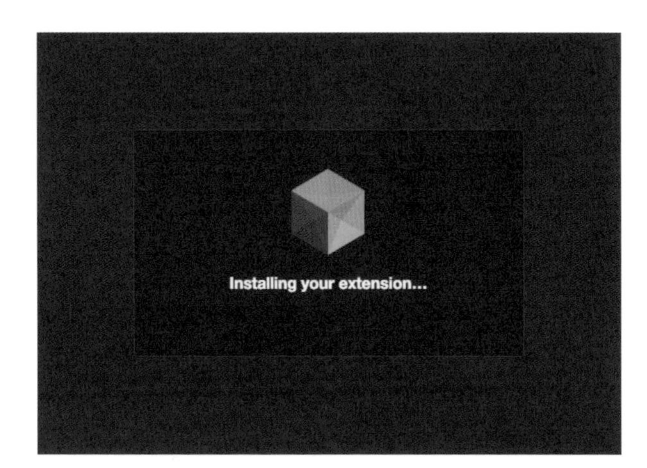

❹ 安裝完成後，會出現「Your extension has been installed. Please restart your Adobe application.」，便代表已安裝完成，可以關閉 Zxp 程式，並重新開啟「Adobe After Effects」軟體。

開啟「Adobe After Effects」軟體後，在 Adobe After Effects → Window → Extensions 功能選單底下，看到「Bodymovin」即代表安裝成功！

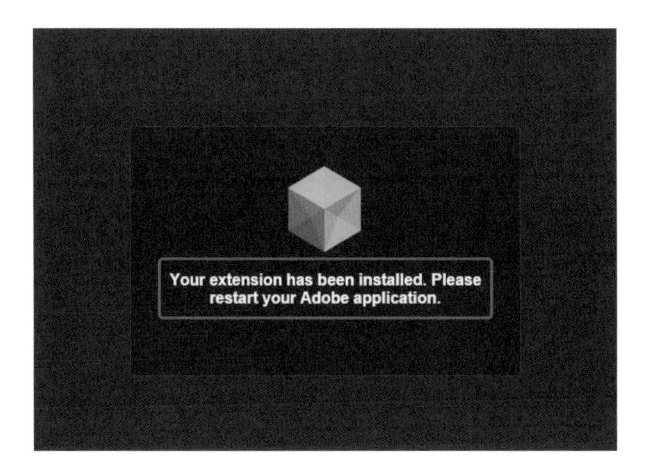

當安裝完成 Adobe After Effects 擴充腳本 – Bodymovin 之後，就可以針對 Adobe After Effects 進行設定，操作如下：

❶ 找到 After Effects → Preferences → General，若找不到可從「Edit」中查找：Edit > Preferences > General...

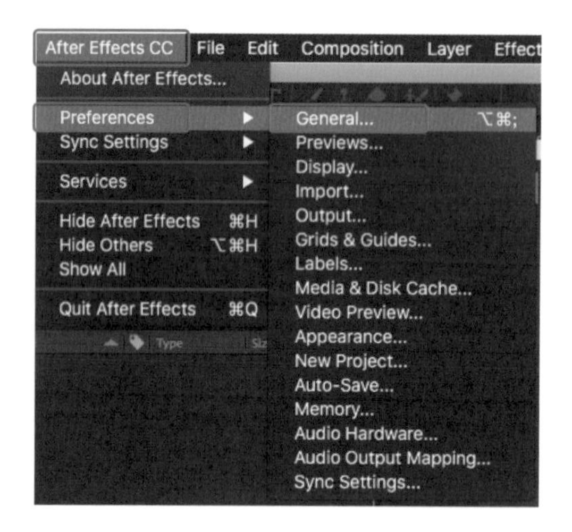

❷ 滑鼠移到在左邊的 Composition 按右鍵，接著點擊「Composition Settings」。

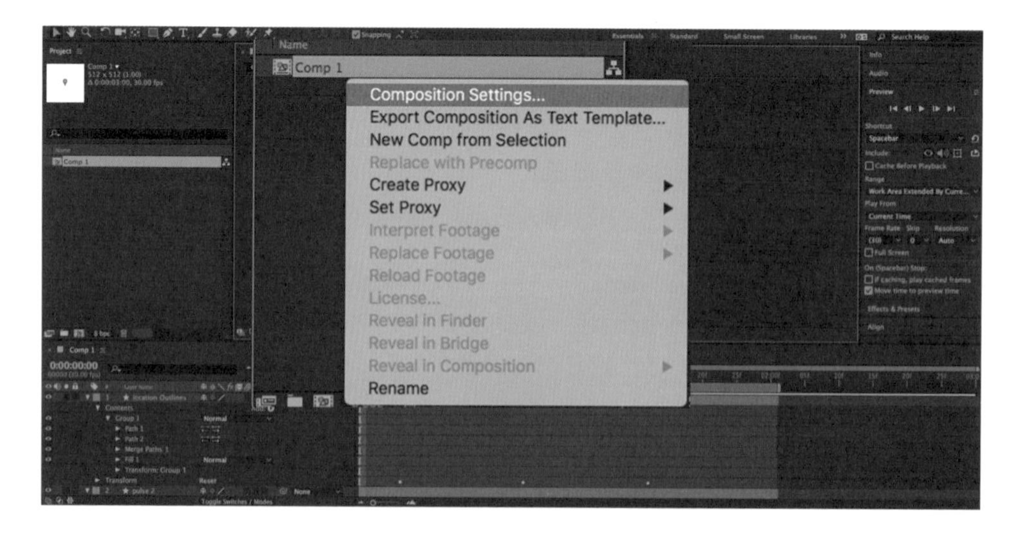

❸ 在此步驟主要是將動畫選項設定成符合 Telegram 動態貼圖的格式。

點擊「Basic」後，請依序設定 Width、Height、Frame Rate、Duration：

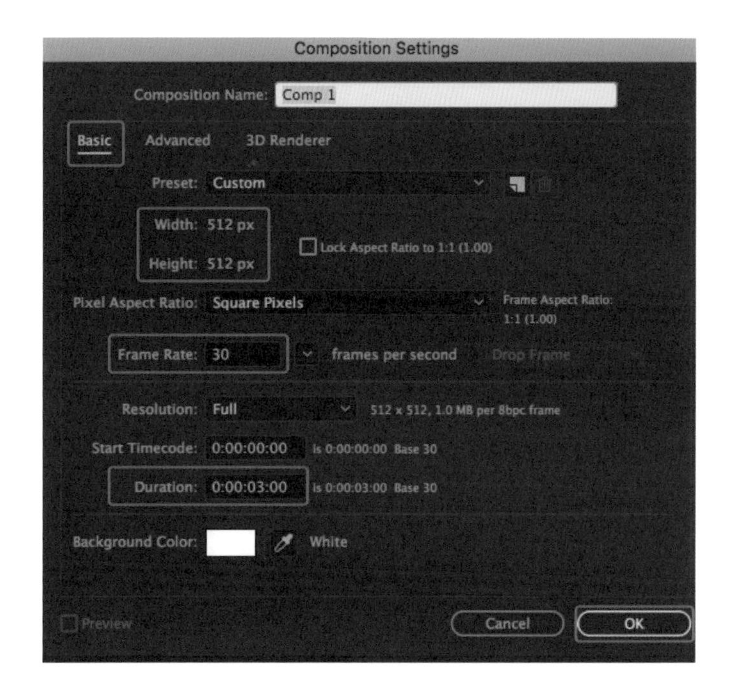

- Width － 512px、Height:512px：貼圖 / 畫布大小必須為 512×512 像素。
- Frame Rate －「30」：輸出時如果不是 30 就是要 60，不然會跳出錯誤訊息。
- Duration －「0:00:03:00」：動畫長度不得超過 3 秒。

到此步驟完成後，便可以開始使用 Adode After Effects 軟體設計動畫，相關 Adode After Effects 操作：建立相關形狀圖層，加入關鍵影格等步驟，請參考其他相關書籍或影片：

https://www.youtube.com/watch?v=t3MWYtvPaBc

當動畫設計好後，請依照下列動作將動畫匯出成符合 Telegram 的動態貼圖格式（TGS 檔案格式）。

❶ 選擇「Window」→「Extensions」→「Bodymovin forTelegramStickers」，將動畫輸出成 Telegram 動態貼圖格式。

❷ 點擊「圓圈」處，可設定儲存檔名，設定好後請點擊「儲存」儲存變更。

接著點擊「Render」開始輸出檔案。

輸出完成後，在儲存路徑 / 檔案夾中便可以看到「*.tgs」動態貼圖檔案，接著將此檔案上傳到 Telegram@Stickers 聊天機器人，並發布貼圖。

在 Adode After Effects 設計動畫時，要特別注意避免使用以下幾個功能，才不會導致最後動畫無法正確輸出成「TGS」檔案。

英文功能	中文翻譯	英文功能	中文翻譯
Expressions	表達式	Solids	實色
Masks、Mattes	遮罩	Texts	文字
Layer Effect	圖層效果	3D Layers	3D 圖層
Images	圖像	Merge Paths	合併路徑
Star Shapes	星形	Repeaters	重覆
Gradient Strokes	漸層描邊	Time Stretching	時間伸縮
Time Remapping	時間對應	Auto-Oriented Layer	自動定向圖層

Ⓒ 動態貼圖格式要求

- 貼圖 / 畫布大小必須為 512×512 像素。
- 貼圖主角不能超出畫布範圍。
- 動畫長度不得超過 3 秒。
- 必須是循環動畫。
- 貼圖大小不得超過 64 KB。

5.2.2 動態貼圖上架

上架動態貼圖和靜態貼圖的流程和步驟大同小異，首先一樣要先將 @Stickers 加入為好友，加入後請到 @Stickers 聊天機器人的聊天畫面中輸入「/newanimated」指令，開始上架動態貼圖流程。

因為動態貼圖檔案格式為「TGS」，在電腦中較容易操作，因此以下動態貼圖上架流程以 Telegram 電腦版畫面為主要示範。

❶ 加入 @Stickers 聊天機器人後，可以在聊天畫面中點擊「/newanimated」功能，或是在聊天對話框中輸入「/newanimated」指令。

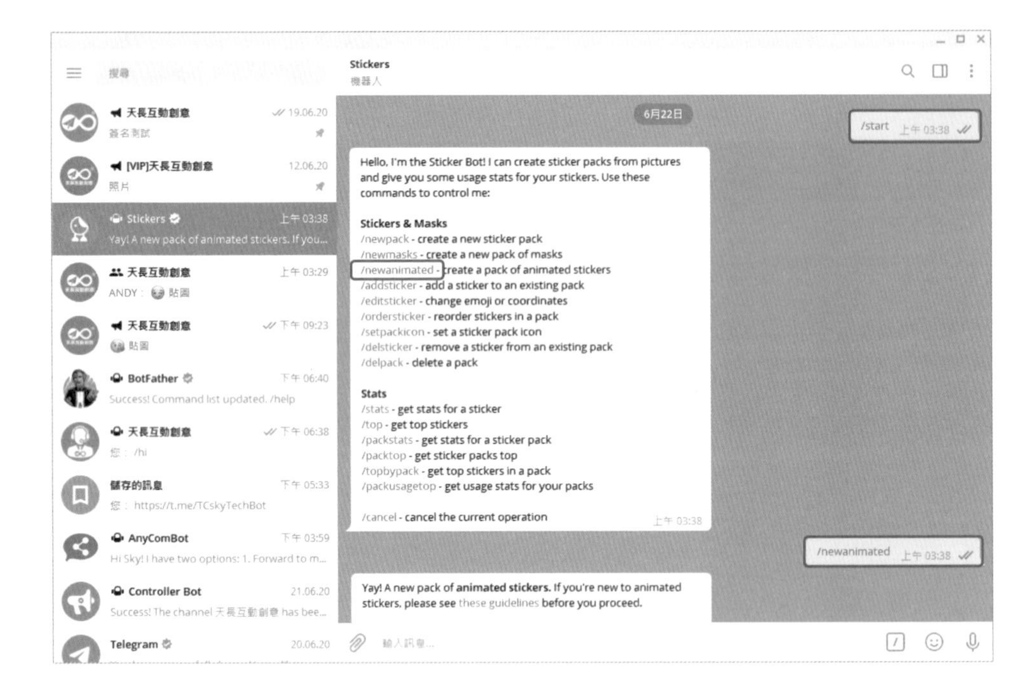

❷ Yay! A new pack of animated stickers. If you're new to animated stickers, please see these guidelines before you proceed.

聊天機器人會詢問你要為貼圖包取什麼名稱，中文或英文名稱皆可。請直接在聊天對話框中輸入名稱，例如：TCskyA

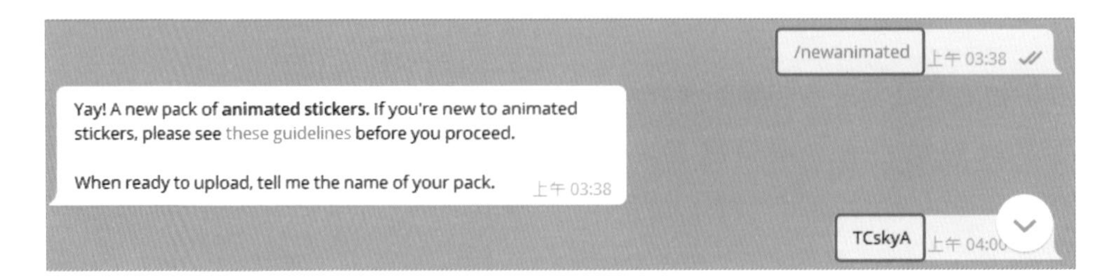

❸ 此名稱會出現在貼圖下載畫面的標題處，如下圖：

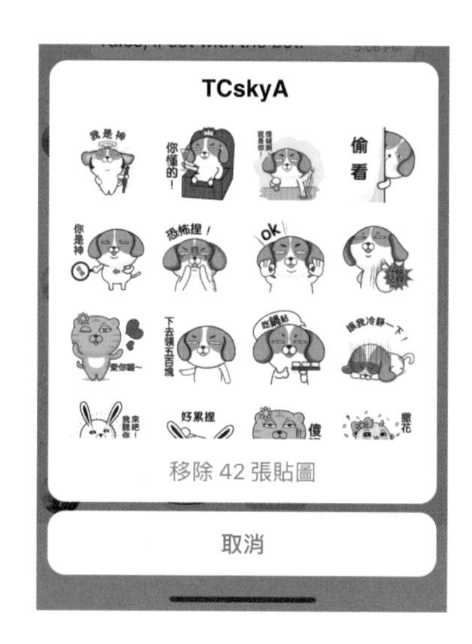

❹ Alright! Now send me the animated sticker. The image file should be in .TGS format, created using the Bodymovin-TG plugin for Adobe After Effects.

接著告訴你可以上傳動態貼圖，且檔案格式必須符合「TGS」格式。

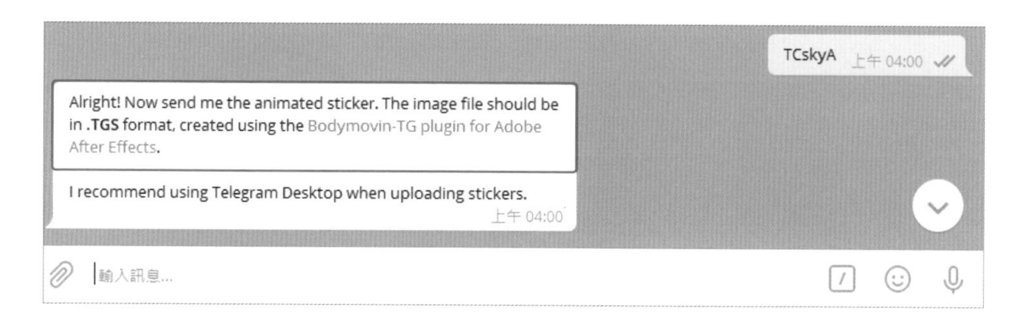

在電腦中將「TGS」格式的動態貼圖拖拉到聊天畫面中，或是點選聊天對話框中的「迴紋針」圖示，即可上傳檔案。

拖拉檔案後如下圖：

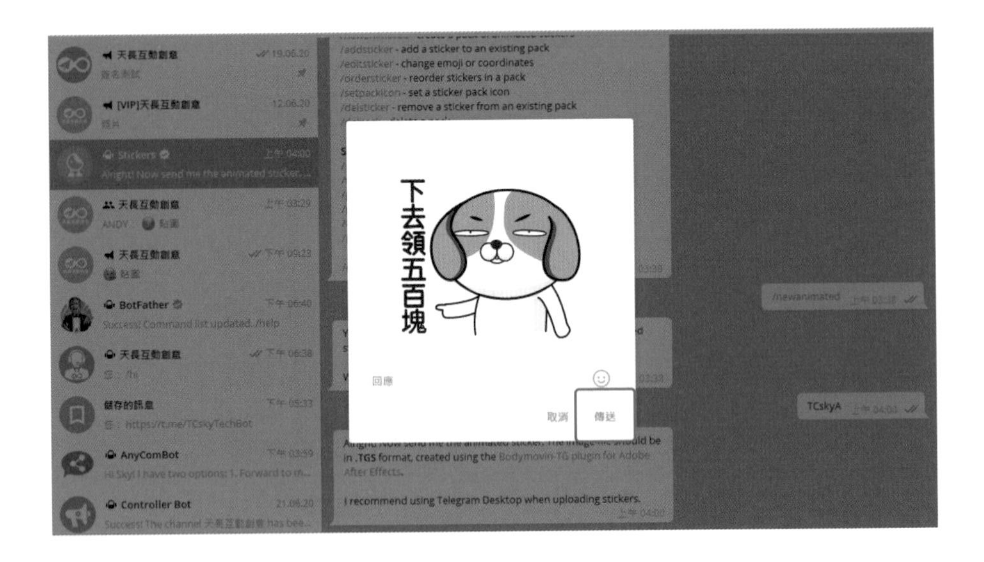

❺ 確認圖檔無誤後直接點選「傳送」。

❻ Thanks! Now send me an emoji that corresponds to your animated sticker.

傳送「TGS」檔案成功後，畫面上就會出現「動態貼圖」，接著需要輸入相對應的表情符號。

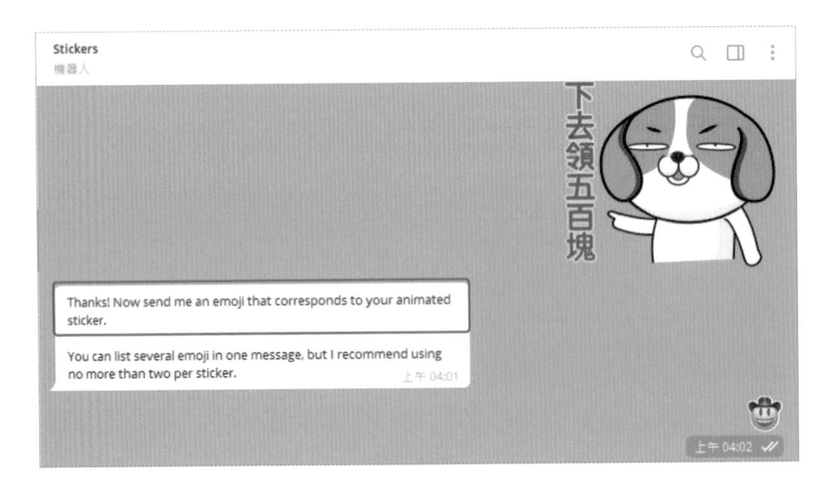

雖然動態貼圖在設定相對應的表情符號時，並沒有限定只能輸入一個表情符號，但比較建議一張貼圖對應一個表情符號。

❼ Congratulations. Stickers in the pack：1. To add another animated sticker, send me the next sticker as a .TGS file.

上傳完表情符號後，就會出現「Congratulations. …」，此時便代表第一張動態貼圖已經上傳完成，如果你有多張動態貼圖，則重複前述動作：1. 上傳「TGS」檔案格式的動態貼圖、2. 設定相對應的表情符號

Thanks! Now send me an emoji that corresponds to your animated sticker.

You can list several emoji in one message, but I recommend using no more than two per sticker. 上午 04:01

上午 04:02

Congratulations. Stickers in the pack: 1. To add another animated sticker, send me the next sticker as a .TGS file.

When you're done, simply send the /publish command. 上午 04:02

❽ 直到你所有的貼圖都上傳完畢後，則點擊或輸入「/publish」，並在聊天對話框底下，選擇動態貼圖要放在哪個「貼圖包」當中。

如果你先前已經有其他「貼圖包」，這邊便會顯示多個按鈕。

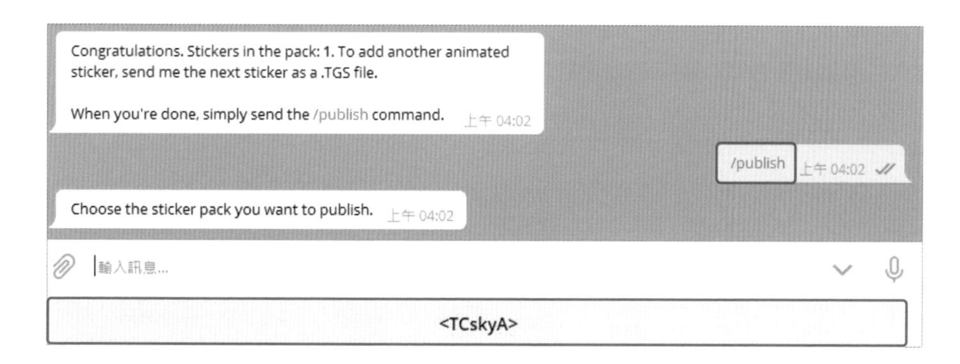

❾ 接著會詢問你是否要設定「貼圖包」的 icon，如果不設定則直接點選「/skip」：若沒有設定 icon，會自動以第一張上傳的貼圖作為 icon。若有設定 icon，則會在聊天對話框中顯示。

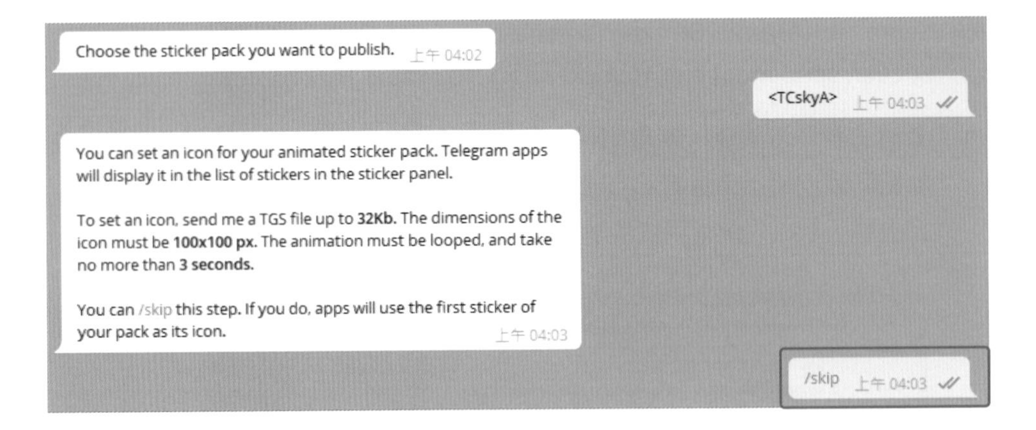

⑩ 動態貼圖的 icon 也可以設定為「動畫」喔！格式規則如下：

- 必須使用「TGS」動態貼圖格式
- 尺寸必須為 100px × 100px
- 動畫時間長度不能超過 3 秒鐘

⑪ Please provide a short name for your stickerpack. I'll use it to create a link that you can share with friends and followers.

最後一個步驟會請你提供「short name」（短名稱），此名稱會作為貼圖包下載網址的名稱，例如設定為 TCskyA，貼圖包下載網址便是：https://t.me/addstickers/TCskyA

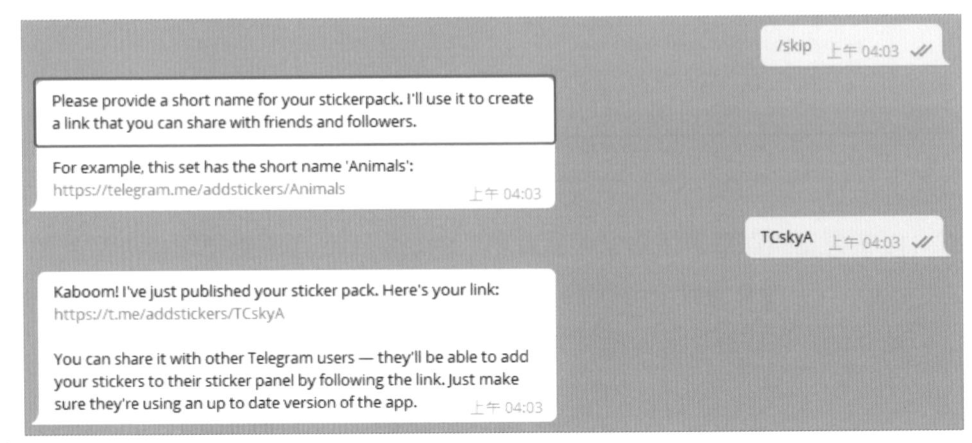

這時候就可以開始分享你的貼圖網址給好友，以及分享到社群平台中，當有人點選貼圖包下載網址後，便可以直接使用貼圖，不需要額外付費喔！

5.3 管理貼圖包：新增 / 修改 / 刪除貼圖

A 貼圖包管理指令說明

當我們完成貼圖上架後，難免會想要修改、增加或是刪除貼圖，要進行任何異動時，不用將貼圖包重新打包並交由官方審核，只要透過 @Sickers 相關指令便可以做到。

接著來看 @Sickers 有哪些相關指令可以幫助我們管理已經上架的貼圖包。

指令	說明
/addsticker	在已經存在的貼圖包當中，新增新的貼圖
/editsticker	修改貼圖對應的表情符號
/ordersticker	重新編排貼圖包中貼圖的順序
/setpackicon	設定貼圖包 Icon
/delsticker	在已經存在的貼圖包當中，移除貼圖
/delpack	刪除整個貼圖包
/cancel	此指令可以中止，目前在 @Sickers 中進行的動作

或許有人會擔心要記這麼多指令，很容易忘記怎麼辦呢？別擔心，@Sickers 聊天機器人已經貼心地幫我們設定好「快捷鍵」，方便你可以在聊天畫面中就可以輸入相關管理貼圖包的指令。只要你在 @Sickers 聊天畫面中的聊天對話框輸入「/」，就會跳出選單，並且說明相關指令的用法，直接點選即可，如下圖：

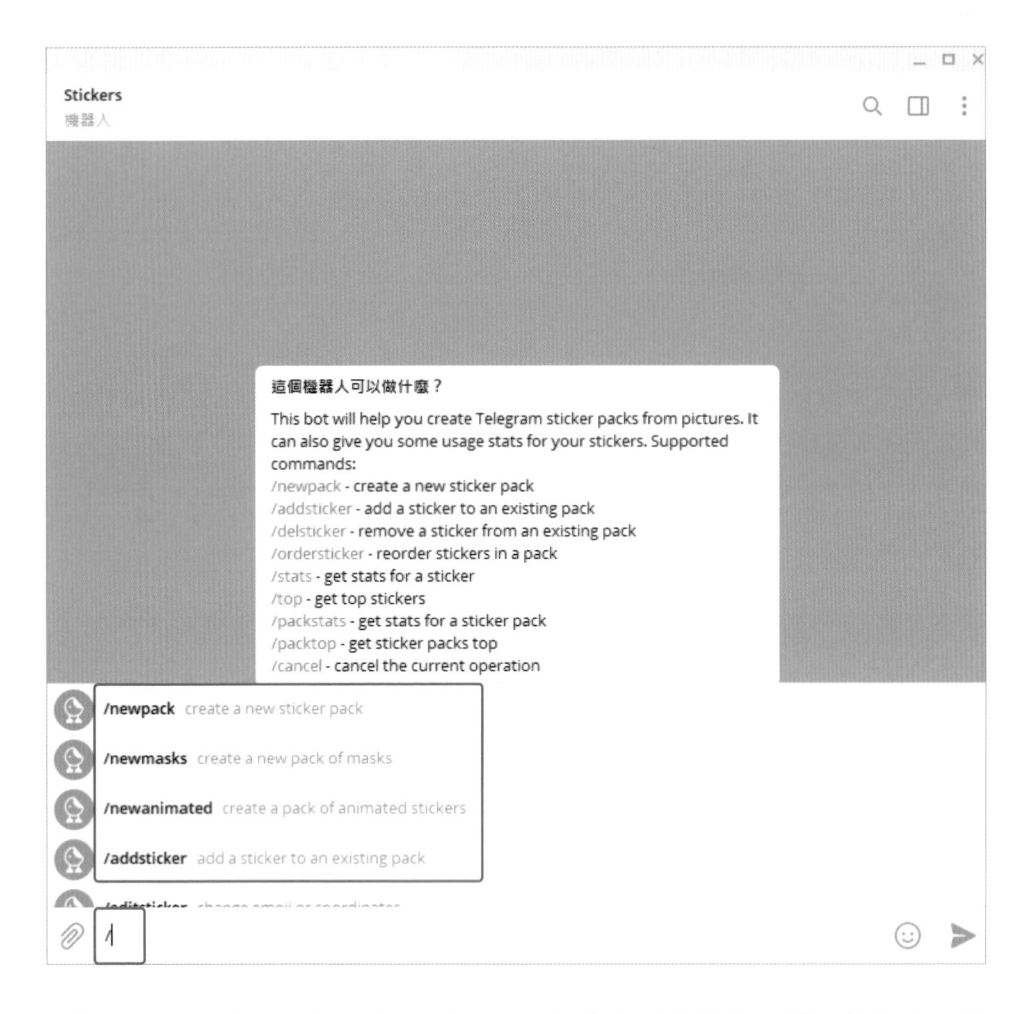

當你繼續輸入第二個字母時，例如：d，便會自動篩選出 d 開頭的指令，將其他指令剔除，而指令後面都有簡單的功能說明文字，因此不用死背指令，只要大概記得單字、有印象即可。較常用的就是「新增」、「修改」、「刪除」(add, edit, delete)。

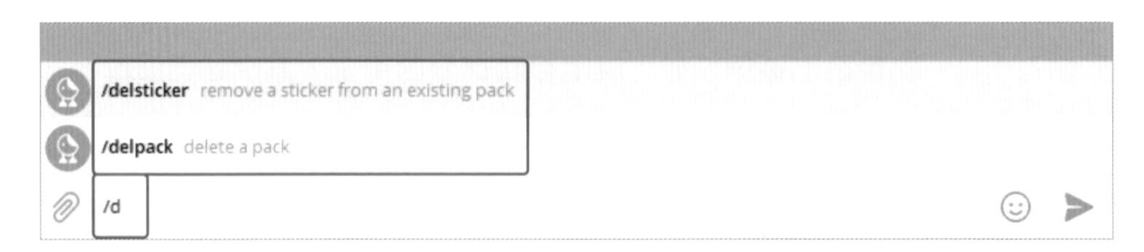

Ⓑ 新增貼圖

當設定好貼圖包後，如果有新的貼圖作品想要加入到已經設定好的貼圖包時，就可以使用「/addsticker」指令：在已經存在的貼圖包中新增新的貼圖！

一個貼圖包最多可包含 120 張貼圖。（無論靜態或動態貼圖！）

❶ 首先一樣在 @Sickers 聊天機器人的聊天畫面中輸入「/addsticker」，輸入後會詢問你要使用哪個貼圖包！選擇後繼續下一步驟。

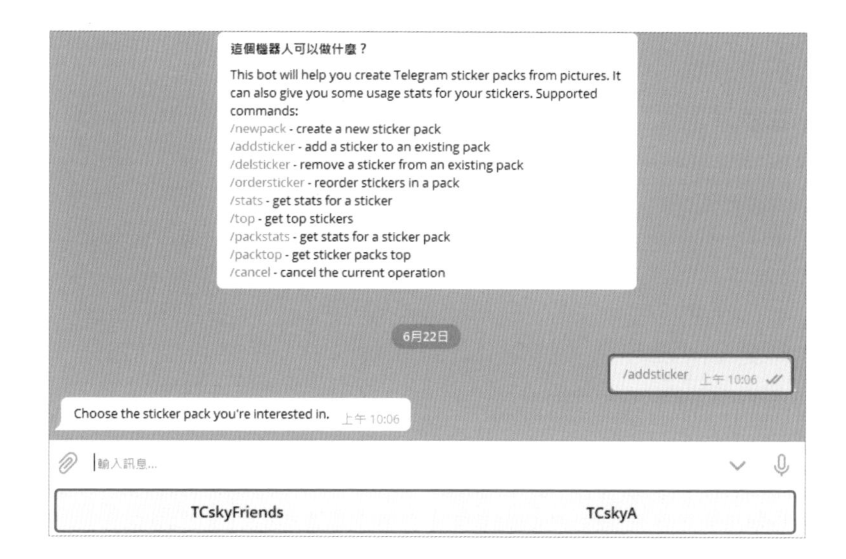

❷ 接著便是上傳貼圖檔案，並且設定相對應的表情符號！

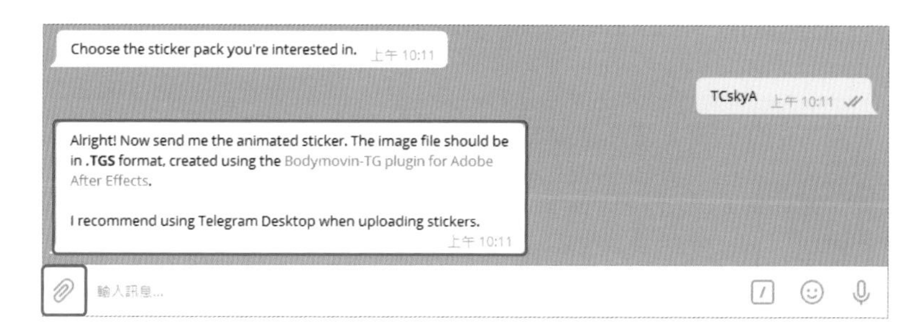

請點擊「迴紋針」圖示或是用拖拉檔案的方式，將靜態貼圖或動態貼圖檔案上傳到聊天畫面當中！

❸ 上傳貼圖和設定表情符號，如果有多張貼圖就重複相同的動作，直到貼圖新增完畢。完成後請點選或輸入「/done」即完成新增貼圖的動作！

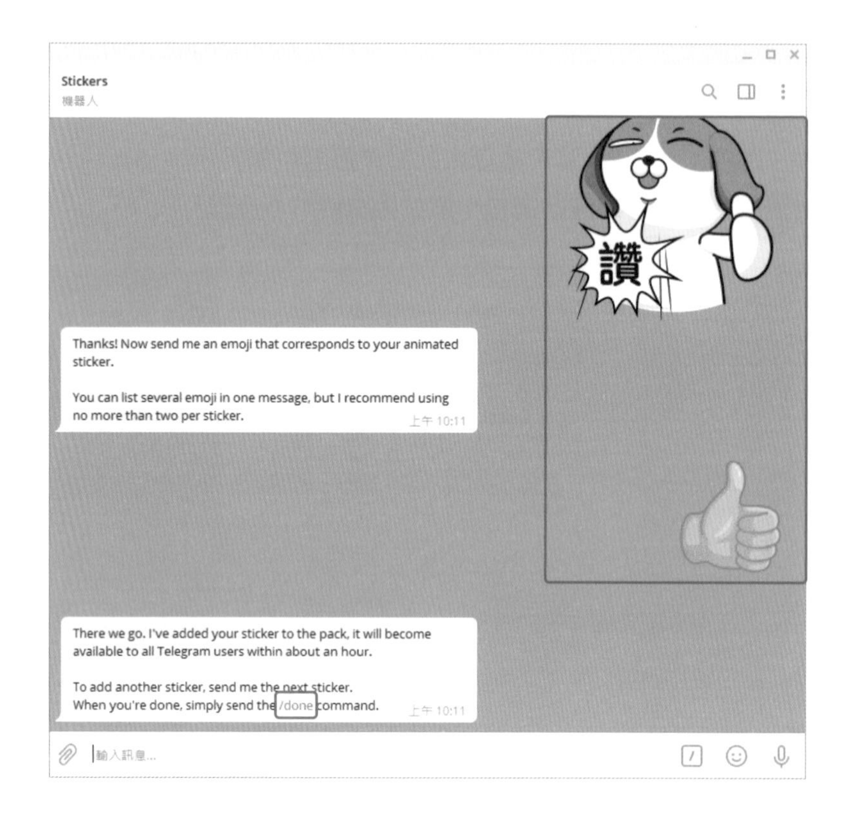

注意：因為貼圖已經存在，所以完成後就不再使用「/publish」(發布)指令，而是使用「/done」(完成指令)。

在選擇貼圖包時，要注意動態貼圖和靜態貼圖的差別，動態貼圖不能傳到靜態貼圖包當中，反之亦然！若是選擇貼圖包後，要上傳檔案時才發現選擇錯誤，可以輸入「/cancel」(取消)指令中止動作，並重新輸入「/ addsticker」即可。

Ⓒ 刪除貼圖

❶ 請在 @Sickers 聊天機器人的聊天畫面中輸入「/delsticker」，輸入後會詢問你要使用哪個貼圖包！選擇後繼續下一步驟：

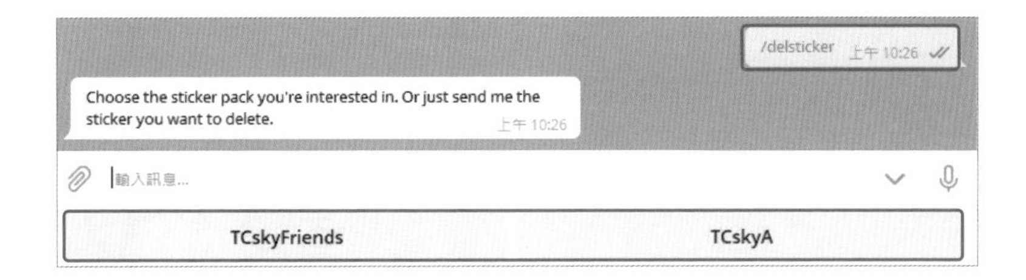

❷ 選擇貼圖包後會跳出「Select Sticker」按鈕，點擊後即可選擇要刪除的貼圖。

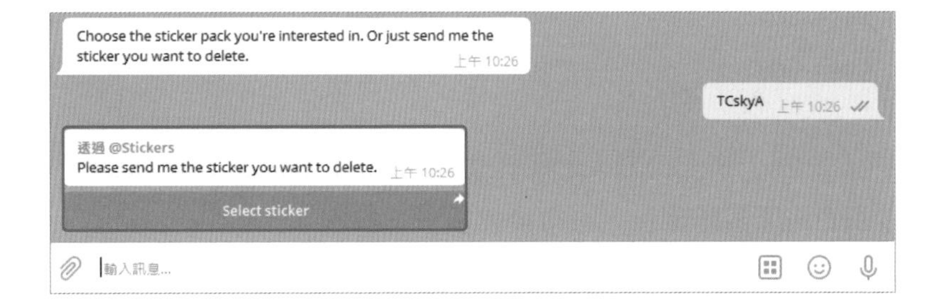

❸ 在跳出畫面中點選要刪除的貼圖！注意點擊送出後就會立即刪除喔！真不小心刪除，就只好用「/addsticker」指令將貼圖新增回來囉！

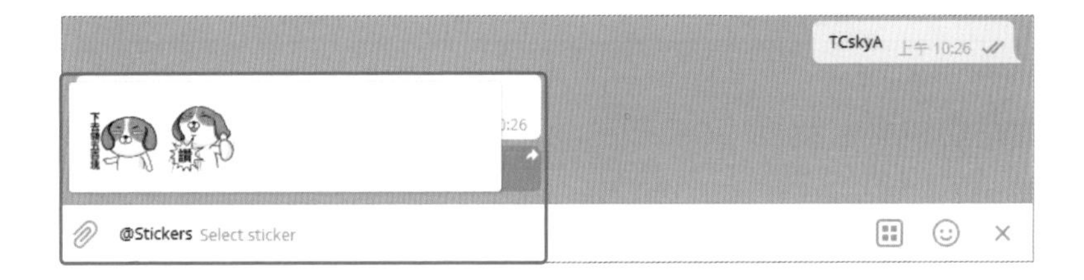

❹ 完成貼圖刪除後，聊天機器人會出現：

I have deleted that sticker for you, it will stop being available toTelegramusers within about an hour.

若需要刪除其他貼圖，則重複操作先前動作即可！

D 修改貼圖表情符號

❶ 請在 @Sickers 聊天機器人的聊天畫面中輸入「/editsticker」，輸入後會詢問你要使用哪個貼圖包！選擇後繼續下一步驟：

❷ 選擇貼圖包後會跳出「Select Sticker」按鈕，點擊後即可選擇要修改的貼圖。

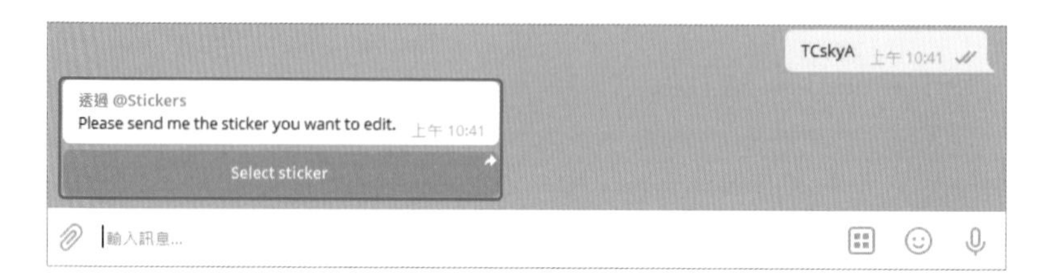

❸ 選擇要修改表情符號的貼圖。

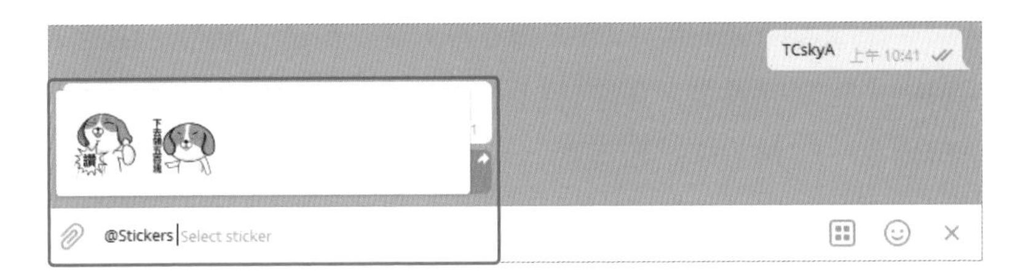

❹ 接著會告訴你現在設定的表情符號，請輸入你想要更換新的表情符號後，送出訊息即可！

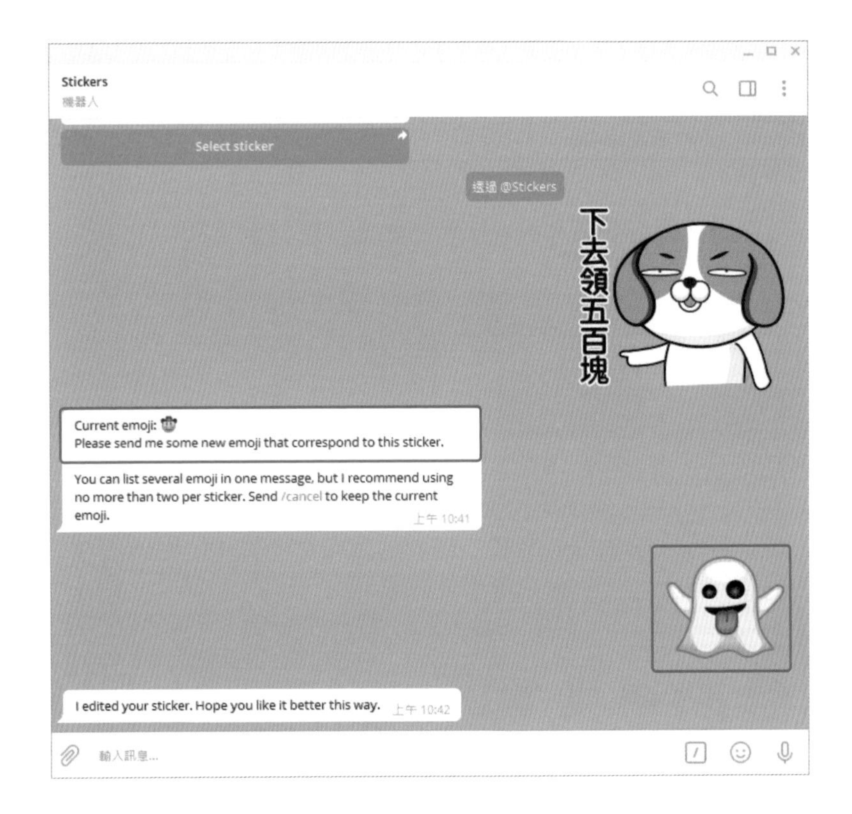

若突然不想更換表情符號，或是選錯貼圖，可以輸入「/cancel」(取消)指令中止動作。

E 重新排序貼圖包

有時候貼圖作品陸陸續續創作，加上不時的新增、修改、刪除，可能會導致整個貼圖包看起來相當的凌亂。如果設計者希望將貼圖包重新整理、排列，將類似的作品排列在一起看起來比較美觀，可以使用「/ordersticker」達成。

❶ 請在 @Sickers 聊天機器人的聊天畫面中輸入「/ordersticker」，輸入後會詢問你要使用哪個貼圖包！選擇後繼續下一步驟：

❷ 首先，選擇一張你想要移動 / 排序的貼圖，請點選「Select Sticker」。

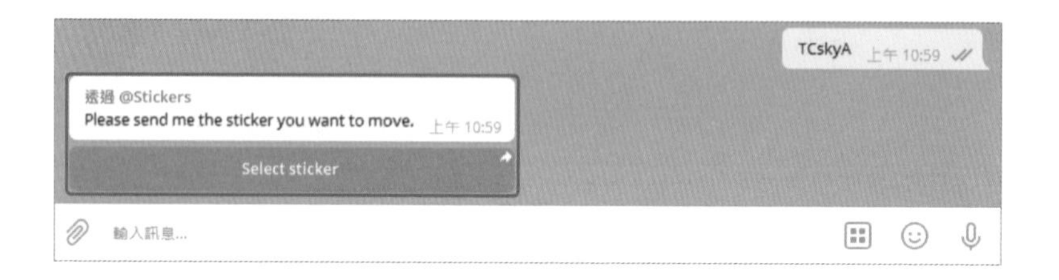

❸ 例如要將最後一張狗狗的貼圖，移到前面和其他狗狗的貼圖放在一起。

❹ 接著，要選擇將貼圖放到哪個位置，一樣是點選「Select Sticker」。

❺ Please send me the sticker that will be the new neighbor on the left.
請注意這時候你選擇的貼圖是要將第一張貼圖放在第二張貼圖後面！

例如這邊我們選擇「感謝」的貼圖，則第一張貼圖便會排列到「感謝」貼圖的後面。

另外最前面有一個預設的「灰色圓型區域」，如果點擊選擇此處，則代表要將貼圖放到最前面的位置。

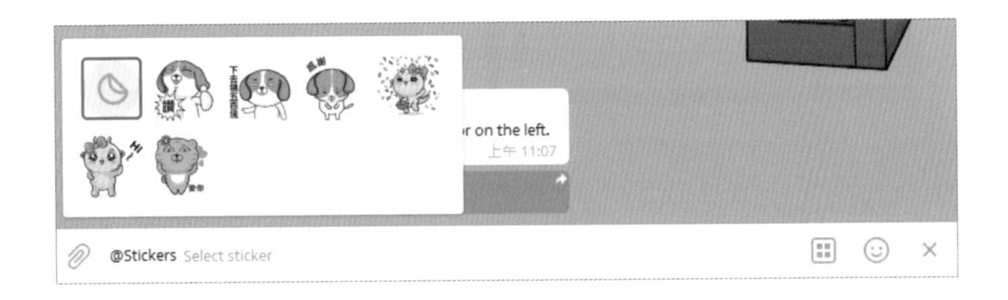

❻ 選擇完成後會出現「I moved your sticker.」訊息，代表已經移動完成！

❼ 回到貼圖包畫面時，便可以看到貼圖已經更換位置。若要多張圖片排序，則必須一張一張設定喔！

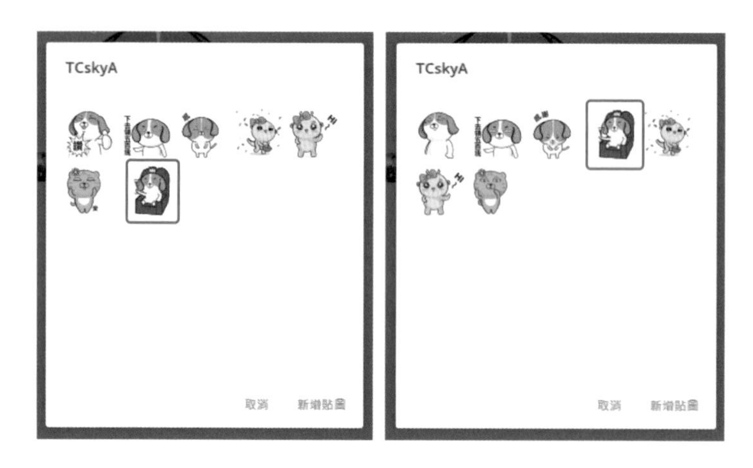

其他相關指令例如「/delpack」（刪除貼圖包）和「/setpackicon」（設定貼圖包 ICON）使用上大同小異，就不贅述，大家可以在 @Stickers 聊天機器人中多玩多摸索，你會發現 Telegram 貼圖上架並不會太困難，而且相對 LINE 貼圖而言簡單許多，也不用繁雜的審核程序和等待時間。隨時都可以上架和管理貼圖包，十分方便，趕快來打造專屬於你的品牌貼圖包吧！

Telegram 貼圖厲害的地方不僅如此，還提供許多「追蹤數據」、「使用狀況」，幫助企業、品牌更能掌握貼圖的設計是否貼近消費者的喜愛與使用習慣。

5.4 你的品牌貼圖具有親和力嗎？洞悉貼圖數據！

Telegram 貼圖不僅是完全免費，便於上架、傳播之外，更提供詳細的「貼圖數據」功能，幫助企業、品牌客戶掌握貼圖被下載與使用的情況，了解哪些類型的貼圖較受大眾喜愛，找出使用者喜好，作為每一次推出貼圖時，修正與改善的參考依據！使得貼圖不僅能夠符合品牌形象也能夠兼顧口碑宣傳，創造最大效益！

5.4.1 洞悉貼圖數據指標意涵

A 貼圖包數據統計指令說明

首先，來看看 @Stickers 幫我們整理了哪些統計數據以及可以使用的指令：

/top	取得最受歡迎的貼圖（預設為前三名）（不分貼圖包）
/topbypack	針對特定貼圖包，找出最受歡迎的貼圖
/packtop	取得所有貼圖包中最多人下載的貼圖
/packusagetop	取得所有貼圖包中最多人使用（傳送）的貼圖
/stats	取得某張貼圖的使用狀況與統計數據
/packstats	取得特定貼圖包的使用狀況與統計數據

B 找出最受歡迎貼圖

如果要知道你設定的貼圖哪些最受歡迎，可以使用「/top」和「/topbypack」這兩個指令。「/top」指令不管貼圖在哪個貼圖包當中，是以總使用量來做排名。而「/topbypack」則可以針對特定貼圖包，找出該貼圖包中最受歡迎的貼圖。

/top	取得最受歡迎的貼圖（預設為前三名）（不分貼圖包）
/topbypack	針對特定貼圖包，找出最受歡迎的貼圖

在 @Sickers 聊天機器人畫面中輸入「/top」，@Sickers 便會顯示最受歡迎的前三名貼圖，並且告知今天和昨天的使用量統計。

「/top」指令預設會顯示前三名貼圖，如果你想要看到較多名次的貼圖資料，可以輸入「/top N」，「N」代表任一數字（上限為 20），例如：「/top 10」可以看到前 10 名最受歡迎的貼圖資訊。

「/top N」，指令和數字（N）之間，必須隔一個「空格」！「/top（空格）N」。

如果想要針對特定貼圖包找出前幾名最受歡迎的貼圖，可以使用「/topbypack」指令。

在 @Sickers 聊天機器人畫面中輸入「/topbypack」，接著在聊天對話框底下會秀出你創建的貼圖包，點選你想要查看的貼圖包，便會秀出該貼圖包中最受歡迎的貼圖資訊。

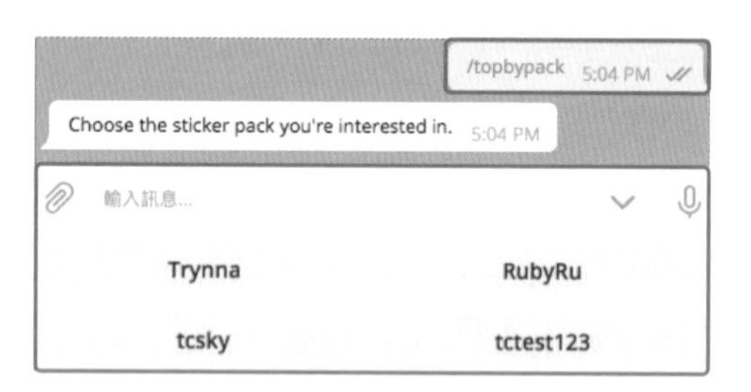

同樣地，「/topbypack」指令也可以改為「/topbypack N」，查找前 N 名最受歡迎的貼圖資訊。（N 上限為 20）

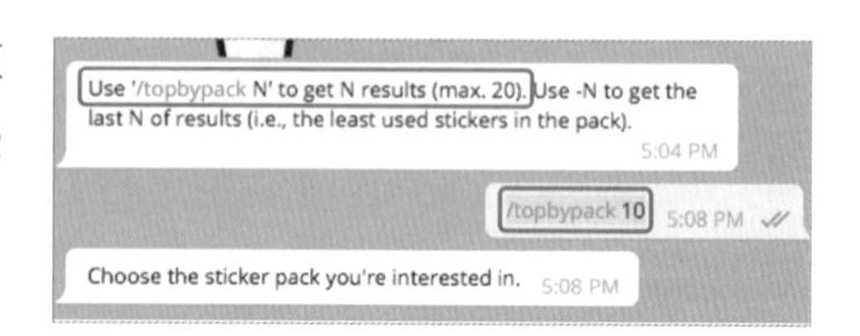

Ⓒ 取得貼圖包下載量與使用量

/packtop	取得所有貼圖包中最多人下載的貼圖
/packusagetop	取得所有貼圖包中最多人使用（傳送）的貼圖

你可能會針對不同品牌、商品或是行銷活動、紀念活動等，設計不同的貼圖包，如果要知道各個貼圖包的使用狀況和下載量，可以運用「/packtop」和「/packusagetop」兩個指令。「/packtop」可以查找所有貼圖包的「下載」情況；「/packusagetop」則可以查找所有貼圖包的「使用 / 傳輸」情況。

- 在 @Sickers 聊天機器人畫面中輸入「/ packtop」，可以看到各個貼圖包的相關數據，包含「Installed」（安裝 / 下載量）和「Removed」（移除）貼圖包的數量。

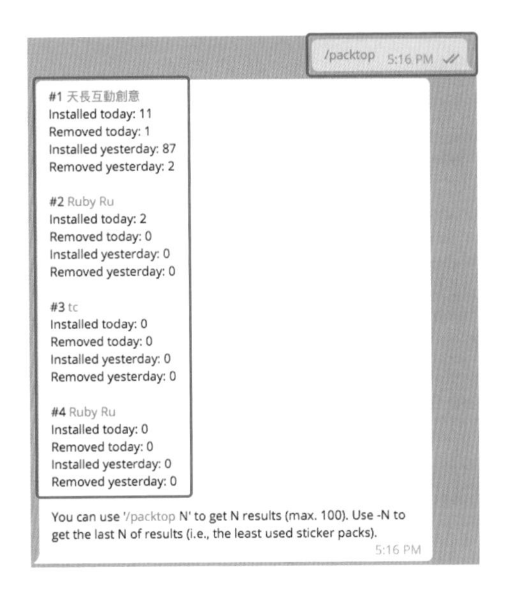

- 在 @Sickers 聊天機器人畫面中輸入「/packusagetop」，可以看到各個貼圖包的「Usage」（使用 / 傳輸次數）數據。

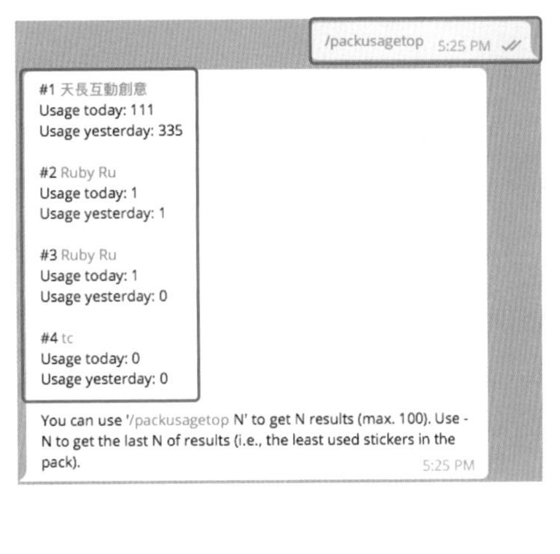

同樣地，「/packtop」和「/packusagetop」一樣都可以改為「/packtop N」和「/packusagetop N」，查詢前 N 名的貼圖數據資料。N 上限一樣為 20 ！

D 貼圖包數據統計與使用狀況

如果你想要更全面或更進一步查詢貼圖包的數據統計和使用狀況，可以使用「/packstats」指令，此指令是針對特定貼圖包的使用狀況與統計數據查詢資料，如果你想要特別了解「單張貼圖」的使用情況和統計數據，可以使用「/stats」指令。

/stats	取得某張貼圖的使用狀況與統計數據
/packstats	取得特定貼圖包的使用狀況與統計數據

❶ 在 @Sickers 聊天機器人畫面中輸入「/packstats」後，可以在聊天對話框中看到你所創建的「貼圖包」，請選擇你想查詢的貼圖包。

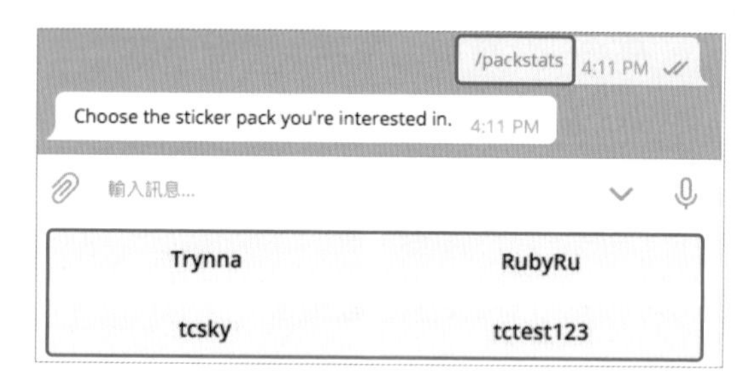

❷ 在此你可以看到「Usage」（使用 / 傳輸次數）數據、「Installed」（安裝 / 下載量）和「Removed」（移除貼圖）的相關數據。預設會顯示「今天」、「昨天」和「總計」三項資料。

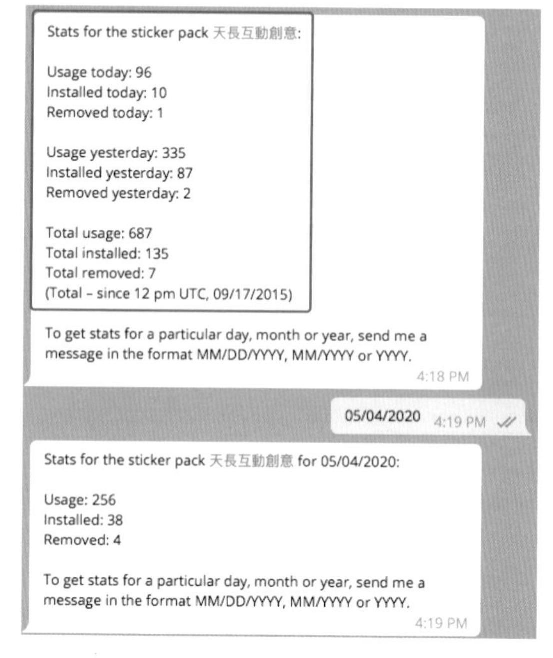

❸ 如果你想查詢特定日期的數據，或是某年、某月，可以在聊天對話框中輸入日期格式：Y：年份、M：月份、D：日期

MM/DD/YYYY 可以查找特定日期數據
例如：05/04/2020 代表 2020 年 05 月 04 日

如果要查詢特定年份與月份，則可以單獨輸入：MM/YYYY 或是 YYYY，依照特定年份與月份查詢。不過目前尚未能針對特定「區間」查詢，例如目前尚無法查詢 05/04 到 05/14 區間，只能查詢整個月份如：2020/05，當然如果今天是 5/14 號，則 2020/05 查詢資料便代表 2020/05/01 ~ 2020/05/14。

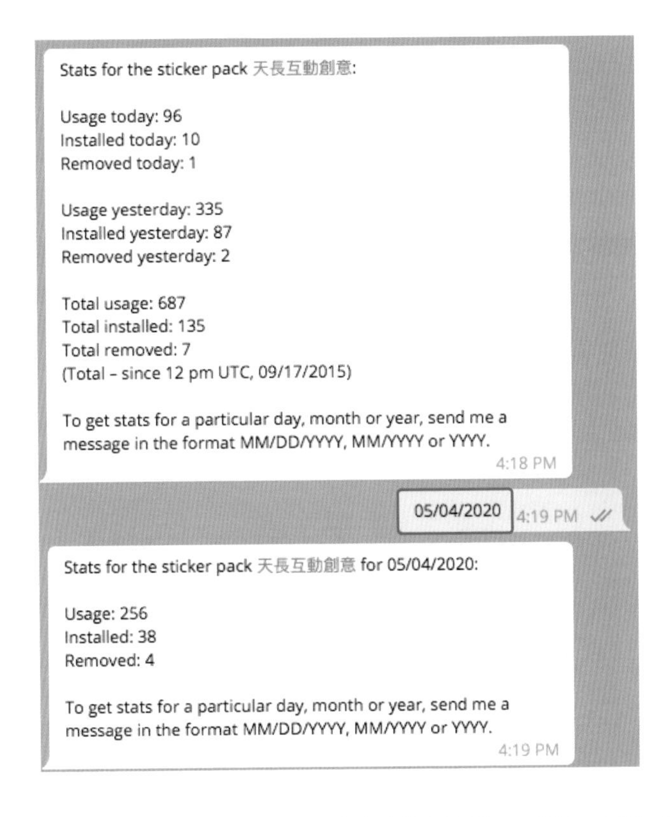

有時你可能會想針對特定「單張貼圖」測試使用情況，例如改變設計風格或是增加文字對話等情況，這時候就可以使用「/stats」指令，查詢特定「單張貼圖」的使用情況與統計數據。

- 在 @Sickers 聊天機器人畫面中輸入「/stats」可讓你選擇「貼圖包」，選擇完後會看到「Select sticker」選項，點選後就可以挑選你想要查詢的貼圖。

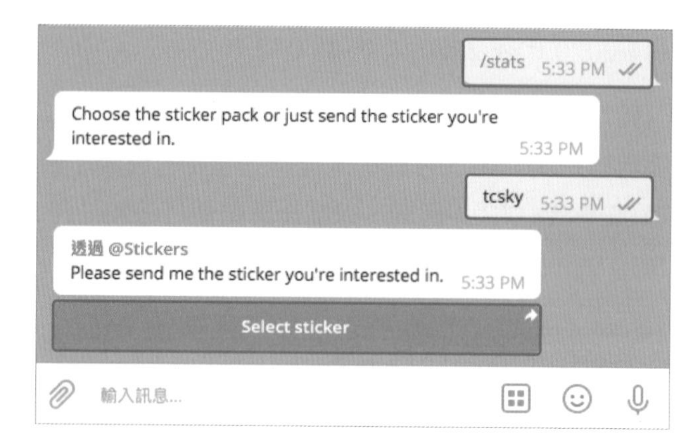

- 選擇貼圖後就會跳出相關統計數據資料。此外你也可以透過輸入日期格式的方式查詢特定年份、月份或日期，貼圖的使用量與下載量等資料。

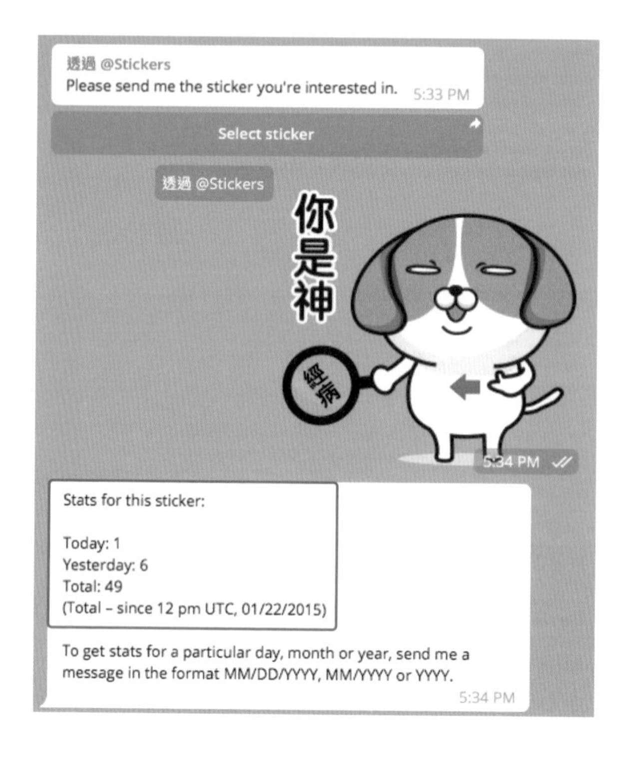

5.4.2 貼圖宣傳與擴散分享

當我們創建好貼圖包後，當然就是要開始分享給好友，讓更多人知道與使用。最簡單的分享方式，是將貼圖包網址傳送給好友或是分享到社群平台當中。不過許多人在創建貼圖包後，並沒有特別將貼圖包網址記錄下來，如果要重新找到網址可以怎麼做呢？

Ⓐ 取得貼圖包分享網址

取得貼圖包分享網址有兩種簡單的方式：

第一、如果你創建貼圖包後，自己就有先下載貼圖包，可以在 Telegram 設定中找到。

動手做做看

Android	**方法一：** 打開 Telegram → 點擊左上「三條橫線」圖示 → 在下拉選單中找到「設定」選項 →「對話設定」 →「貼圖與面具」 → 找到你的貼圖，點擊右側「三個點點」 →「複製連結」
iOS ｜ iPhone ｜ iPad	打開 Telegram → 點擊下方的「設定」 →「貼圖」 → 找到你的貼圖，在貼圖位置點擊一下 → 在跳出畫面，點擊「分享」 →「複製連結」

Telegram for **Android**

❶ 找到你的貼圖，然後點擊右側的「三個點點」。

❷ 點擊「複製連結」，即可複製貼圖分享網址！

Telegram for **iOS / iPhone / iPad**

❶ 找到你的貼圖，然後在貼圖位置點擊一下。

❷ 點擊「分享」。

❸ 點擊「複製連結」，即可複製貼圖分享網址！

❹ 同時也可以選擇 Telegram 中的聯絡人、群組和頻道，直接分享網址。

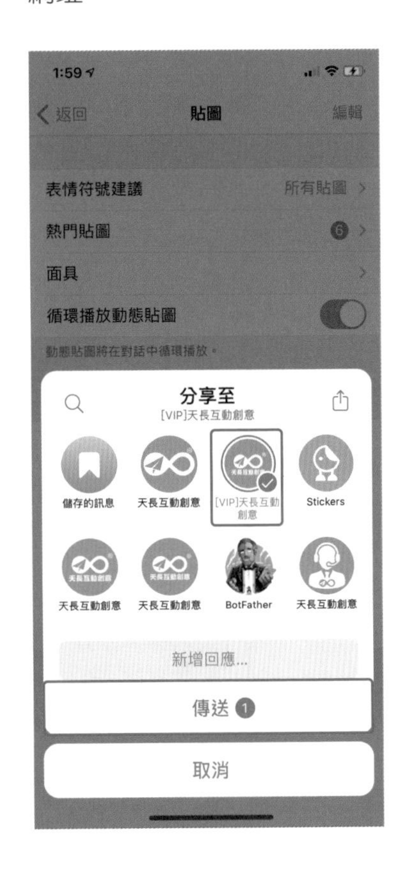

第二、透過 @Stickers 聊天機器人找到貼圖包分享網址

如果你沒有將貼圖包加入你的「貼圖」當中，便無法透過第一種方式找到貼圖包的分享網址，則必須透過 @Stickers 聊天機器人找到貼圖包分享網址。

先在 @Stickers 聊天機器人 的聊天畫面中，輸入「/packstats」指令，在聊天對話框中會顯示你所創建的貼圖包，請選擇你想要獲得分享網址的貼圖包。接著會出現下圖畫面：

❶ 在 @Sickers 聊天機器人畫面中輸入「/packstats」後，可以在聊天對話框中看到你所創建的「貼圖包」，請選擇你想查詢的貼圖包。

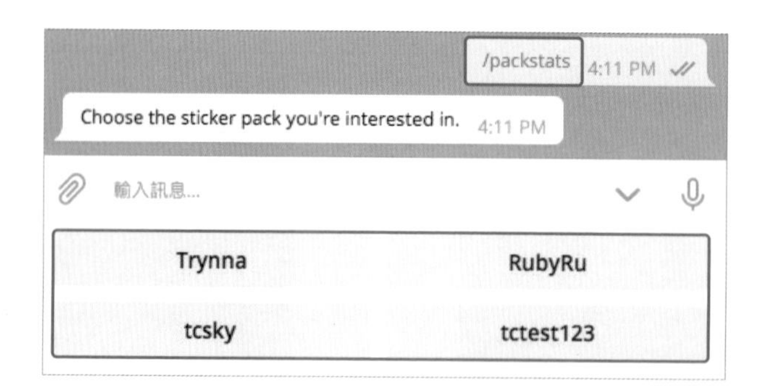

❷ 可以看到貼圖包名稱（藍色文字部分）。接著請按照 Telegram 電腦版或手機版操作步驟，複製貼圖包分享網址，參考如下圖。

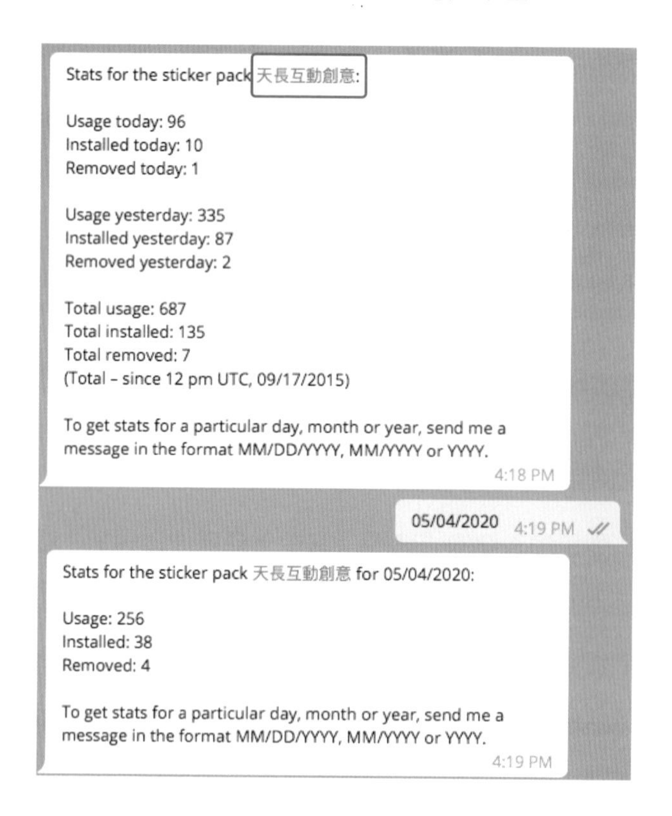

動手做做看

Android	長按住貼圖包名稱（藍色文字部分） →「複製」
iOS ｜ iPhone ｜ iPad	長按住貼圖包名稱（藍色文字部分） →「複製連結」

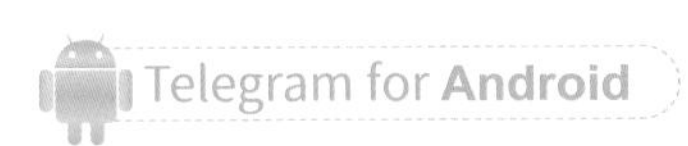

長按住貼圖包名稱（藍色文字部分），會跳出「複製」選項，點擊後就可以複製貼圖包分享網址。

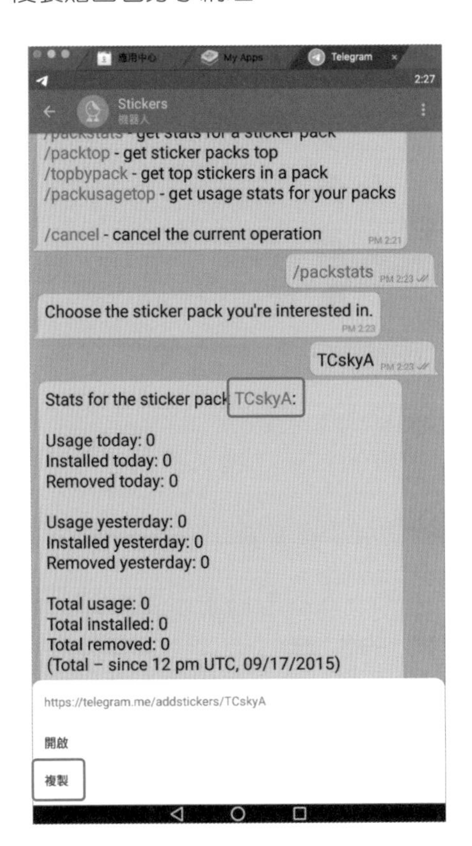

長按住貼圖包名稱（藍色文字部分），會跳出「複製連結」選項，點擊後就可以複製貼圖包分享網址。

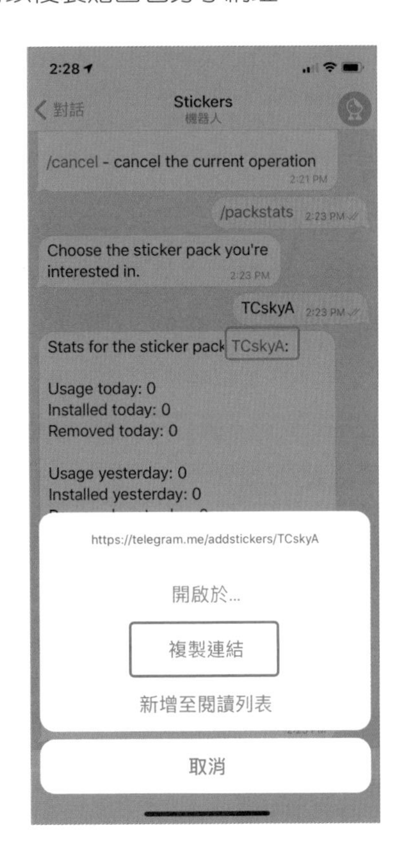

B 擴散分享至貼圖群組

當我們取得貼圖包分享網址後，最常見的便是直接分享給好友或自己經營的群組和頻道以及社群平台。在此要介紹另一種方式，也能達到擴散分享的效果。雖然 Telegram 企業、店家、個人上架貼圖以及使用者下載通通免費，也不用特別審核，這點勝過 LINE 的原創貼圖平台。不過，也由於 Telegram 沒有像 LINE 這樣的原創貼圖平台和網站，因此貼圖只能透過「口耳相傳」。儘管 Telegram 有提供熱門貼圖（如右圖）功能，但這項功能比較便於「消費者」找到有趣、好玩的新貼圖，對於企業、店家而言，較缺乏可以傳播、曝光的管道。

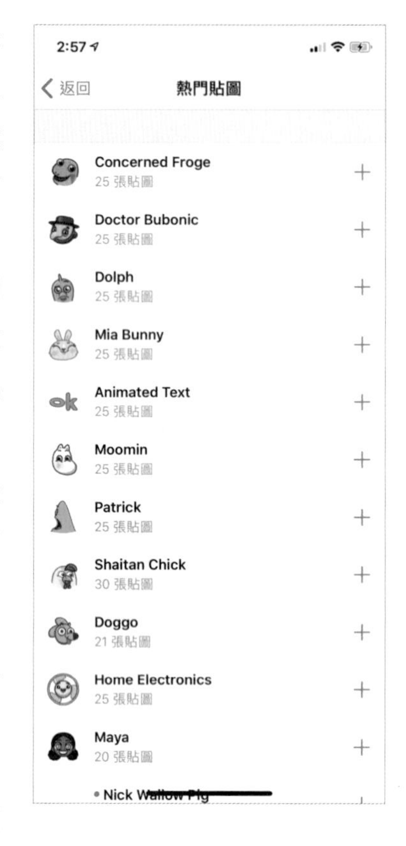

因此，有許多熱心人士便建立了針對貼圖包交流的頻道、社群，甚至還有輔助搜尋查找貼圖包的聊天機器人，企業、店家可以將自家設計的專屬貼圖包放到這些群組當中，有效的增進貼圖包的曝光、擴散，進而達到宣傳自己品牌、商品的效果。

以下列出一些較為熱門的貼圖頻道、討論群組供大家參考。不過，Telegram 中實在太多類似的頻道和群組，無法一一介紹，大家可以多用 Sticker 關鍵字，透過 Telegram 搜尋和探索，可能會有意外的收穫喔！

在分享貼圖頻道和群組之前，還是要提醒大家，各個頻道和群組中都有其「版規」，一定要遵守，不要只想到要宣傳自己，最重要的還是在於交流、分享，才能夠達到真正的互動和效果喔！

名稱	ID	簡介
頻道類型		
Stickers Channel	@stickersChannel	國外頻道，也有提供群組討論！頻道中提供許多動態貼圖。
TelegramStickers Channel	@telestickers	專門收集 Telegram 貼圖的平台 "TelegramStickers Library（telegramhub）" 創立的頻道
Animated Stickers	@AnimatedStickers	顧名思義就是專門收集動態貼圖的頻道，你可以透過，@AnimatedStickers_bot 聊天機器人發送你設計的動態貼圖
TelegramStickers | Стикеры	@TgSticker	一樣具有標籤搜尋、分類、查找的功能，方便找尋想要的貼圖類別。
群組類型		
貼圖群	@StickerGroup	交流人數眾多，可自行上傳貼圖，並可以運用「#tag」功能，方便分類與查找。
GIF 群聚地	@GIFgroupTW	GIF 圖交流（GIF 圖不算貼圖），但有許多有趣的「梗圖」，因此非常建議可以多看看，補充創意靈感。
網站類型		
WhatSticker	https://whatsticker.online/c/category/telegram/HK/zh	
TelegramStickers	https://telegramchannels.me/stickers	
以上兩者網站，均提供貼圖分類、搜尋、上架功能。		

你可以透過搜尋 ID 的方式加入頻道或群組，也可以用連結的方式：

https://t.me/ID 名稱（去掉 @）

例如：ID：@StickerGroup，網址則為：https://t.me/StickerGroup。

Telegram 行動行銷｜操作技巧 x 品牌貼圖 x 經營心法

作　　者：劉滄碩
企劃編輯：莊吳行世
文字編輯：江雅鈴
設計裝幀：張寶莉
發 行 人：廖文良

發 行 所：碁峰資訊股份有限公司
地　　址：台北市南港區三重路 66 號 7 樓之 6
電　　話：(02)2788-2408
傳　　真：(02)8192-4433
網　　站：www.gotop.com.tw
書　　號：ACV041200
版　　次：2020 年 09 月初版
建議售價：NT$420

國家圖書館出版品預行編目資料

Telegram 行動行銷：操作技巧 x 品牌貼圖 x 經營心法 / 劉滄碩著. -- 初版. -- 臺北市：碁峰資訊, 2020.09
面；　公分
ISBN 978-986-502-611-0(平裝)
1.網路行銷　2.網路社群
496　　109013091

讀者服務

- 感謝您購買碁峰圖書，如果您對本書的內容或表達上有不清楚的地方或其他建議，請至碁峰網站：「聯絡我們」\「圖書問題」留下您所購買之書籍及問題。(請註明購買書籍之書號及書名，以及問題頁數，以便能儘快為您處理)
http://www.gotop.com.tw
- 售後服務僅限書籍本身內容，若是軟、硬體問題，請您直接與軟體廠商聯絡。
- 若於購買書籍後發現有破損、缺頁、裝訂錯誤之問題，請直接將書寄回更換，並註明您的姓名、連絡電話及地址，將有專人與您連絡補寄商品。